Florencio Jesús Cembranos Nistal

# Autómatas Programables. Simatic S7-1200

Florencio Jesús Cembranos Nistal

# Autómatas Programables. Simatic S7-1200

## Programación S7-1200 desde cero: Programación KOP, Grafcet, HMI, Comunicaciones Industriale

Editorial Académica Española

Cover image: www.ingimage.com

Publisher:
Editorial Académica Española
is a trademark of
Dodo Books Indian Ocean Ltd. and OmniScriptum S.R.L publishing group

120 High Road, East Finchley, London, N2 9ED, United Kingdom
Str. Armeneasca 28/1, office 1, Chisinau MD-2012, Republic of Moldova, Europe
Managing Directors: Ieva Konstantinova, Victoria Ursu
info@omniscriptum.com

Printed at: see last page
**ISBN: 978-620-0-42761-8**

## CONTENIDO

# TEMA 1: AUTOMATIZACIÓN Y PLC

## 1. Introducción

Antes de comenzar el estudio del autómata es necesario hacer un breve recorrido a través de los distintos tipos de máquinas automáticas que existen, sus grados de automatismos y los controles que existen en la automatización. Para ello comenzaremos este estudio definiendo el concepto de automatización a continuación veremos las distintas técnicas que existen de automatización.

## 2. Concepto de automatización

La *automatización* es la sustitución de la acción humana por mecanismos, independientes o no entre sí, movidos por una fuente de energía exterior, capaces de realizar ciclos completos de operaciones que se pueden repetir indefinidamente.

Un sistema automático supone siempre la existencia de una fuente de energía, de unos órganos de mando, que son los que ordenan el ciclo a realizar y de unos órganos de trabajo que son los que lo ejecutan.

Según el grado de automatización puede hablarse de dos niveles: **completo y parcial**. El grado de automatización completa la fabricación o el proceso se realizará sin la presencia de partes manuales o realizadas directamente por el operario. Este tipo de automatización se prefiere en la producción masiva de productos homogéneos en ciclo continuo (botellas de vidrio, fármacos, etc.).

La automatización parcial es en la que parte de la cual se realiza de forma automática y otra con la ayuda del operario. Este tipo de automatización es propia de la producción variable y limitada.

Según el punto de vista de la programación, la automatización puede considerarse de *ciclo fijo* y de *ciclo programado.* El primer caso es adecuado para la fabricación de grandes series porque el automatismo es invariable (siempre realiza el mismo ciclo). El segundo caso se orienta a la fabricación de piezas distintas, en series pequeñas y medias porque el dispositivo programador de que dispone el sistema puede ordenar el ciclo que convenga, con las lógicas limitaciones tecnológicas que hacen al caso.

## 3. Lógica cableada y lógica programada

En un automatismo clásico, la función de mando (lo que se debe hacer) se establece cableando entre sí los elementos de maniobra, es decir, poniendo en serie o en paralelo contactos de cierre o apertura. Toda la función reside en el cableado de los elementos de maniobra. Una modificación exige, por lo tanto, nuevos componentes, cambios de cableado, trabajos de montaje y de soldadura y, por supuesto, incremento económico.

Todo esto sin contar las pérdidas de tiempo y dinero en las pruebas y puesta a punto. Es lo que se denomina: lógica cableada. (Figura 1).

La lógica programada está basada en el autómata programable. Toda la función de maniobra se realiza por programa, es decir, mediante una serie de instrucciones que le dicen a la máquina qué contactos debe abrir, cuáles debe cerrar, retardos, contadores, etc. Todo el proceso de mando está depositado en la memoria del aparato de automatización. Tan sencillamente como se introdujo la función al programar, podemos realizar cualquier modificación de la misma, sin cambiar cableado, en el mismo lugar de la instalación e incluso, durante el proceso de trabajo.

*Figura 1*

Un aparato de automatización nos lee señales de: interruptores de posición, pulsadores, detectores de nivel, presostatos, termostatos, etc. Tanto de señales digitales (un interruptor en ON/OFF) como analógicas (un mando con una tensión variable). Además envía órdenes de mando a: Contactores de motores, válvulas magnéticas, frenos electromagnéticos, lámparas de señalización, etc. Independientemente puede contar impulsos, almacenar señales, prefijar desarrollos temporales, etc. y todo esto conectado a una red informática para enviar y recibir datos de la red (Figura 2).

Arrancador estrella-triángulo con lógica cableada.

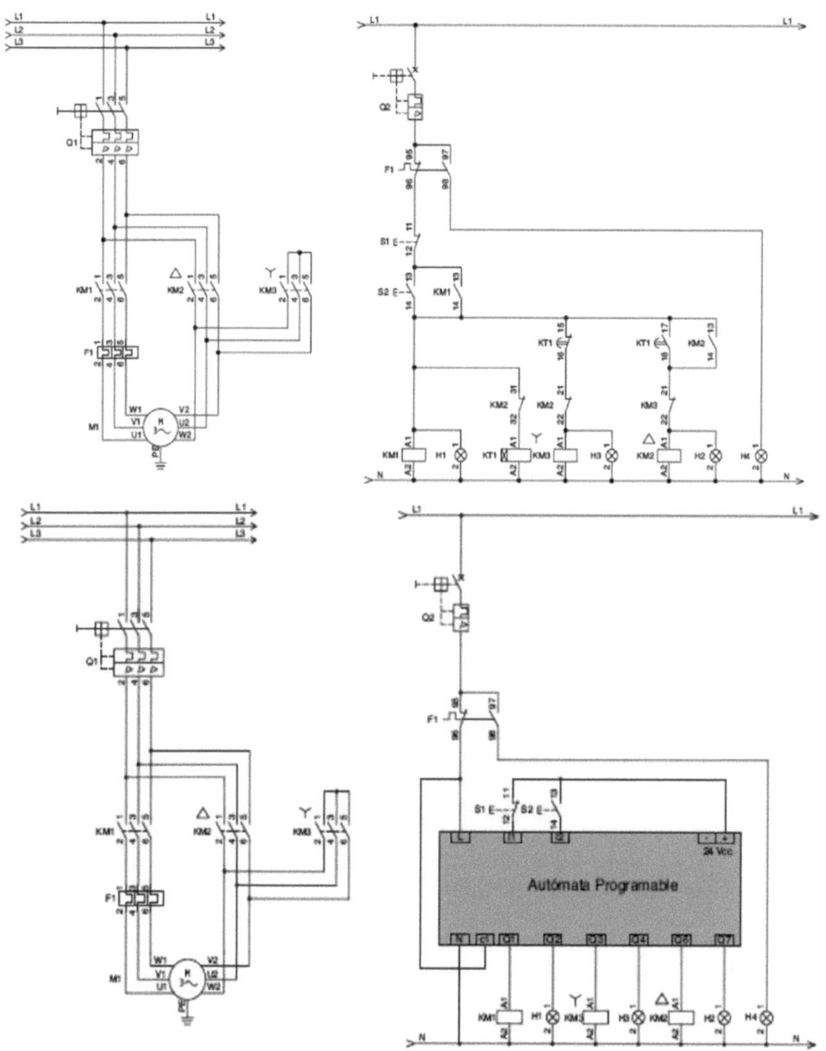


Arrancador estrella-triángulo con lógica programada.

**Figura 2. Automatismo realizado con un autómata programable.**

Todo ellos le hacen adecuado para tareas de automatización en todas las ramas de la industria, tales como electrónica, industria mecánica, automoción, alimentación, petroquímica, construcción de máquinas, depuración de aguas, etc.

El montaje de los cuadros de control, basado en autómatas programables, es mucho más sencillo de instalar, mantener y modificar. El cuadro terminado está mucho más claro para el instalar o mantenedor que un cuadro realizado utilizando la lógica cableada. Hoy en día nadie se plantea el montaje de un cuadro utilizando la lógica cableada.

# 4. Técnicas de automatización

Según la naturaleza del automatismo empleado puede hablarse de automatización **mecánica, neumática, hidráulica, eléctrica** y **electrónica**. Además existen técnicas mixtas que son combinaciones de las citadas y que, en la práctica, son las más habituales.

## 4.1. Automatización mecánica

Los sistemas mecánicos suelen ser complicados -por la abundancia de mecanismos- y de escasa flexibilidad. Por el contrario, la tecnología que regula su funcionamiento es relativamente accesible al personal poco cualificado, lo que se traduce en un montaje y mantenimiento económicos.

**Figura 3. Máquina automática mecánica.**

Los mecanismos que los componen son: ruedas dentadas y poleas para transmisiones del movimiento de biela-manivela, piñón-cremallera, etc., para la conversión del movimiento rectilíneo en circular y viceversa; levas y palancas para la obtención de recorridos controlados, etc. Este tipo de automatismos tuvo un gran auge con la aparición de los autómatas de reloj durante la Edad Media y Edad Moderna que, todavía, se pueden ver en las catedrales y edificios públicos.

Durante la revolución industrial estos automatismos sirvieron para potenciar la fabricación industrial junto con la máquina de vapor.

Actualmente, las máquinas herramientas como el torno, la fresadora, limadora, etc. son la más clara representación de un automatismo mecánico (figura 3).

Los grandes problemas de la automatización mecánica es la longitud, en muchas ocasiones, de las cadenas cinemáticas y, por supuesto, la sincronización de movimientos en los órganos móviles.

Las primeras máquinas automáticas fueron de tipo mecánico. Aun hoy en día gran parte de los procesos automáticos tienen como elementos de trabajo y maniobra mecanismos de tipo mecánico. Podemos pensar en los engranajes y poleas de las puertas automáticas, ascensores e, incluso, robots industriales.

## 4.2. Automatización neumática

La técnica neumática admite infinidad de aplicaciones en el campo de la máquina herramienta, especialmente en los trabajos de fijación de piezas, bloqueo de órganos, alimentación de máquinas y movimiento lineal de órganos que no requieran velocidades de actuación rigurosamente constantes. Prácticamente la totalidad de las automatizaciones industriales tienen, como elementos de mando, instalaciones neumáticas (figura 4).

**Figura 4. Automatismo neumático.**

Como principales ventajas del mando neumático cabe destacar:

- La sencillez de los propios sistemas de mando: cilindros, válvulas, etc.
- La rapidez de movimiento (respuesta) del sistema neumático.
- La economía de los sistemas neumáticos una vez instalados. Como inconvenientes:
- La instalación requiere un desembolso económico añadido a la propia automatización.
- El mantenimiento del estado del aire, ya que debe mantenerse perfectamente limpio y seco.

### 4.3. Automatización hidráulica

Prácticamente lo dicho para la automatización neumática vale para la hidráulica, aunque con algunas diferencias, por ejemplo, el mando hidráulico es más lento que el neumático, sin embargo es capaz de desarrollar más trabajo. La hidráulica se prefiere en sistemas que deban desarrollar más trabajo y no sea primordial la velocidad de respuestas. Este tipo de mando lo encontraremos en prensas, diversas máquinas herramientas, y por supuesto, en el automóvil: frenos, dirección e, incluso, suspensión.

### 4.4. Automatización eléctrica

Aunque a este tipo de automatización nos dedicaremos los próximos temas, conviene tener en cuenta, que cualquier tipo de máquina, por sencilla que sea, va a tener algún tipo de automatismo eléctrico, encargado de gobernar los motores o como función de mando dentro de la propia máquina (Figura 1).

### 4.5. Automatización electrónica

Por supuesto, la llegada de la electrónica a la industria ha supuesto una verdadera revolución y ha permitido que la automatización industrial de un paso de gigante. La base de este avance en la automatización ha sido el sistema digital, que ha desembocado en el ordenador y, naturalmente, el autómata programable. (Figura 2).

## 5. Definición de autómata programable

Realmente lo primero que debemos saber es precisamente, ¿qué es un autómata programable? Para poder responder a esta pregunta, la mejor forma es diferenciar un automatismo clásico mediante cableado de un automatismo realizado con autómatas programables.

En un automatismo clásico, la función de mando (lo que se debe hacer) se establece cableando entre sí los elementos de maniobra, es decir, poniendo en serie o en paralelo contactos de cierre o apertura. Toda la función reside en el cableado de los elementos de maniobra. Una modificación exige, por lo tanto, nuevos componentes, cambios de cableado, trabajos de montaje y de soldadura y, por supuesto, incremento económico.

Todo esto sin contar las pérdidas de tiempo y dinero en las pruebas y puesta a punto.

En una autómata programable, esta función se realiza por programa, es decir, mediante una serie de instrucciones que le dicen a la máquina qué contactos debe abrir, cuáles debe cerrar, retardos, contadores, etc. Todo el proceso de mando está depositada en la memoria del aparato de automatización. Tan sencillamente como se introdujo la función al programar, podemos realizar cualquier modificación de la misma, sin cambiar cableado, en el mismo lugar de la instalación e incluso, durante el proceso de trabajo.

## 5.1. ¿Para qué se utiliza?

Ahora que ya sabemos lo que es, veamos qué podemos hacer con un autómata programable.

Un aparato de automatización nos lee señales de: interruptores de posición, pulsadores, detectores de nivel, presostatos, termostatos, etc. Tanto de señales digitales (un interruptor en ON/OFF) como analógicas (un mando con una tensión variable). Además envía órdenes de mando a: Contactores de motores, válvulas magnéticas, frenos electromagnéticos, lámparas de señalización, etc. Independientemente puede contar impulsos, almacenar señales, prefijar desarrollos temporales, etc. y todo esto conectado a una red informática para enviar y recibir datos de la red.

Todo ello le hace adecuado para tareas de automatización en todas las ramas de la industria, tales como electrónica, industria mecánica, automación, alimentación, petroquímica, construcción de máquinas, depuración de aguas, etc. También existen miniautómatas que pueden ser utilizados para pequeñas automatizaciones como, control de estacionamientos, cruces de semáforos, pasos a nivel con barrera, pequeñas empresas de manufacturación, etc.

## 5.2. Aspecto de un autómata

La estructura de los autómatas es diferente de cada modelo y marca, sin embrago, existen una constante en todos ellos. En la figura se puede ver el aspecto de dos diferentes autómatas de **SIEMENS**.

El aparato está formado por una carcasa, generalmente, de plástico en la que van alojados todos los componentes electrónicos, estos son:

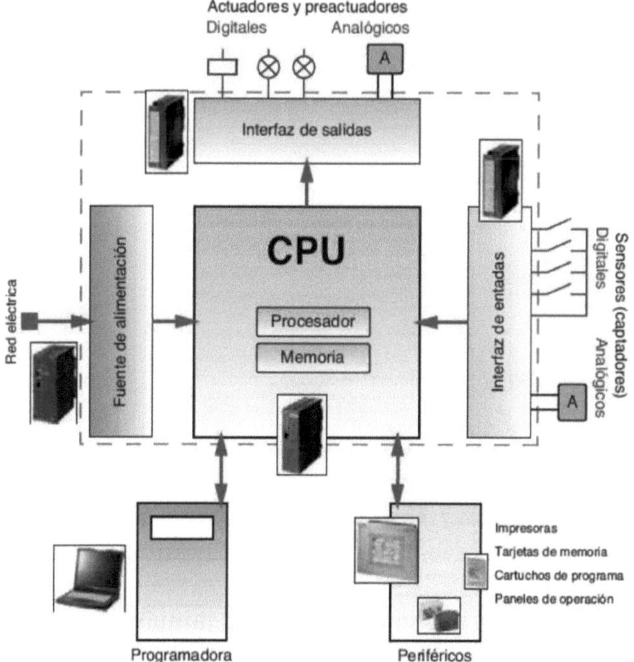

- **MICROPROCESADOR:** Es el encargado de dirigir el funcionamiento del aparato. Recibe las órdenes del programa, lo ejecuta y realiza sus funciones.

- **MEMORIA:** Es el lugar donde reside el programa. El programa irá leyéndose de la memoria instrucción a instrucción a medida que se ejecute.**ENTRADAS/SALIDAS:** Conexiones especiales para comunicarse con el exterior, recibir señales externas para procesar o activar salidas en función del proceso del programa.

- **FUENTE DE ALIMENTACIÓN:** Encargada de alimentar todo el conjunto.

Además necesita una unidad de programación; que, por lo general, suele ser exterior conectable fácilmente. Se utilizan dos tipos de programadores. El programador de tipo portátil es utilizado para pequeñas automatizaciones o para programar un determinado aparato en el lugar en que está instalado. El programador de consola, es un ordenador conectado al sistema de automatización, que, además de servir para realizar las funciones de programación, realiza un control sobre el funcionamiento del sistema y puede estar conectado al sistema de gestión y facilitar labores de contabilidad, pedidos, mantenimiento, etc. (figura).

## 6. Clasificación de los autómatas según su tamaño

Para hacer esta clasificación nos vamos a basar en los autómatas SIMATIC S7 de SIEMENS.

Los autómatas se clasifican en tres grandes grupos según su capacidad de memoria, velocidad de proceso y capacidad de ampliación, estos grupos son:

- **Gama baja**: Miniautómatas compactos o modulables (figura de la derecha). Autómatas sencillos y de precio asequible ideal para la formación y una gran cantidad de automatismos en pequeñas instalaciones.

Su memoria para programas y datos va desde los 2 Kbytes (cada instrucción ocupa 2 bytes) hasta los 20 Kbytes, con velocidades de proceso de 1,3 microsegundos para la serie S7-200.

- **Gama media**: Autómatas industriales (figura siguiente) con gran cantidad de aplicaciones y tarjetas de ampliación que van desde entradas y salidas digitales y analógicas hasta unidades de visión artificial autónomas. La capacidad de memoria oscila entre los 18 Kbytes y los 384 Kbytes. Las velocidades de proceso en los S5 son inferiores al milisegundo. Los modelos S7 sonde la serie denominada 300 sus características son superiores a los S7-200 con tamaños inferiores.

- **Autómatas multiprocesadores:** Autómatas para automatizaciones desde medianas a grandes que necesitan gestionar gran cantidad de datos y a otros autómatas esclavos (figura). Suscapacidades de memoria pueden ser superiores a 1 Mbyte y velocidades muy pequeñas.

## 7. Módulos que componen un autómata

Los autómatas programables de serie media y alta en su mayoría son modulares, por lo tanto antes de empezar a programarlo hay que configurarlo con los elementos que lo van a componer.

Los elementos principales de un PLC son:

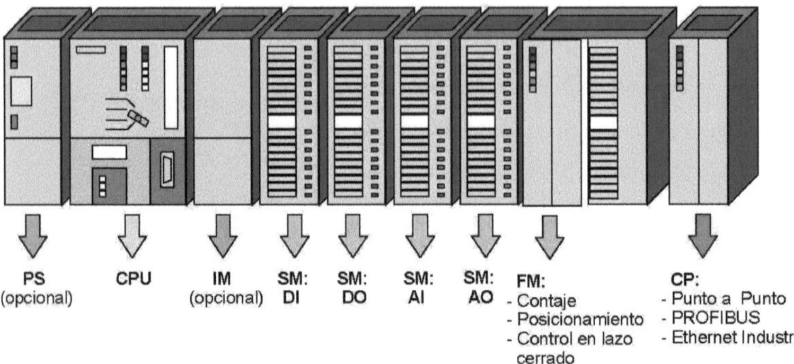


**-Fuente de alimentación (PS)**

**-Unidad central de proceso (CPU)**

**-Módulos de Interfase (IM)** . La IM360/IM361 y la IM365 hacen posible configuraciones multifila. Enlazan el bus a través de una fila a la siguiente.

**-Módulos de Señal (SM)** . Pueden ser: Módulos de entradas digitales de 24V DC, 120/230V AC; Módulos de salidas digitales a 24V DC, a Relé; Módulos de entradas analógicas configurables como: Tensión, corriente, resistencia, termopares y Módulos de salidas analógicas: configurables como: Tensión, corriente.

**-Módulos de Función (FM)** . Realizan "funciones especiales": Contaje Posicionamiento, Control en lazo cerrado.

**-Procesadores de Comunicación (CP)** . Proporciona las siguientes posibilidades de montaje en red: Enlaces Punto a Punto, PROFIBUS, Industrial Ethernet.

**-Accesorios:** Cables, Conectores de bus y conectores frontales...

CARATULA-DISEÑO DE LA CPU

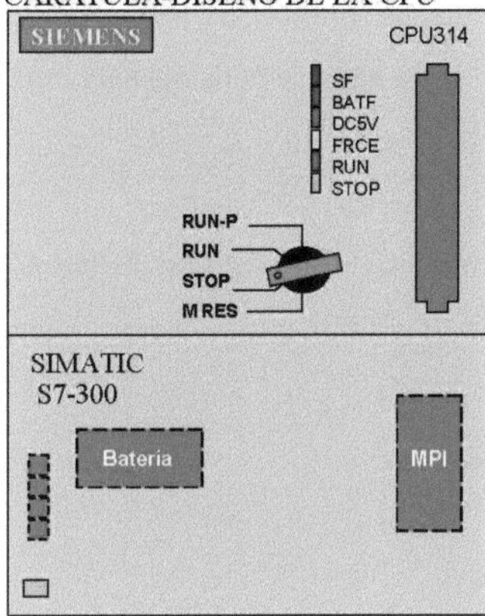


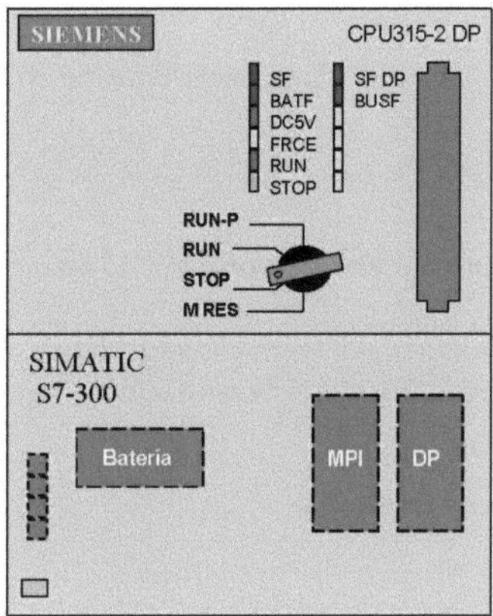


En las figuras anteriores, tenemos las carátulas de dos CPUs distintas, en ellas podemos distinguir:

**Selector de Modo**

- MRES: Función de reset de memoria (Module Reset).
- STOP: Modo Stop; el programa no se ejecuta.
- RUN: Ejecución del programa, es posible el acceso sólo lectura desde la PG.
- RUN-P: Ejecución del programa, es posible el acceso lectura/escritura desde la PG

**Indicadores de estado (leds)**

- SF: Error de grupo; fallo interno de la CPU o fallo en un módulo con capacidad de diagnóstico.
- BATF: Fallo de batería; Batería vacía o no presente.
- DC5V: Indicador de tensión interna de 5 V DC.
- FRCE: FORCE; indica que, al menos, una entrada o salida está forzada.
- RUN: Parpadea cuando la CPU está arrancando, luce fija en modo RUN.
- STOP: Muestra una luz fija en modo STOP. Parpadea lentamente durante una petición de reset

de memoria, Parpadea rápidamente cuando se está efectuando un reset de memoria, Parpadea lentamente cuando se necesita un resetporque se ha insertado una *memory card.*

**Memory Card**

- Existe un slot para una *memory card.* La *memory card* salva el contenido del programa en caso de caída de alimentación sin necesidad de batería. Hay CPUs que no llevan memory card y otras nuevas que ahora llevan Tarjeta SD

**Compartimento de la batería**

- Existe un receptáculo para una batería de litio bajo la cubierta. La batería proporciona energía de respaldo para salvar los contenidos de la RAM ante una supuesta caída de alimentación.

**Conexión MPI**

- Conexión para un dispositivo de programación u otro dispositivo con interfase MPI.

**Interfase DP**

- Interfase para la conexión directa de periferia descentralizada a la CPU.

## 8. Otros elementos del sistema

Además del autómata y del aparato de programación, un sistema automatizado dispone de otros elementos como son:

- **Paneles pulsadores:** Para configurar rápidamente paneles de mando

- **Visualizadores de textos:** Para poder visualizar textos y/o gráficos referentes al proceso, con posibilidad de modificar parámetros de funcionamiento (figura).

- **Paquetes Scada:** Programas de simulación de procesos. En la pantalla del ordenador podemos ver un gráfico con todo el detalle del proceso; sustituyen a los antiguos paneles de mando. Los paquetes Scada son fácilmente configurables y permiten modificar parámetros de funcionamiento.

# TEMA 2: PROGRAMACIÓN STEP 7

## Introducción

Como se dijo en el tema anterior, un autómata programable realizará el mando mediante un programa. Este programa será enviado al autómata mediante un tipo de programador concreto: ordenador o programadora de mano. En ambos casos, si necesitamos cambiar de automatismo no tendremos que cambiar ningún cableado tan sólo será necesario cambiar el programa. Esta operación es mucho más simple y rápida que la clásica de modificar cuadros de automatismos con relés y contactores con todo el problema que ello conlleva: identificación de cablerías, contactos deteriorados o quemados, esquemas modificados sin actualización del plano correspondiente, etc.

En este capítulo vamos a comenzar el estudio de un lenguaje de programación de autómatas concreto el STEP 7 de SIEMENS, este es tipo de autómata que está muy difundido en la industria y enseñanza.

## 1. Representación de programas Step 7

En STEP 7 podemos representar o realizar en programa de tres formas distintas, éstas son:

• **AWL: Lista de instrucciones.** Fue la forma más difundida para la programación del anterior lenguaje, el STEP 5; actualmente tiene muy poco uso. Las instrucciones se envían al autómata en forma de lista como cualquier lenguaje de programación de ordenadores. Para algunas aplicaciones no es aconsejable ya que puede llegar a crear confusión en el operario si no tiene la suficiente experiencia en este tipo de lenguaje. Es más aconsejable en aplicaciones complejas en las que se acompaña un gráfico de los automatismos tipo GRAFCET o similar.

Ejemplo de un programa en lista de instrucciones:

```
LD   I1
O    Q1
AN   I2
=    Q1
```

• **KOP: Esquema de contactos.** Este método de programación consiste en introducir el programa en forma de esquema eléctrico del automatismo, transformado a formato internacional mediante unas sencillas reglas. Este método es el más aconsejado en la mayoría de las automatizaciones y, sobre todo, es muy interesante cuando partimos de un automatismo clásico ya realizado y queremos automatizarlo mediante el autómata, bastará con adaptar el esquema a este formato mediante unas reglas muy simples e introducir el programa en el autómata.

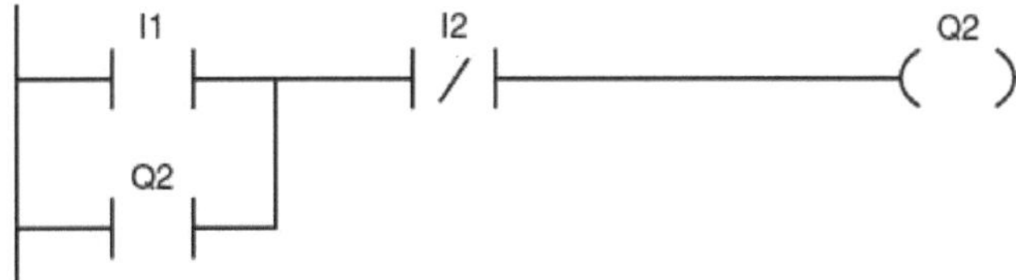


Ejemplo de programa con lenguaje gráfico de contactos.

• **FUP: Esquema de funciones.** El programa se realiza a partir del esquema obtenido por la tabla de Karnaugh y realizado con puertas lógicas. Se transforma en los símbolos equivalentes electrotécnicos y queda listo el programa. Este método de programación está poco difundido, tan sólo en algunos modelos de autómatas concretos (por ejemplo el LOGO!).

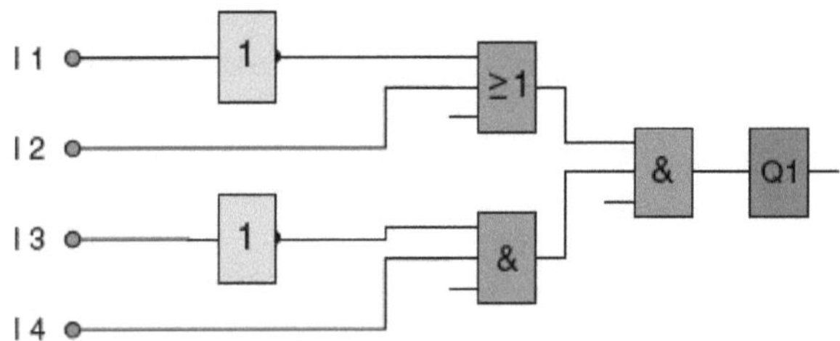


Ejemplo de esquema de funciones lógicas.

Para estudiar la programación STEP 7 comenzaremos con el estudio de la representación de las entradas y salidas y posteriormente estudiaremos el tipo de programación KOP dejamos los formatos FUP y AWL por quedar fuera del temario.

## 2. Representación de entradas y salidas

Como un autómata está formado, principalmente, por una serie de entradas por donde recibe la información y otras salidas por donde envía las señales, debemos establecer la relación existente entre las entradas y salidas del autómata programable.

Posiblemente lo que más nos puede retrasar el proceso de automatización es precisamente tener bien definidas las entradas y salidas del sistema. Para ello conviene realizar una tabla en la que se reflejen qué entradas y salidas forman parte de proceso a automatizar.

Una entrada será cualquier elemento físico que puede enviar una señal eléctrica al autómata, por ejemplo: pulsadores, interruptores, termostatos, presostatos, sondas de nivel, células fotoeléctricas, etc.

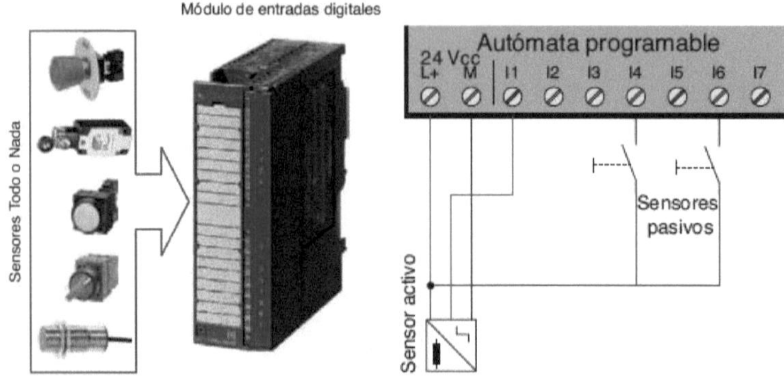


Por otra parte, una salida será cualquier elemento físico que pueda ser activado o desactivado por el autómata, por ejemplo: relés y contactores que se encargarán de activar motores, lámparas, bocinas, etc.

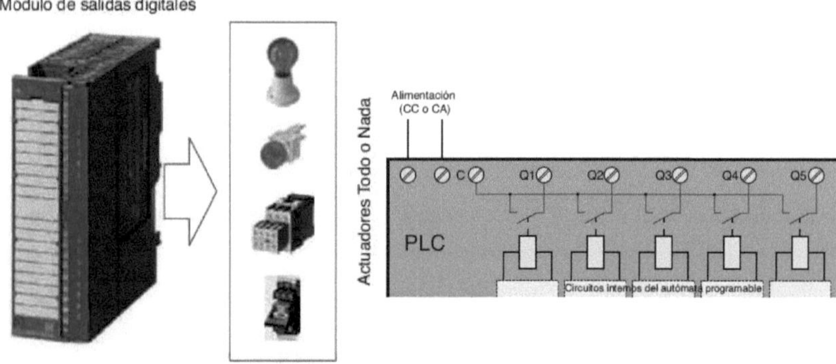


Para designar una entrada utilizamos, en formato internacional, la letra **"I"** de *input* o, **"E"** de *eingang* (entrada en alemán). Para las salidas utilizamos una **"Q"** de *output* o **"A"** *ausgang* (salida en alemán). Se utiliza la Q en lugar de la O para no confundirla con el 0.

Después del signo de entrada o salida debemos poner un número, este número estará formado por un *byte*: **0, 1, 2, ...** y un bit de **0 a 7**.

La combinación resultante para las entradas será:

**I0.0, I0.1, I0.2...**, en formato internacional
**E0.0, E0.1, E0.2,... E0.7, E1.0, etc.**

Y para las salidas
**Q0.0, Q 0.1,...**, en formato internacional
**A0.0, A0.1, A0.2,... A0.7, A1.0, etc.**

De esta forma el primer byte de entrada será:
**I0.0, I0.1, I0.2, I0.3, I0.4, I0.5, I0.6 e I0.7**
Y el segundo byte:
**I1.0, I1.1, I1.2, I1.3, I1.4, I1.5, I1.6 e I1.7**

Es de destacar que la nomenclatura alemana (llamada Simatic) en la que utilizamos **E** y **A** proviene de la serie S5, ya en desuso. Con la serie S7 se comenzó a utilizar casi exclusivamente la nomenclatura internacional, sin embargo, debido a la inercia del lenguaje STEP 5 de la serie S5, en muchos casos se sigue utilizando la nomenclatura Simatic. Los programadores de la serie S7-300 también prefieren la nomenclatura Simatic, porque muchos de ellos aprendieron con esa norma. En la práctica los programas para programación de autómatas cambian, si así lo deseamos, de la nomenclatura Simatic a la internacional mientras realizamos el programa.

Para un determinado programa podemos tomar el orden de entradas y salidas que deseemos, no es necesario que tengan que seguir un orden, por ejemplo, podemos asignar como entradas las I 0.0, I 0.3 y I 1.0, o cualquier otra. Tampoco existe ninguna relación el orden que asignemos a las entradas con las salidas y viceversa, es decir, que si el pulsador de marcha de un sistema está asignado a la entrada I 0.0 la salida no tiene porqué ser la Q 0.0, podemos poner la que queramos.

## 3. Programación de contactos de apertura y cierre

Esta es una particularidad de la programación de autómatas que nos permite considerar una señal de entrada como contacto abierto o cerrado según nos convenga.

Si a una determinada entrada conectamos un contacto (por ejemplo de un pulsador) normalmente abierto, la señal que se aplica al autómata será un **0** en posición de reposo o un **1** accionando el pulsador.

Si el contacto es normalmente cerrado, la señal aplicada al autómata será **1** en posición de reposo y **0** en accionamiento. Hasta ahí todo claro. Ahora bien, el autómata no reconoce si el contacto es normalmente abierto o normalmente cerrado, tan sólo reconoce los estados **1** y **0**. Esto nos da la posibilidad de programar contactos abiertos o cerrados con un solo tipo de pulsador; mediante la función complementación (NOT).

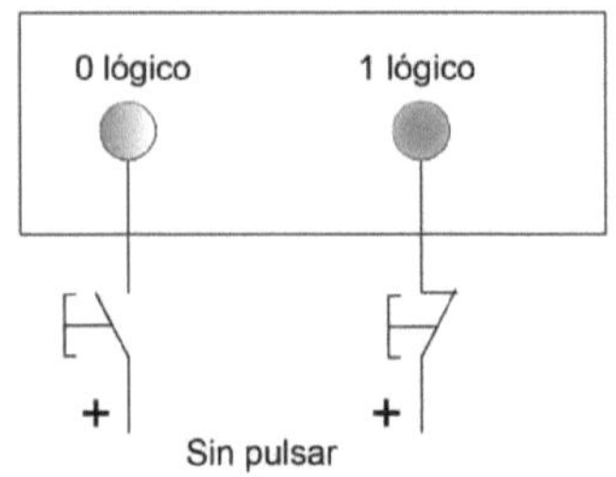


¿Cómo se hace esto? Si, por ejemplo, tenemos un pulsador cerrado en reposo y queremos que sólo nos dé señal cuando se pulse, consideramos este pulsador como complementado. De esta forma cuando le pulsemos nos enviará señal. Si lo consideramos como normalmente abierto, la señal llegará continuamente a menos que accionemos el pulsador.

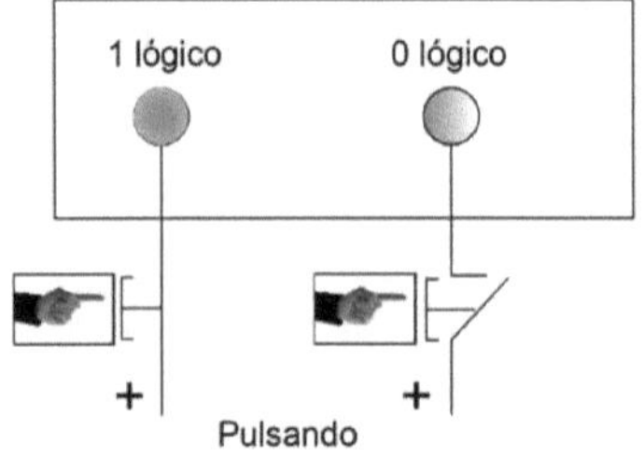


Este concepto quedará más claro con los ejemplos que veremos en los siguientes puntos.

# 4. Instrucciones básicas STEP 7 en KOP

Partimos de tres instrucciones básicas que son (figura), contacto normalmente abierto, contacto normalmente cerrado y accionamiento o bobina.

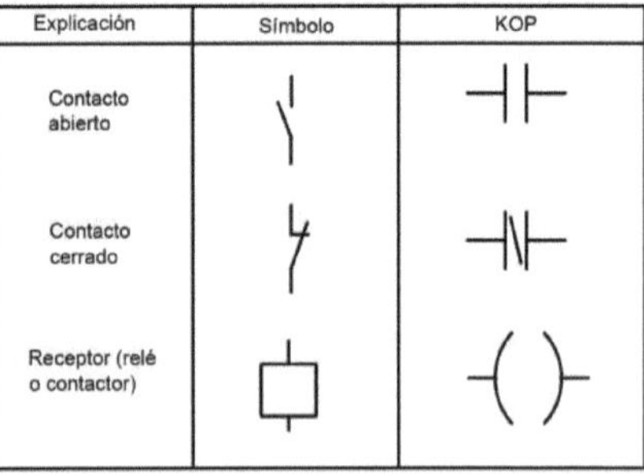

| Explicación | Símbolo | KOP |
|---|---|---|
| Contacto abierto | | —\| \|— |
| Contacto cerrado | | —\|/\|— |
| Receptor (relé o contactor) | | —( )— |

Una instrucción en STEP 7 se compone de una parte llamada operacional, que describe la función a realizar (los tres símbolos KOP de la figura) y otra llamada operando, en la que se indicará la entrada o salida correspondiente.

# 5. Realización de programas KOP a partir del esquema de cableado

Antes se seguir con este apartado es importante tener claro el concepto de programación tanto en formato KOP como en formato FUP. Para ello es necesario hacer todos los ejemplos que se crea conveniente hasta conseguir entender perfectamente el concepto de programación de autómatas.

## *5.1. Realización de automatismos básicos*

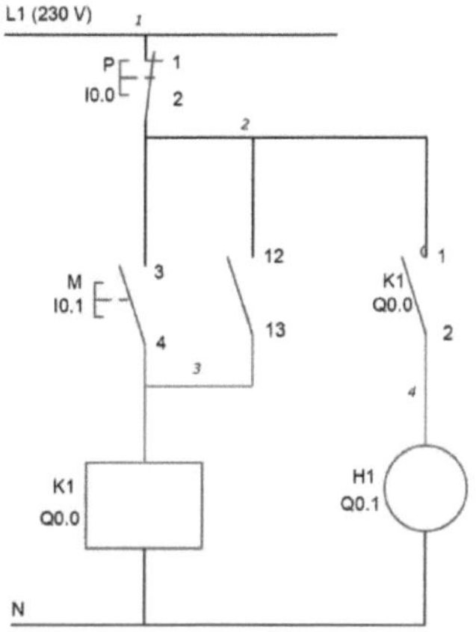

Como se dijo en la introducción de este capítulo, la programación en formato KOP es muy interesante cuando existe un esquema clásico y se quiere pasar al programa de autómata. La mayoría de las automatizaciones se hacen a partir de un esquema KOP del proceso, de ahí la importancia de esta representación del programa.

Vamos a realizar una serie de automatismos básicos partiendo del esquema cableado. Para ello vamos a comenzar con un sencillo automatismo de enclavamiento o retención como se aprecia en la figura.

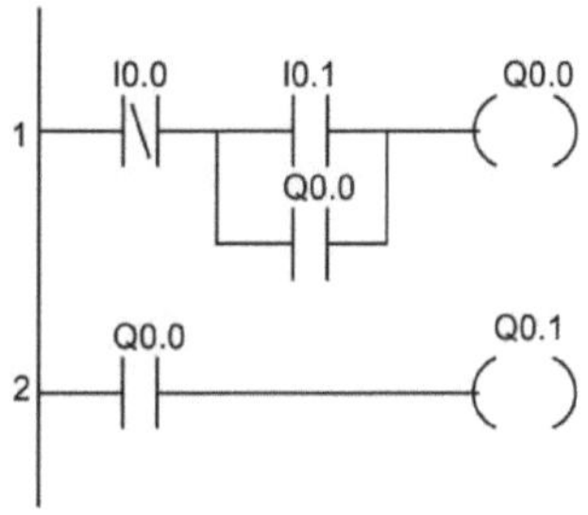

Lo primero que debemos hacer es asignar a cada pulsador una entrada del autómata. En la figura al pulsador de paro se le asigna de entrada I0.0 y al de marcha la entrada I0.1. A la bobina del contactor K1 le asignamos la salida Q0.0 y, por supuesto, el contacto abierto K1 en paralelo con el pulsador de marcha también debe tener la misma asignación de salida, esto es, Q0.0. Ahora realizamos el programa en formato KOP, para ellos sustituimos cada símbolo por su equivalente como podemos observar en la figura. Aquí podemos observar la simplicidad de este método de programación.

## *5.2. Contactores incompatibles pasando por paro*

Similar al caso anterior es el automatismo que encontramos en la figura. En este automatismo básico, el contactor K1 se activa al pulsar M1 y para que se pueda activar K2, es necesario antes pulsar sobre el paro P y, después, en M2.

En la figura podemos ver el mismo automatismo resuelto en el formato KOP.

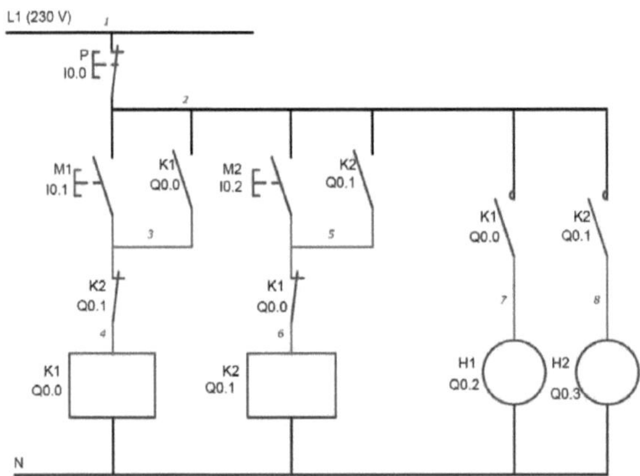


# 6. Programación de temporizadores S7-200

Las operaciones de temporización se utilizan para implementar funciones controladas por el tiempo. En el sistema S7 200 existen tres tipos de temporizadores: temporizador de retardo a la conexión (TON), temporizador de retardo a la conexión memorizado (TONR) y temporizador de retardo a la desconexión (TOF).

El TON (temporizador de retardo a la conexión) empieza a contar el tiempo cuando recibe una señal por la entrada del temporizador (señal de habilitación). Este temporizador se borra en el momento en que se desactive dicha señal.

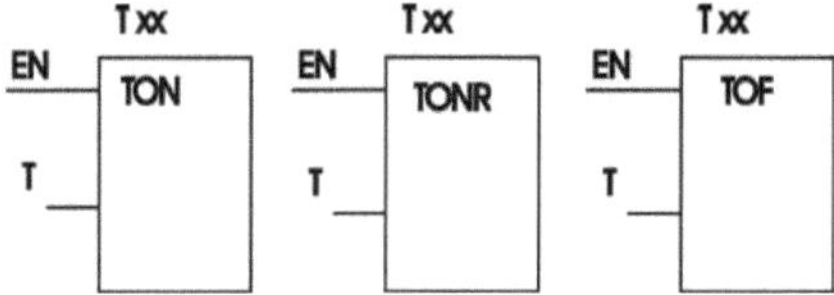


El TONR (temporizador de retardo a la conexión memorizado) se diferencia del TON en que al desactivar la entrada de habilitación se desconecta el temporizador (se detiene) pero su valor no se borra. Para borrarlo se ha de utilizar la operación Desactivar (R) que veremos en los apartados siguientes.

El TOF (Temporizador de retardo a la desconexión) se utiliza para retardar la puesta a cero de una salida durante un tiempo después de haberse desactivado la señal de habilitación. En la figura podemos ver los símbolos KOP de estos tres temporizadores.

Para numerar los temporizadores se utiliza una constante que sustituye a T xx, esta constante va de 0 a 255. El número de esta constante determina la resolución del tiempo que temporizará: milisegundos, centésimas o décimas de segundo. El valor máximo que puede temporizar se sitúa en la entrada EN y puede llegar hasta 32767 que, dependiendo de la resolución, permitirá temporizar valor de tiempo de hasta 3.276,7 segundos; según podemos ver en las tablas siguientes:

| TON | CUP 212 | CPU 214 | Tiempo máximo |
|---|---|---|---|
| **1 ms** (0,001 s) | T32 | T32 y T96 | 32,767 segundos |
| **10 ms** (0,01 s) | T33 - T36 | T33 - T36 y T97 - T100 | 327,67 segundos |
| **100 ms** (0,1 s) | T37 - T63 | T37 - T63 y T101 - T127 | 3.276,7 segundos |

**Tabla TON**

| TONR | CPU 212 | CPU 214 | Tiempo máximo |
|---|---|---|---|
| **1 ms** (0,001 s) | T0 | T0 y T64 | 32,767 segundos |
| **10 ms** (0,01 s) | T1 - T4 | T1 - T4 y T65 - T68 | 327,67 segundos |
| **100 ms** (0,1 s) | T5 - T31 | T5 - T31 y T69 - T95 | 3.276,7 segundos |

**Tabla TONR**

# 7. Programación de temporizadores S7-300

En el sistema S7-300 existen 5 tipos de temporizadores que son:

- Impulso (SP).
- Impulso prolongado (SE).
- Retardo a la conexión (SD).
- Retardo a la conexión con memoria (SS).
- Retardo a la desconexión (SF).

En el formato KOP el tiempo debe introducirse referido a la antigua normativa de los S5 y será: S5T# seguido del tiempo expresado en horas (H), minutos (M), segundos (S) o milisegundos (MS), por ejemplo:

S5T#3S → Temporizador de 3 segundos

S5T#1h → Temporizador de una hora.

S5T#5M10S → Temporizador de 5 minutos 10 segundos.

La numeración de los temporizadores empieza en el T1 y será hasta el máximo que permita la CPU utilizada:

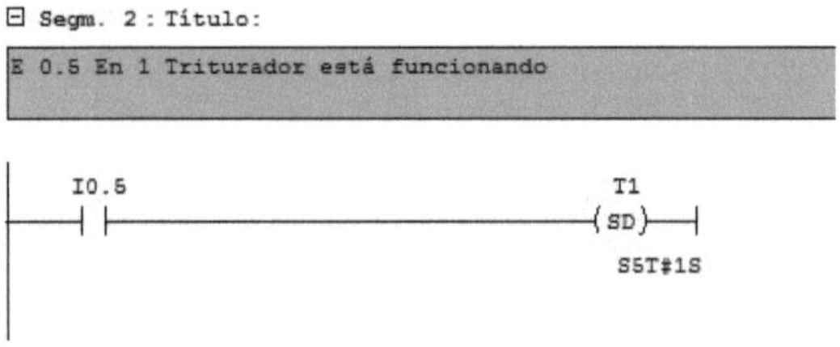

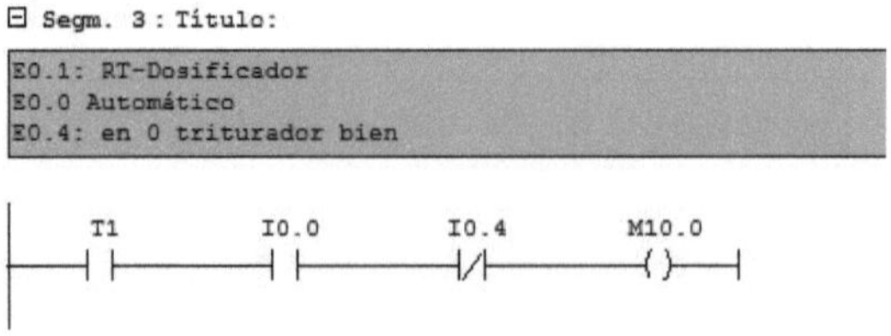

```
⊟ Segm. 2 : Título:

E 0.5 En 1 Triturador está funcionando

      I0.5                                   T1
  ----| |-----------------------------------(SD)---|
                                            S5T#1S

⊟ Segm. 3 : Título:

E0.1: RT-Dosificador
E0.0 Automático
E0.4: en 0 triturador bien

      T1          I0.0          I0.4         M10.0
  ----| |---------| |-----------|/|----------( )---|
```

En el ejemplo anterior el temporizador T1 arranca durante un segundo como retardo a la conexión y al terminar el tiempo programado se cerrará en contacto T1 del segmento 3.

## 8. Programación de temporizadores S7-1200

En los autómatas de la serie S7-1200, la programación de los temporizadores es similar a los autómatas de serie S7-200, es decir, existen temporizadores TON, TOFF y TONR. Sin embargo la introducción del tiempo es directa: introducimos el valor del tiempo y su escala, por ejemplo, 3S, 2M, etc. En el tema siguiente quedará ampliamente explicado.

El aspecto de una instrucción con un temporizador en el S7-1200 lo vemos en la siguiente figura:

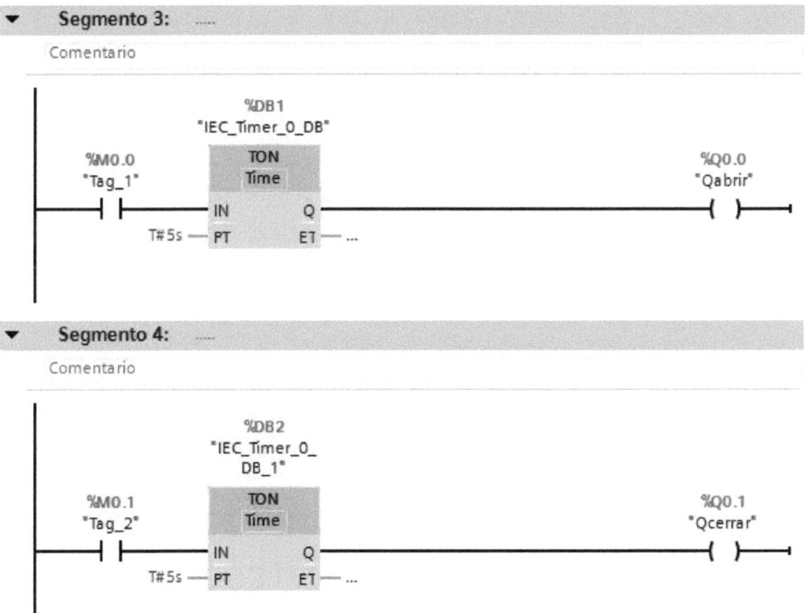


## 9. Ejemplos de operación con temporizadores (S7-200)

El primer ejemplo es una aplicación del temporizador TON. En este ejemplo se activa un temporizador tipo TON y al cabo del tiempo prefijado 1 segundo (10 en T equivale a 1 segundo

-tabla TON-) se activa la salida Q0.0 (figura).

De forma similar realizamos un ejemplo para un temporizador tipo TONR. Obsérvese en el cronograma de la figura que al pasar la entrada I0.0 a cero el tiempo se detiene que permanece en el valor que tenía una vez repuesta la entrada, la temporización continua.

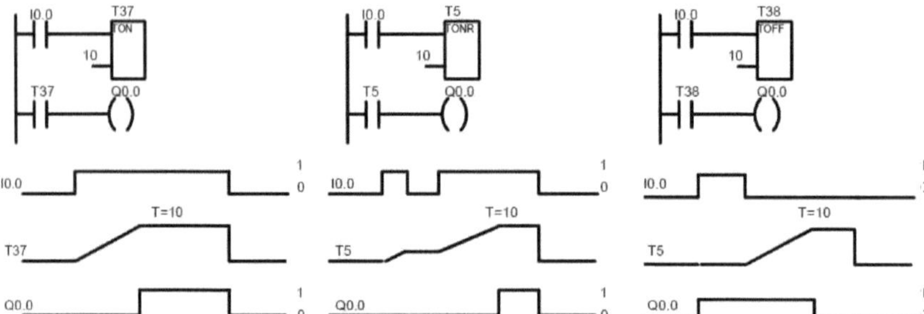


Por último, el temporizador de tipo TOF actúa sobre la salida Q0.0 en el momento que se activa la entrada I0.0; permanece activada la salida cuando la entrada pasa a cero, instante en que se inicia el tiempo y, una vez que finaliza el tiempo, la salida Q 0.0 pasa a cero (figura).

En la figura aparece un temporizador accionado por un pulsador con enclavamiento y que, cuando termine la temporización, encenderá una lámpara. La programación la realizaremos por ramas (segmentos). El primer segmento será el enclavamiento. En el segundo se activará en temporizador con la señal de salida A 0.0 y en el tercero se encenderá la lámpara al terminar de temporizar (T 37).

La figura es una variación del esquema anterior.

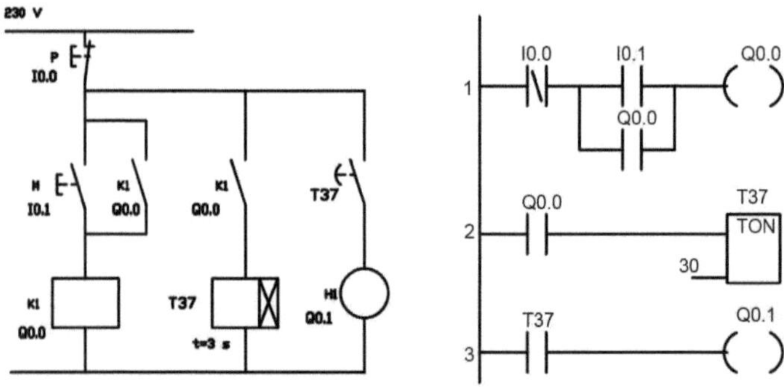

## 10. Programación de contadores

### *10.1. Serie S7-200*

En S7 existen dos tipos de contadores. El contador Contar Adelante (CTU) y el contador Contar Adelante/Atrás (CTUD.

El CTU (Contador Adelante) empieza a contar adelante a partir del valor actual cuando se produce una señal en la entrada de contaje adelante. El contador se borra cuando se activa la entrada de desactivación o cuando se ejecuta la operación desactivar (R).

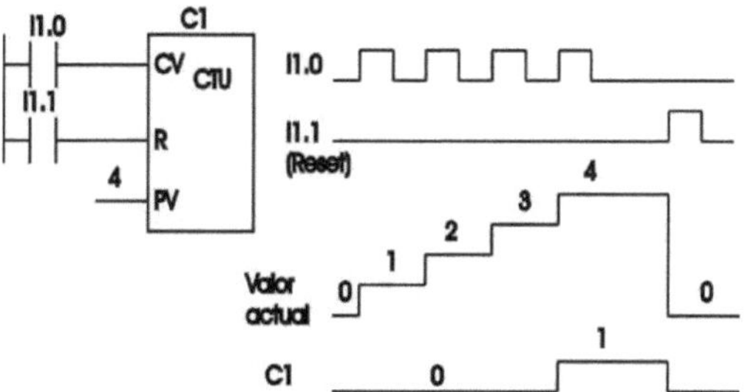


El CTUD (Contador Adelante/Atrás) empieza a contar adelante a partir del valor actual cuando se produce una señal en la entrada de contaje adelante y empieza a contar atrás cuando se produce un flanco creciente en la entrada de contaje atrás. El contador se borra cuando se activa la entrada de desactivación o cuando se ejecuta la operación desactivas (R).

Se pueden programar hasta 256 contadores (de C0 a C255) de pendiendo de la CPU utilizada. Los contadores adelante tienen un rango máximo de 32.767 y los Adelante/Atrás van desde -32.768 a 32.767.

En la figura se ilustra el funcionamiento de los contadores.

### *10.2. Serie S7-300*

Por su parte los S7-300 disponen de tres tipos distintos de contadores: Contador ascendente S_CU, contador descendente S_CD y contador ascendente-descendente S_CUD:

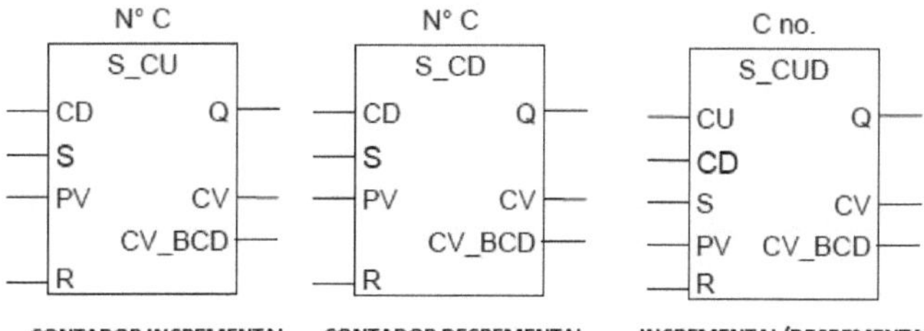

Las señales de entrada y salida se utilizan de la siguiente forma:

CD: Señal de entrada para incrementar o decrementar el contador

S: Inicia el contador

PV: Valor de contaje. Puede ser un dato o un valor directo, en este caso se introducirá con el siguiente formato:

C#Nº donde Nº será el número de contaje

R: Resetea, es decir, anula el contador

Q: Estará a 1 mientras el valor de contaje sea distinto a 0

CV: Es el número actual de contaje en formato hexadecimal

CV_BCD: El mismo número en formato BCD

**Ejemplo:** Vamos a realizar un contador decremental desde 10. Se activará con la señal I0.0 y decrementará con la entrada I0.1. Con la entrada I0.2 se reseteará el contador. Cuando llegue a cero se activará la salida Q0.0, el resto del contaje estará activa la señal Q0.1:

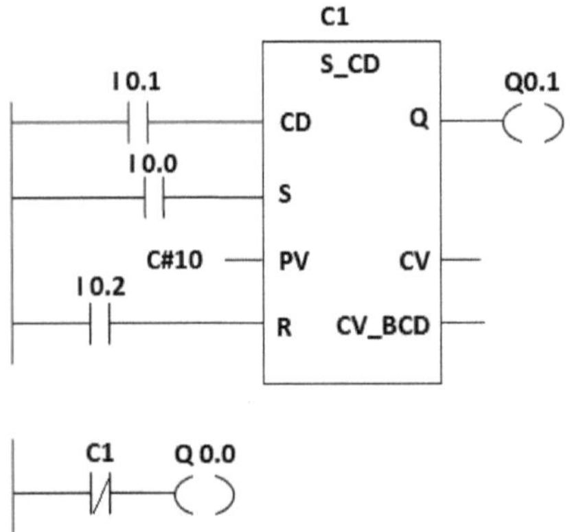


## *10.3. Serie S7-1200*

De forma similar los S7-1200 disponen, asimismo, de los mismos tipos de contadores: Contador ascendente CTU, contador descendente CTD y contador ascendente-descendente CTUD:

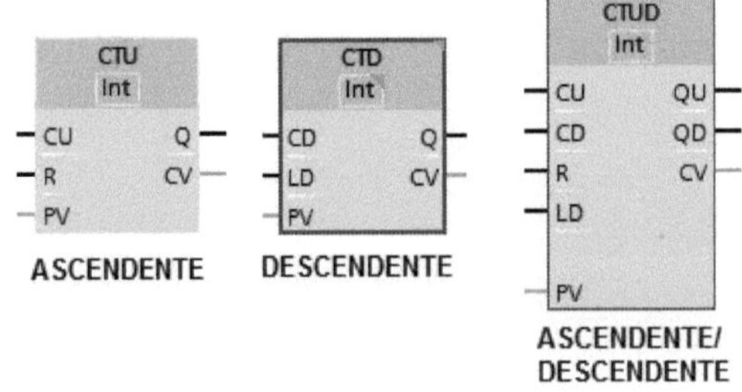

Las señales de entrada y salida se utilizan de la siguiente forma:

CU: Señal de entrada para incrementar el contador

CD: Señal de entrada para decrementar el contador

LD: Inicia el contador

PV: Valor de contaje. Puede ser un dato o un valor directo.

R: Resetea, es decir, anula el contador

Q: Estará a 1 mientras el valor de contaje sea distinto a 0

CV: Es el número actual de contar

**Ejemplo:** Vamos a realizar un contador decremental desde 10. Se activará con la señal I0.0 y decrementará con la entrada I0.1. Con la entrada I0.2 se reseteará el contador. Cuando llegue a cero se activará la salida Q0.0, el resto del contaje estará activa la señal Q0.1:

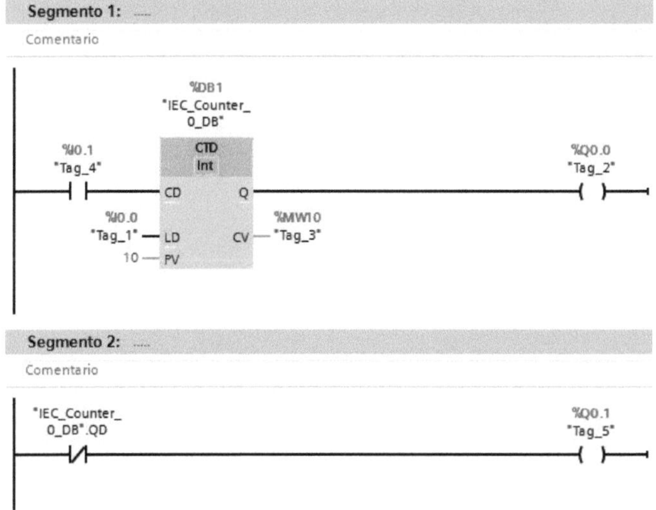


## 11. Uso de marcas

En la mayoría de los procesos existen contactores que se utilizan como contactores auxiliares. No tienen asignados ningún elemento de fuerza (motores, electroválvulas, etc.), sin embargo, se utilizan como contactos para facilitar la automatización. Por ejemplo, en la figura el contactor K1 asignado a la salida Q0.0 no activa ningún equipo eléctrico, sin embargo, la única salida que nos interesa es la de la lámpara H1 asignada a la Q0.1. En estos casos, para no utilizar estas salidas, podemos utilizar **marcas**, es decir, variables internas tipo memoria, que para el funcionamiento normal del programa hará el mismo efecto y, además, nos ahorra salidas para otras necesidades.

Para los autómatas SIMATIC a estas marcas se les nombra con la letra **M** seguido de un par de números que designan la dirección de igual forma que para las entradas y las salidas, es decir, estas marcas seguirán la numeración:
M 0.0, M 0.1, M 0.2,... M 0.7, M 1.0, etc.

Cada marca constará de un *byte* (0., 1., 2., etc.) y una dirección *bit* (de 0 a 7). Según esto el programa KOP de la figura quedaría, cambiando la salida Q0.0 por M 0.0 y conservando la salida Q0.1, de la siguiente forma:

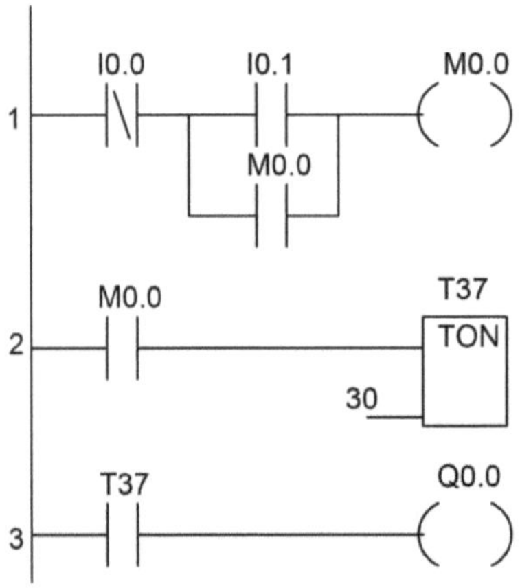

En los siguientes capítulos se insistirá sobre el uso de las marcas.

## 12. Instrucciones SET y REST

Utilizando estas instrucciones podemos realizar funciones de bloqueo y desbloqueo de salidas o marcas de una forma sencilla siguiendo las siguientes pautas.

La instrucción Set activa de forma permanente una salida:

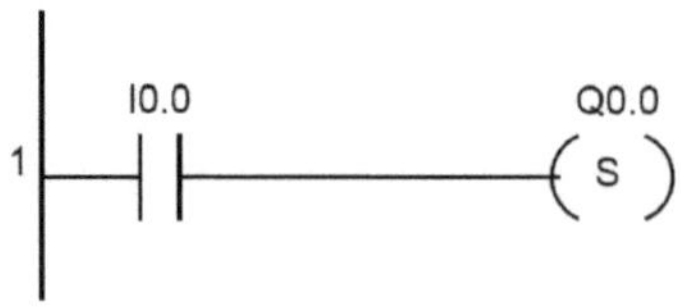

Al activar I0.0 la salida Q0.0 se activará y permanecerá activada aunque se desactive I0.0.

Para desactivar una salida o marca activada con Set utilizaremos Reset:

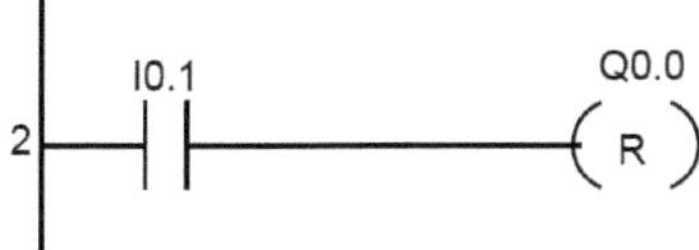


En la secuencia de la siguiente figura vemos el funcionamiento de las instrucciones SET y RESET:

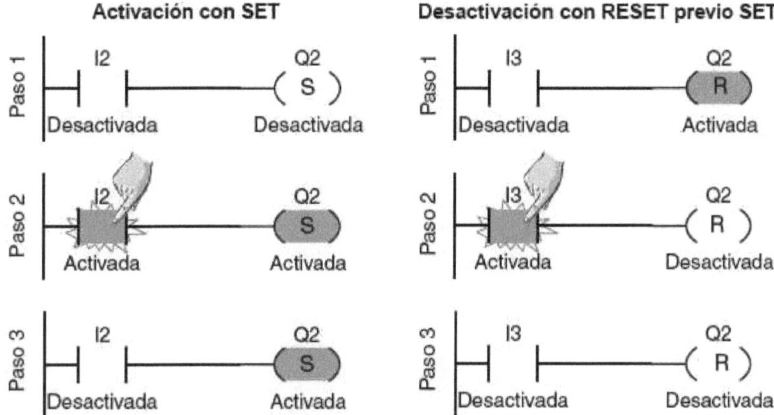


## 13. Estructura del Programa

Los ejemplos que hemos visto son programas lineales, es decir, todo el programa se encuentra en un módulo (OB1 en el S7-300) con todas las instrucciones juntas. Este modelo se asemeja a un esquema de relés, que se reemplaza por un controlador lógico programable. La CPU procesa las instrucciones individuales y da un resultado de entradas y de salidas en cada ciclo del PLC.

Para realizar programas más complejos debemos recurrir a un sistema en el que podamos dividir el programa en bloques más pequeños o que realicen funciones concretas dentro del programa general.

En este caso el programa está dividido en bloques, cada bloque solo contiene el programa para resolver una tarea parcial. Es posible dividir aún más el programa en segmentos dentro de un bloque. Podemos generar plantillas de segmento para segmentos del mismo tipo. En este caso el bloque de organización OB 1 contiene instrucciones que llaman a los otros bloques en una secuencia definida.

Por último un **Programa Estructurado** contiene bloques con parámetros, llamados bloques parametrizables. Estos bloques se diseñan para que puedan usarse de forma universal. Cuando llamamos a un bloque parametrizable, le damos los parámetros actuales (las direcciones exactas de entradas y salidas así como los valores de los parámetros). Ejemplo:

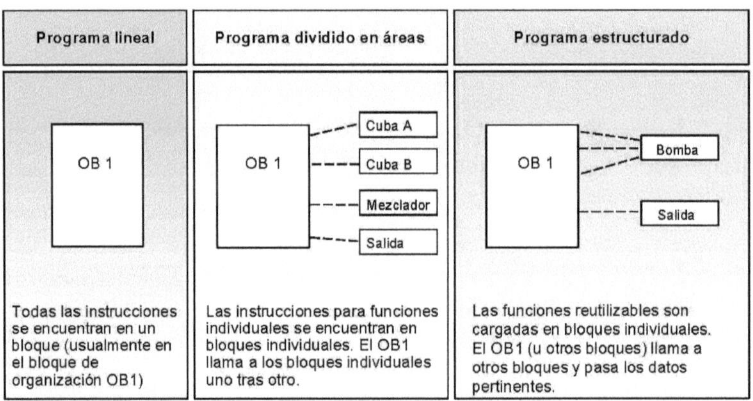


El bloque "bomba" contiene instrucciones para el control de una bomba.

Los bloques de programa, que son responsables del control de bombas especiales, llaman al bloque "bomba" y le dan información sobre qué bomba va a ser controlada y con qué parámetros.

Cuando el "bloque bomba" haya completado la ejecución de sus instrucciones, el programa vuelve al bloque que ha realizado la llamada (por ej. el OB 1), que continua con el procesamiento de sus instrucciones.

## *13.1. Tipos de Bloques de Programa (S7-300)*

El controlador lógico programable proporciona varios tipos de bloques, donde podemos almacenar el programa de usuario y demás datos relacionados. Dependiendo de los requerimientos del proceso, el programa puede ser estructurado en bloques diferentes.

**Bloques de Organización (OB's)**

- Los bloques de organización (OB's) constituyen la interfase entre el sistema operativo del PLC y el programa de usuario. El programa completo puede almacenarse en el OB, que es ejecutado cíclicamente por el sistema operativo (programa lineal) o puede dividirse y almacenarse en distintos bloques (programa estructurado). En este segundo caso desde el programa OB iremos llamando a los distintos bloques de programa.

**Funciones FC, SFC**

- Una función (FC) contiene el programa de trabajo, éste puede dividirse en diversas funciones que realizan tareas distintas. Los FC se numeran para cada función distinta: FC1, FC2, FC3, etc. La ejecución se hará desde las llamadas del programa OB. Las Funciones de Sistema (SFC) son funciones integradas en el sistema operativo de la CPU.

**Bloques de función FB, SFB**

- Básicamente, los bloques de función ofrecen la misma funcionalidad que las funciones FC. La diferencia radica en que los bloques de función son parametrizables, es decir, las variables con las que van a realizar la función (entradas, salidas, temporizadores,...) varían en cada llamada. Como resultado, los bloques de función están concebidos para tareas muy repetitivas o funcionalidades complejas, como tareas de control en lazo cerrado. Los Bloques de Función de Sistema (SFB) son funciones parametrizables integradas en el sistema operativo de la CPU.

**Bloques de datos DB**

- Los bloques de datos (DB) son áreas de datos del programa de usuario en las que los datos son distribuidos de forma estructurada y pueden ser utilizados para almacenar cualquier variable que pueda ser utilizada en un programa.

Dentro del programa Step7, en "elementos de programa"-->"librerías", podemos ver e insertar bloques FCs, SFCs, FBs y SFBs ya programados genéricamente; seleccionando uno en concreto y pulsando la ayuda F1 obtenemos información.

## *13.2. Ciclo de la CPU*

La CPU comprueba el estado de las entradas y las salidas en cada ciclo. Existen áreas de memoria específicas en las que se almacenan los datos binarios de los módulos: la PAE y la

PAA. El programa accede a estos registros durante el procesamiento.

**PAE**

- La tabla de imagen de proceso de entrada se encuentra en el área de memoria de la CPU. Allí se almacena el estado de señal de todas las entradas.

**PAA**

- La tabla de imagen de proceso de salida contiene los valores de salida resultantes de la ejecución del programa. Estos se envían a las salidas reales (A) al final del ciclo

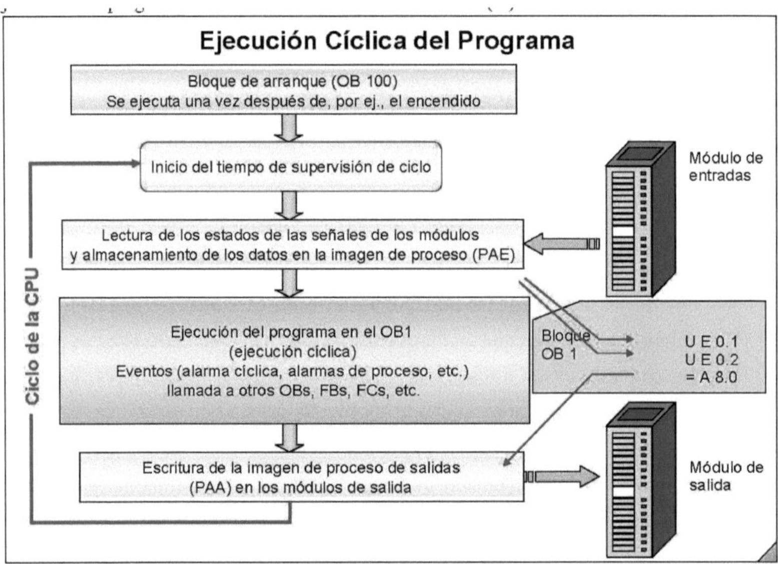


**Programa de Usuario**

Cuando comprobamos las entradas en el programa de usuario, por ejemplo con la instrucción U E 2.0, se evalúa el último estado de señal desde la PAE. Esto garantiza la llegada del mismo estado de señal cuando realizamos consultas múltiples de la entrada dentro de un ciclo.

**Arranque**

La CPU lleva a cabo un rearranque completo cuando alimentamos o cuando pasamos de STOP -> RUN. Durante este rearranque se ejecuta el OB100, el cual podremos programas para realizar funciones de arranque concretas, además, el sistema operativo borra las marcas, temporizadores y contadores no remanentes, borra la pila de interrupciones y la pila de bloques, resetea todas las alarmas de proceso y diagnóstico almacenadas e inicia el tiempo de vigilancia del ciclo.

**Ciclo de Scan**

El funcionamiento cíclico de la CPU se compone de tres secciones principales, como se muestra en el diagrama superior:

- La CPU comprueba el estado de las señales de entrada y actualiza la tabla de imagen de proceso de entrada.
- Ejecuta el programa de usuario con sus respectivas instrucciones.
- Escribe los valores de la tabla de imagen de proceso de salida en los módulos de salidas.

## 14. Realización de programas básicos

Una vez visto la base de la programación en Step 7 vamos a realizar algunos supuestos prácticos sencillos para comprender mejor el proceso que hemos de seguir a la hora de realizar un programa.

**Ejemplo 1:** En un proceso industrial se deben dosificar unas cantidades de producto desde dos tolvas. Tras iniciar el proceso arrancará la cinta de transporte de producto inferior y las tolvas deben tener cerrada la compuerta de salida de producto mediante accionamiento neumático. A continuación se abrirá la primera compuerta accionando el primer cilindro neumático y, tras recibir la señal de peso correcto, se cerrará la primera compuerta y se abrirá la segunda. Tras recibir la señal de peso correcto se cerrará la segunda compuerta y se detendrá la cinta transportadora.

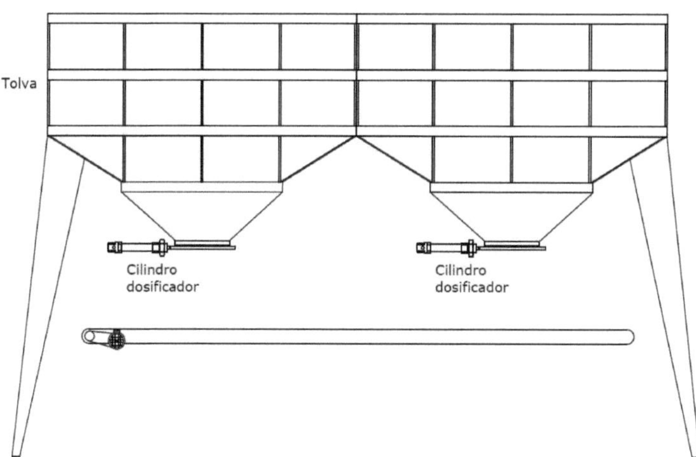

Asignación de entradas y salidas:

| Señal de Entrada | Entrada PLC | Señal de Salida | Salida PLC |
|---|---|---|---|
| Inicio del proceso | I 0.0 | Motor cinta | Q 0.0 |
| Peso 1 | I 0.1 | Cilindro 1 | Q 0.1 |
| Peso 2 | I 0.2 | Cilindro 2 | Q 0.2 |

El programa se resuelve fácilmente utilizando las funciones Ser y Reset:

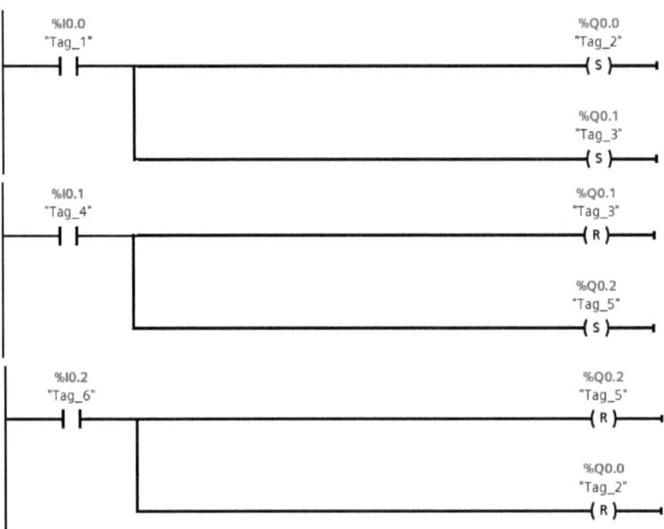


**Ejemplo 2:** Se trata de realizar el arranque de dos motores de forma secuencial. El proceso será el siguiente: Pulsamos en el botón de marcha, el primer motor de pone en marcha, al cabo de 5 segundos arranca el segundo motor.

Para detener el proceso podemos pulsar en el botón de paro o en la seta de emergencia.

Lo primero que debemos hacer es hacer una tabla con la relación de señales de entrada y salida que tenemos y asignarles una posición en el autómata.

Las señales de entrada serán los pulsadores y la seta de emergencia y las salidas serán las señales que arrancan los motores. Por otra parte, la distribución de señales de entrada y salida en el autómata puede seguir cualquier orden, pero para que sea uniforme con el cuadro eléctrico que realizaremos más adelante, vamos a asignar las señales de acuerdo con la tabla de este ejemplo, que nos servirá para todos los programas que realicemos a partir de ahora. Por lo tanto la tabla quedaría de la siguiente forma:

| **Señal de Entrada** | **Entrada PLC** | **Señal de Salida** | **Salida PLC** |
|---|---|---|---|
| Marcha | I0.1 | Motor 1 | Q0.0 |
| Paro | I0.0 | Motor 2 | Q0.1 |
| Seta | I0.3 | | |

Para realizar el programa partiremos de la marca M0.0 que se pondrá a uno al pulsar en marcha y pasará a cero al pulsar en paro o en la seta de emergencia. a partir de aquí esta marca se encargará de arrancar el primer motor, de temporizar y de arrancar el segundo motor. También debemos tener en cuenta que tanto el pulsador de paro como el de emergencia son de seguridad y deben ir conectados al contacto normalmente cerrado, por lo tanto debemos tener en cuenta lo explicado en el apartado 4.2 al realizar el programa.

Éste es el proceso que se ha seguido para realizar el programa que vemos a continuación.

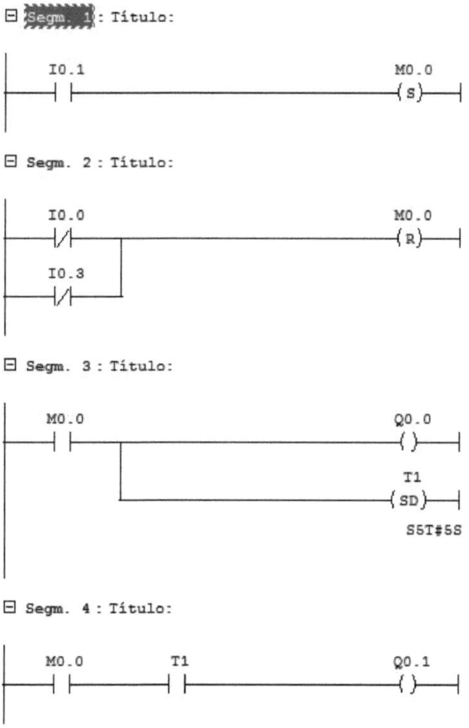

```
⊟ Segm. 1 : Título:

    I0.1                                M0.0
|---| |---------------------------------(S)---|

⊟ Segm. 2 : Título:

    I0.0                                M0.0
|---|/|------+--------------------------(R)---|
    I0.3     |
|---|/|------+

⊟ Segm. 3 : Título:

    M0.0                                Q0.0
|---| |------+--------------------------( )---|
             |                          T1
             +-------------------------(SD)---|
                                        S5T#5S

⊟ Segm. 4 : Título:

    M0.0          T1                    Q0.1
|---| |-----------| |-------------------( )---|
```

**Ejemplo 2:** En una planta envasadora tenemos que controlar los botes que no tienen la tapa puesta detectándolos y expulsándolos de la cinta principal. Para ello el bote pasará entre una fotocélula que detecte cuándo hay bote y un detector inductivo que detecte la tapa. Si no llevará se activará al cabo de 1 segundo un cilindro que expulsa el bote hacia otra cinta.

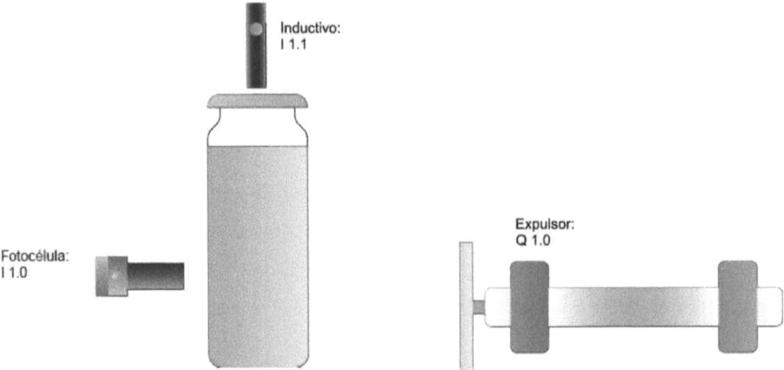


El dibujo superior nos puede servir para hacernos una idea del proceso. Para resolver el programa partiremos de que cuando la fotocélula detecte un bote si el sensor inductivo no detecta la tapa, con un pequeño margen de tiempo por proximidades, el cilindro expulsor recibirá una señal que lo activará al cabo de 1 segundo. Este cilindro debe recibir un impulso de activación y, al cabo de un tiempo breve, volver a su posición de equilibrio. En la práctica este tiempo debe probarse para ver la velocidad de expulsión sin romper el bote ni interrumpir al resto de los botes.

```
⊟ Segm. 1 : Si hay bote (I1.0) y no tiene tapa (I1.1) durante 1 s. se activa

   I1.0         I1.1                        T1
|---| |----------|/|-----------------------(SD)---|
                                           S5T#1S

⊟ Segm. 2 : M0.0 marca de expulsión del bote

   T1                                       M0.0
|---| |------------------------------------( S )--|

⊟ Segm. 3 : Retardo para activar el cilindro

   M0.0                                     T2
|---| |------------------------------------(SD)---|
                                           S5T#1S

⊟ Segm. 4 : T2 activa el cilindro

   T2                                       Q0.7
|---| |------------------------------------( )----|

⊟ Segm. 5 : Retardo para desactivar

   Q0.7                                     T3
|---| |------------------------------------(SD)---|
                                           S5T#1S

⊟ Segm. 6 : T3 desactiva el cilindro

   T3                                       M0.0
|---| |------------------------------------(R)----|
```

# Actividades de repaso

**2.1.** En un paso de cebra se encuentra un semáforo para peatones. Mediante la actuación del pulsador se deberá desarrollar la conocida secuencia de "rojo" para vehículos y "verde" para peatones y viceversa. Seleccionar para este ejemplo los tiempos de manera que a los conductores de vehículos les corresponda una fase amarilla de tres segundos y a la fase roja una duración de dieciséis segundos. La fase verde para los peatones debe durar solamente diez segundos.

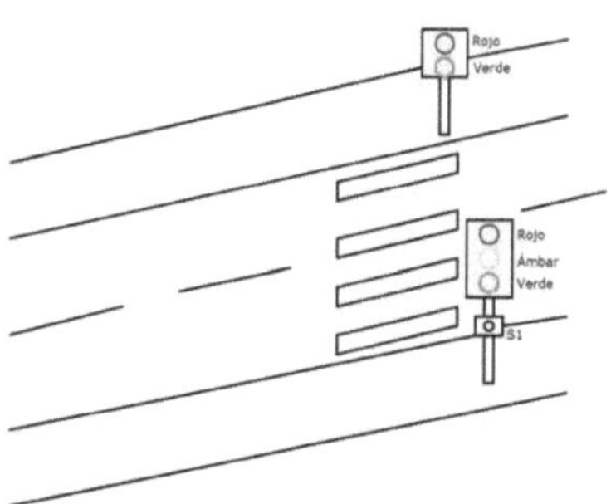


**2.2.** Controlar la grúa representada en la figura para que realice los ciclos representados en la dicha figura. Partiendo de la posición de reposo (la representada en la figura) realiza el ciclo 1, hasta llegar a la posición 2, donde permanecerá un tiempo determinado antes de realizar el ciclo número 2.

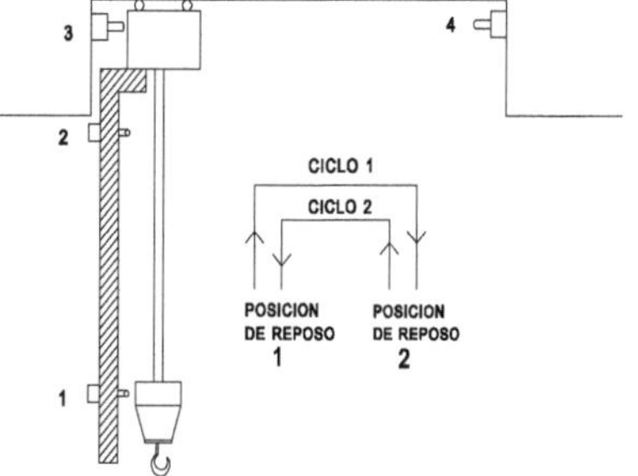


Cuando vuelva a alcanzar la posición de reposo número 1, la grúa se parará.

El sistema cuenta con un interruptor de control o arranque que tendrá que ser activado, cada vez que deseemos que la grúa realice los dos ciclos.

# TEMA 3: PROGRAMACIÓN TIA PORTAL

## 1. Introducción al PLC S7-1200

El controlador S7-1200 ofrece la flexibilidad y potencia necesarias para controlar una gran variedad de dispositivos para las distintas necesidades de automatización. Gracias a su diseño compacto, configuración flexible y amplio juego de instrucciones, el S7-1200 es idóneo para controlar una gran variedad de aplicaciones.

La CPU incorpora un microprocesador, una fuente de alimentación integrada, circuitos de entrada y salida, *PROFINET* integrado, E/S de control de movimiento de alta velocidad y entradas analógicas incorporadas, todo ello en una carcasa compacta, conformando así un potente controlador. Una vez cargado el programa en la CPU, ésta contiene la lógica necesaria para vigilar y controlar los dispositivos de la aplicación. La CPU vigila las entradas y cambia el estado de las salidas según la lógica del programa de usuario, que puede incluir lógica booleana, instrucciones de contaje y temporización, funciones matemáticas complejas, así como comunicación con otros dispositivos inteligentes.

La CPU incorpora un puerto PROFINET para la comunicación en una red PROFINET. Hay disponibles módulos adicionales para la comunicación en redes PROFIBUS, GPRS,RS485 ó RS232.

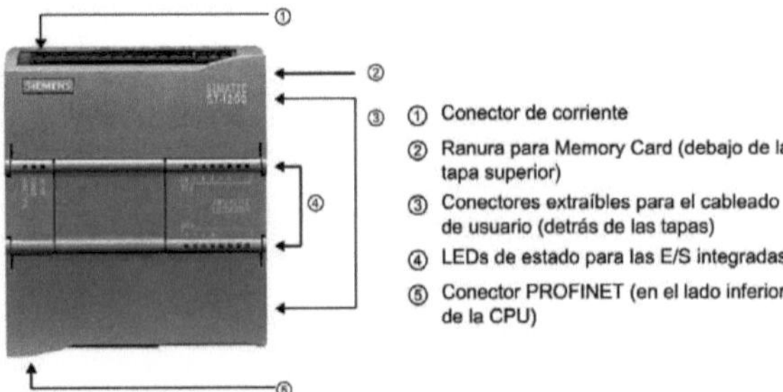


Figura 1. Partes externas del PLC S7-1200.

## 2. Programa STEP 7 (TIAPORTAL)

STEP 7 proporciona un entorno de fácil manejo para programar la lógica del controlador, configurar la visualización de HMI (Human Machine Interface) y definir la comunicación por red. Para aumentar la productividad, STEP 7 ofrece dos vistas diferentes del proyecto: Distintos portales orientados a tareas y organizados según las funciones de las herramientas -**vista del portal**- o una vista orientada a los elementos del proyecto -**vista del proyecto**-. El usuario puede seleccionar la vista que considere más apropiada para trabajar eficientemente. Con un solo clic es posible cambiar entre la vista del portal y la vista del proyecto.

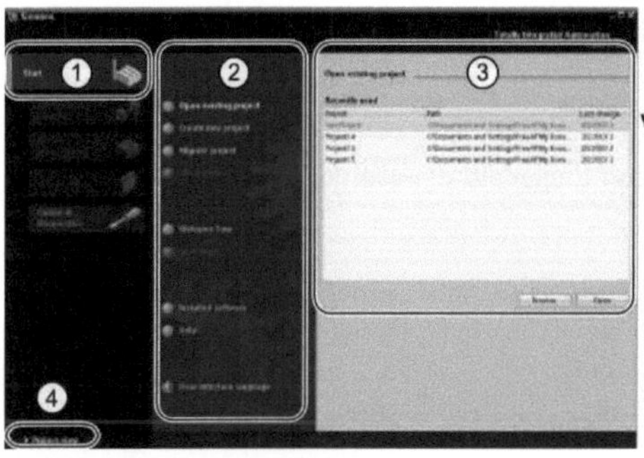

Vista del portal

① Portales para las diferentes tareas

② Tareas del portal seleccionado

③ Panel de selección para la acción seleccionada

④ Cambia a la vista del proyecto

Figura 2. Vista del portal.

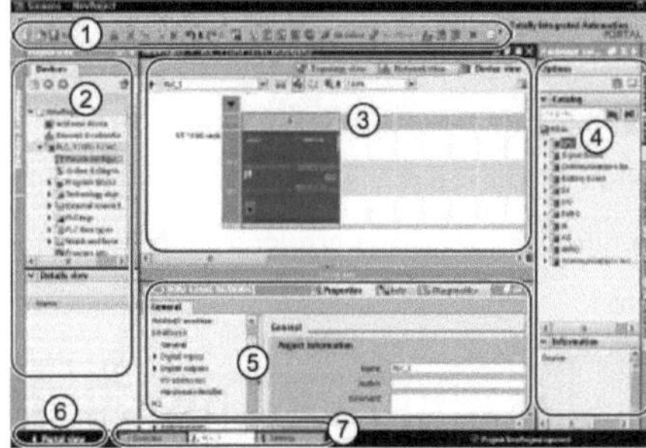

Vista del proyecto

① Menús y barra de herramientas

② Árbol del proyecto

③ Área de trabajo

④ Task Cards

⑤ Ventana de inspección

⑥ Cambia a la vista del portal

⑦ Barra del editor

Figura 3. Vista del proyecto.

Puesto que todos estos componentes se encuentran en un solo lugar, es posible acceder fácilmente a todas las áreas del proyecto. La ventana de inspección, por ejemplo, muestra las propiedades e información acerca del objeto seleccionado en el área de trabajo. Si se seleccionan varios objetos, la ventana de inspección muestras las propiedades que pueden configurarse. La ventana de inspección incluye fichas que permiten ver información de diagnóstico y otros mensajes.

La barra de editores agiliza el trabajo y mejora la eficiencia, ya que muestra todos los editores que están abiertos. Para cambiar entre los editores abiertos, basta con hacer clic sobre el editor en cuestión. También es posible visualizar dos editores simultáneamente, ya sea en mosaico vertical u horizontal. Esta función permite mover elementos entre los editores mediante Drag & Drop.

# 3. Ejemplo: Control de Portón

Se resolverá el siguiente problema como ejemplo del uso del programa STEP 7 (TIA PORTAL).

## 3.1. PARTE I. MANEJO DEL PROGRAMA STEP 7 (TIA PORTAL). Operaciones lógicas de bit

Se tienen dos pulsadores normalmente abiertos, "Abrir" y "Cerrar" con los que se activará un motor que hará esta función con el portón, también hay un pulsador normalmente abierto de "Paro" que desactivará inmediatamente el portón en cualquier momento. Dos finales de carrera normalmente cerrados dan la indicación de si el portón se encuentra abierto, cerrado o a media carrera. FCA es el sensor de que el portón está abierto, FCC es el sensor que indica si el portón está cerrado. Existe un sensor de presión normalmente cerrado (SP) que se cierra cuando detecta que hay demasiada presión cuando el portón se está cerrando como cuando un objeto queda atascado, al pasar esto el portón debe dejar de cerrar e inmediatamente pasar a abrir el portón nuevamente.

Figura 4. Control de Portón

A continuación se muestra la tabla de elementos conectados que deberá crear:

| Nº | Denominación | Indicador | Modo de acción | Dirección I/O |
|---|---|---|---|---|
| 1 | Pulsador para abrir portón | Abrir | Cierra = 1 | I0.0 |
| 2 | Pulsador para cerrar portón | Cerrar | Cierra = 1 | I0.1 |
| 3 | Pulsador de paro | Paro | Cierra = 1 | I0.2 |
| 4 | Final de carrera portón abierto | FCA | Abre = 1 | I0.3 |
| 5 | Final de carrera portón cerrado | FCC | Abre = 1 | I0.4 |
| 6 | Sensor de Presión | SPres | Cierra = 1 | I0.5 |
| 7 | Salida para apertura de portón | Qabrir | | Q0.0 |
| 8 | Salida para cerrado de portón | Qcerrar | | Q0.1 |

Tabla 1. Elementos conectados al PLC

### 3.2. Crear un nuevo proyecto

1. Abra el programa **TIA Portal V12**, que se encuentra en **Inicio, Todos los Programas, Siemens Automation** y espere a que cargue el programa.

2. En el portal de inicio, haga clic en "Crear proyecto". Introduzca el nombre del proyecto, la ruta donde va a almacenarlo, de clic en el botón "Crear" y espere a que se cree el proyecto.

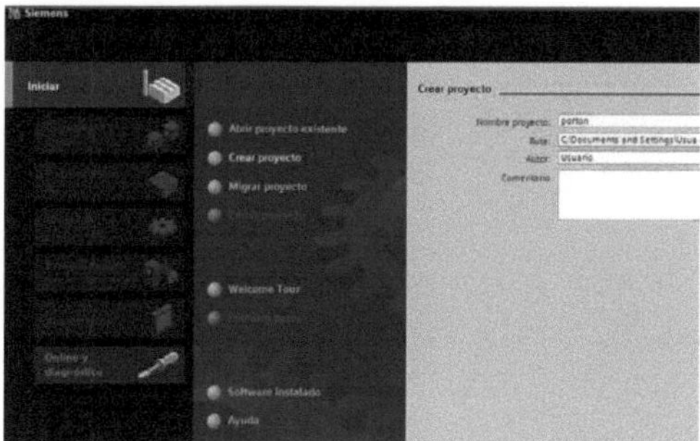

Figura 5. Crear nuevo proyecto.

3. Una vez creado el proyecto, seleccione el portal "Dispositivos y redes", haga clic en el botón "Agregar dispositivo" y espere a que carguen los dispositivos.

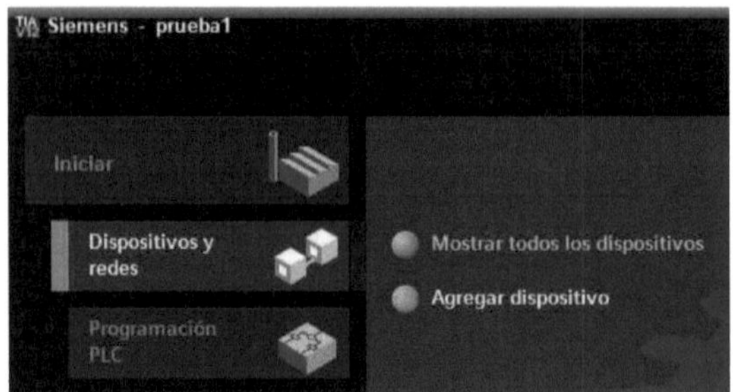


Figura 6. Agregar dispositivo.

4. Expanda las opciones de SIMATIC S7-1200 y luego las de CPU, seleccione la CPU del PLC que tenga asignado, esto lo puede ver en la parte frontal del PLC. Expanda la CPU específica para seleccionar la referencia del PLC, esto lo puede ver en la parte lateral del PLC.

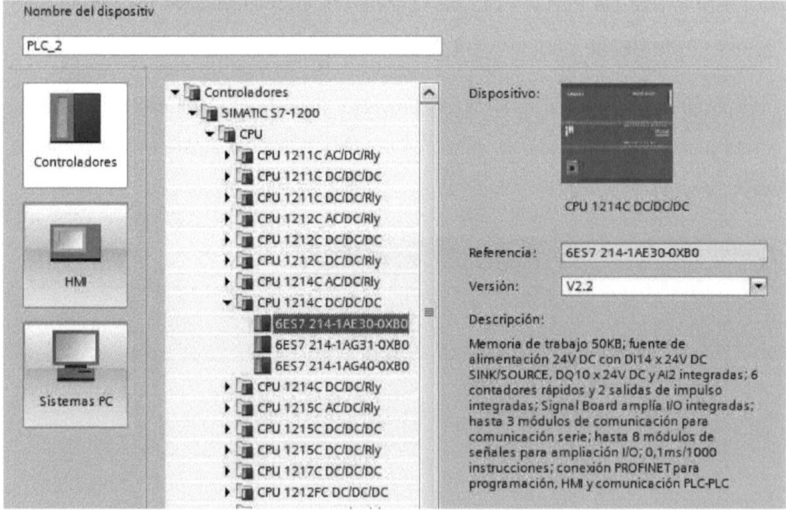


Figura 7. Seleccionar dispositivo.

***Nota:** En el laboratorio se cuenta con la **CPU 1214C** en configuración* **DC/DC/DC** con *número de referencia 6ES7214-1AE30-0XB0* Versión: V2.2. Esta referencia la encontramos en el lateral derecho del autómata. La configuración DC/DC/DC significa, alimentación en corriente continua, entradas en cc y salidas en cc.

Figura 8. Creación de variables.

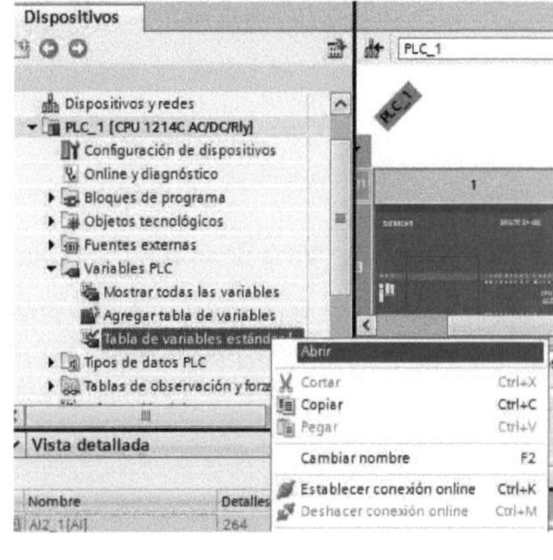


5. Una vez seleccionado todo, de clic en el botón que está debajo llamado "Agregar" y espere a que se abra la vista de proyecto. Observe que en el área de trabajo (Ver Figura 3), se muestran 3 pestañas "Vista topológica", "Vista de redes" y "Vista de dispositivos", en esta última debe de mostrarse el PLC que acaba de agregarse.

6. Se iniciará con la creación de las variables para las entradas y salidas del PLC, según los elementos de la Tabla 1, para ello ubíquese en la ventana de "Árbol de proyecto", expanda las opciones de PLC_1, luego las de subcarpeta "Variables de PLC" y de clic derecho sobre la opción "Tabla de variables estándar"y luego en la opción "Abrir"

7. Se abrirá la "Tabla de variables" en el área de trabajo encima la ventana de dispositivos, para poder ver ambas ventanas selección del menú "Ventana" la opción "Dividir área del editor verticalmente".

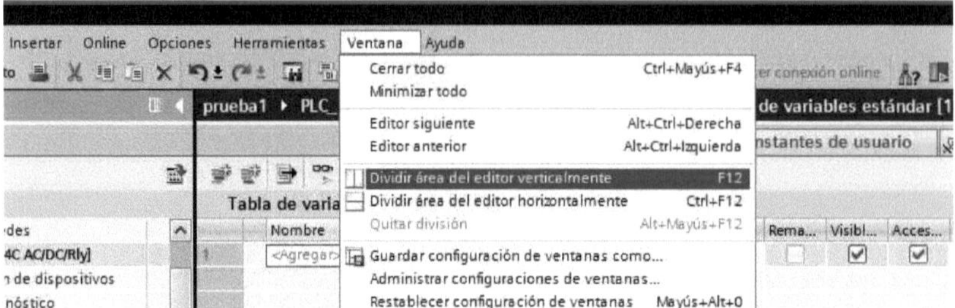


Figura 9. División del área de trabajo.

**8.** Ajuste el zoom de la "Vista de dispositivos" para poder ver bien las entradas y salidas del PLC, se recomienda un 250%, de clic en la entrada **I0.0** y sin soltar el mouse arrástrela hasta "tabla de variables" (Ver Figura 10).

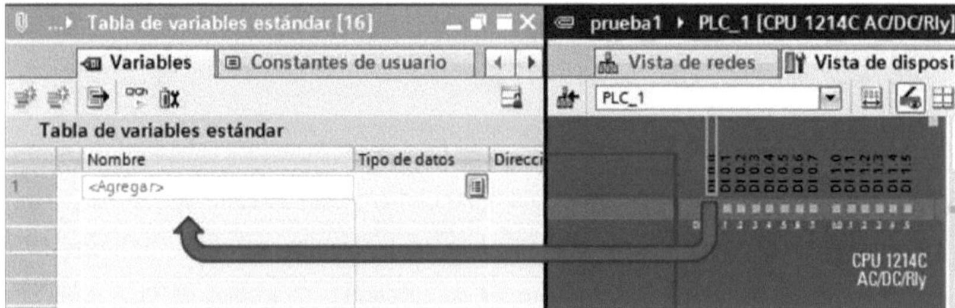


Figura 10. Agregar variables.

**9.** Aparecerá agregada la primera variable como se muestra en la Figura 11. De doble clic en el nombre y colóquele el que se indica en la Tabla 1 para esa dirección, es decir "Abrir".

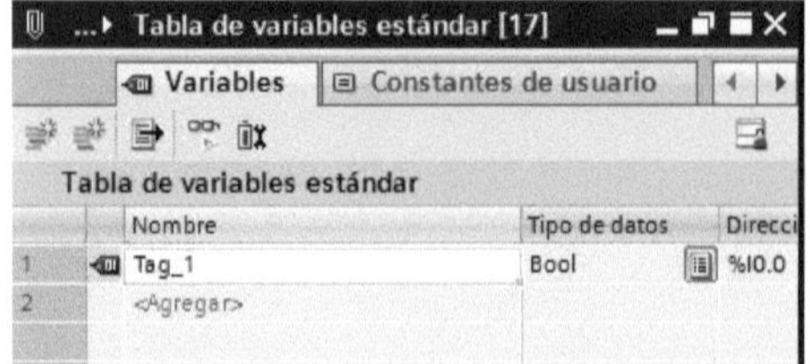

Figura 11. Variable agregada.

**10.** Repita el proceso anterior para las otras entradas y salidas del PLC que va a necesitar (ver Tabla 1). La tabla de variables debe quedar como la mostrada en la Figura 12. Una vez que las variables se han introducido en la tabla de variables del PLC, están disponibles para el programa de usuario.

De esta forma cuando hagamos el programa veremos la dirección de entrada o salida y el nombre designado con lo que nos dará más información del programa.

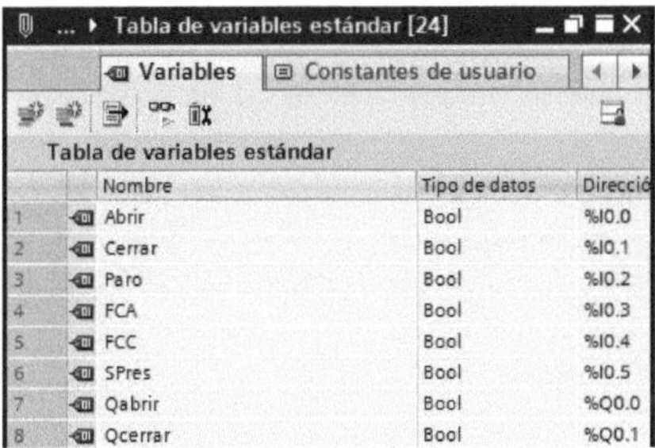


| | Nombre | Tipo de datos | Direcció |
|---|---|---|---|
| 1 | Abrir | Bool | %I0.0 |
| 2 | Cerrar | Bool | %I0.1 |
| 3 | Paro | Bool | %I0.2 |
| 4 | FCA | Bool | %I0.3 |
| 5 | FCC | Bool | %I0.4 |
| 6 | SPres | Bool | %I0.5 |
| 7 | Qabrir | Bool | %Q0.0 |
| 8 | Qcerrar | Bool | %Q0.1 |

Figura 12. Tabla de variables completa.

**11.** A continuación se procederá a la creación del programa utilizando la lógica de esquema de contactos (KOP), antes de llamar al bloque de programa de clic en el menú "Ventana" y luego en "Quitar división" y minimice tanto la tabla de variables estándar como la ventana de dispositivos, las ventanas de editores abiertos pueden verse en la "barra del editor".

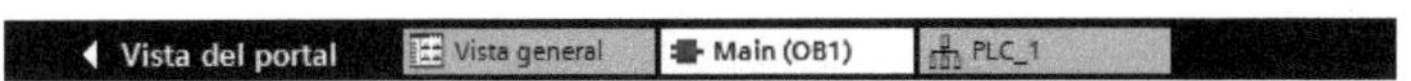


Figura 13. Barra del editor donde se muestran las ventanas de editores queestán abiertas.

**12.** Ubíquese en el "Árbol de proyecto" y de doble clic sobre la carpeta "Bloques de programa", luego doble clic en "Main [OB1]" y espere a que se cargue el bloque de programa.

**13.** Se abre la ventana en el "Área de trabajo", maximícela para tener una mejor visualización.

**14.** En la Figura 14 se muestran los elementos favoritos para la creación de los segmentos del programa en el siguiente orden: "Contacto normalmente abierto", "Contacto normalmente cerrado", "Asignación", "Cuadro vacío", "Abrir rama" y "Cerrar rama". (sino aparecen, active el icono "Mostrar Favoritos también en el editor" )

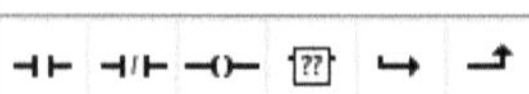

Figura 14. Iconos de los elementos para la creación del programa.

**15.** De un clic en la parte del segmento donde se quiere colocar el contacto y luego de clic sobre el ícono de "Contacto normalmente abierto", el contacto se fija en la posición elegida del primer segmento y a la vez se abre un segundo segmento.

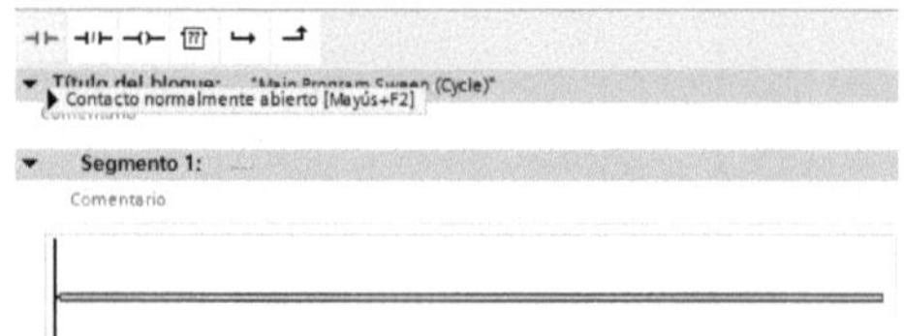


Figura 15. Creación del programa en KOP.

**16.** De la misma forma agregue en el mismo segmento los contactos y la asignación (bobina), que se muestran en la Figura 16.

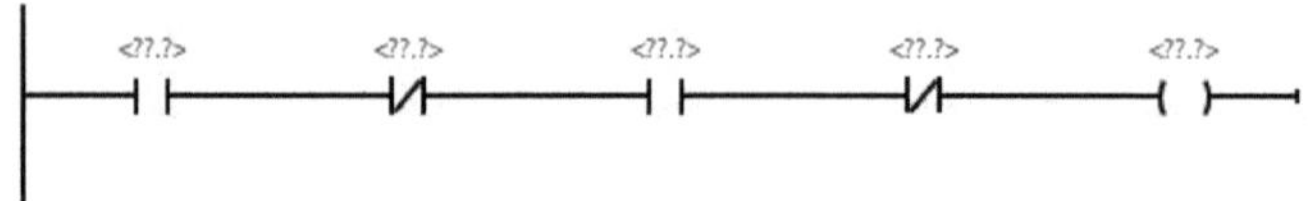


Figura 16. Contactos y bobinas del primer segmento.

**17.** Siempre en el Segmento 1 agregue dos contactos normalmente abiertos en paralelo con el primer contacto, para ello de clic bajo el contacto y luego de clic en el icono de "Contacto normalmente abierto", para cerrar la rama, de clic sobre las flechas ubicadas al final del contacto y luego de clic en el icono de "Cerrar rama".

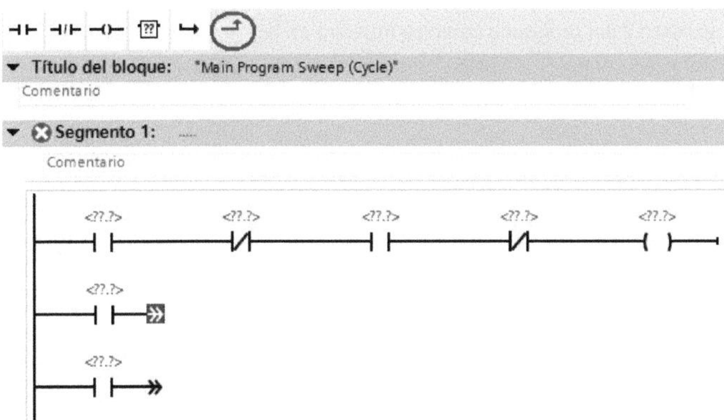


Figura 17. Contactos en paralelo.

**18.** A continuación se asignarán las variables de los contactos y bobinas, para ello de doble clic sobre la dirección predeterminada <??.?> del primer contacto y escriba "Abrir", verá que en cuanto escriba la primera letra el programa le mostrará variables definidas que empiecen con esa letra, de doble clic sobre la variable "Abrir" para seleccionarla. Realice el mismo procedimiento para los demás elementos. El segmento 1 completo se muestra en la Figura 18.

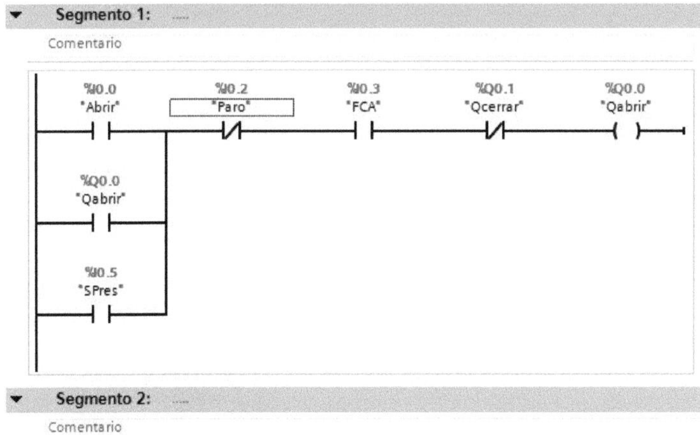


Figura 18. Segmento 1 completo.

19. Ahora cree el segmento 2 del programa como se muestra en la Figura 19.

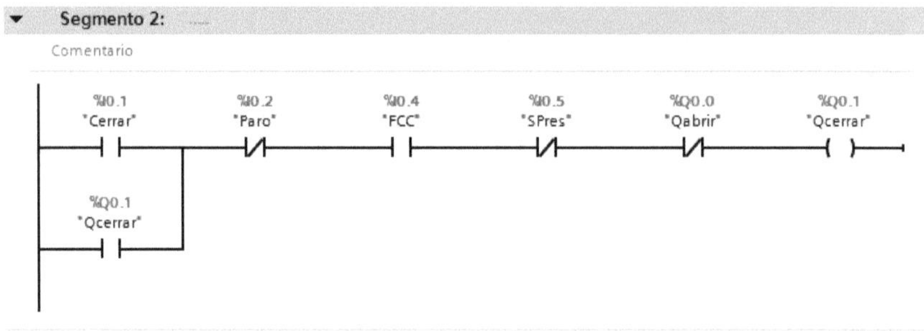


Figura 19. Segmento 2 completo.

20. Una vez finalizado el programa debe compilarlo para verificar que no existan errores, para ello de clic en el menú "Edición" y luego en "Compilar" o directamente en el icono correspondiente, espere a que se compile el programa. Si no hay advertencias ni errores aparecerá en la "Ventana de inspección" (Ver Figura 3), en la pestaña de "Información" y dentro de esta en la pestaña "Compilar" que hubo 0 errores y 0 advertencias, como se muestra en la Figura 20.

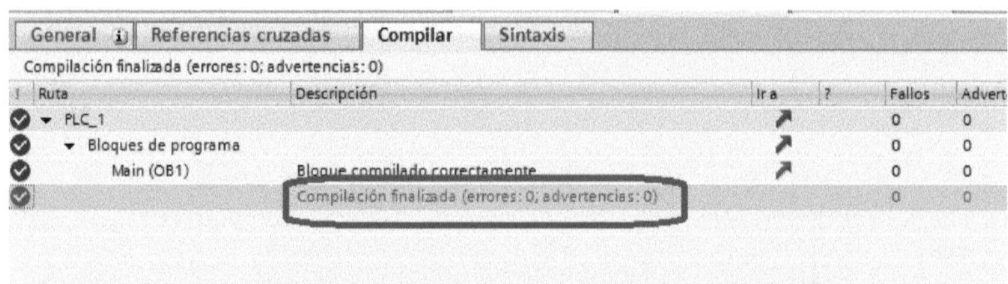


Figura 20. Ventana de Inspección indicando que el programa se compiló correctamente.

21. De clic en "Guardar proyecto" y luego en la ventana de bloque de programa seleccione el icono de "Expandir" (Ver Figura 21), para ver el "Árbol de proyecto".

Figura 21. Expandir "Árbol de proyecto".

**22.** El programa fue hecho en KOP (Esquema de Contactos) pero también puede verse en FUP (Diagrama de funciones), para ello ubíquese en el "Árbol del proyecto" y de clic derecho en "Main [Ob1]" y en el menú desplegable seleccione "Cambiar lenguaje de programación" y luego seleccione "FUP", el programa cambia a este lenguaje.

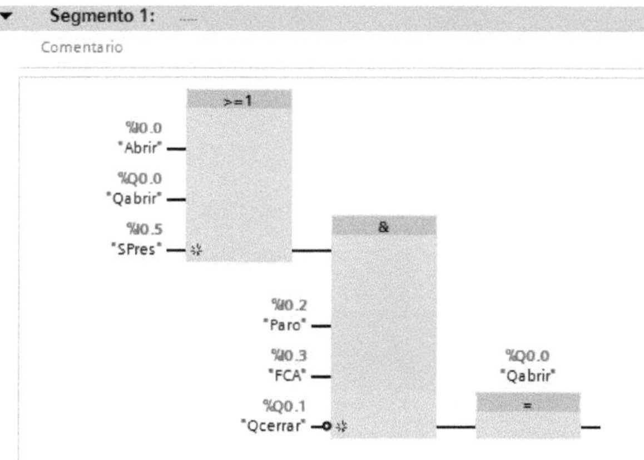


Figura 22. Segmento 1 en FUP.

**23.** Páselo de nuevo a KOP.

## 3.4. Transferencia del programa al PLC

El S7-1200 se comunica con la Ordenador por medio de Ethernet, por ello será necesario colocarle tanto al PC como al PLC una dirección IP y una máscara de subred.

**24.** Ubíquese en el "Árbol del proyecto" y luego de clic derecho en la carpeta PLC_1 y en el menú desplegable seleccione "Propiedades".

**25.** En la pestaña "General" de doble clic sobre la opción "Interfaz PROFINET" y luego un clic en la opción "Direcciones Ethernet", coloque al PLC los siguientes datos y presione "Aceptar".

Dirección IP: **192.168.0.1**

Mascara de Subred: **255.255.255.0**

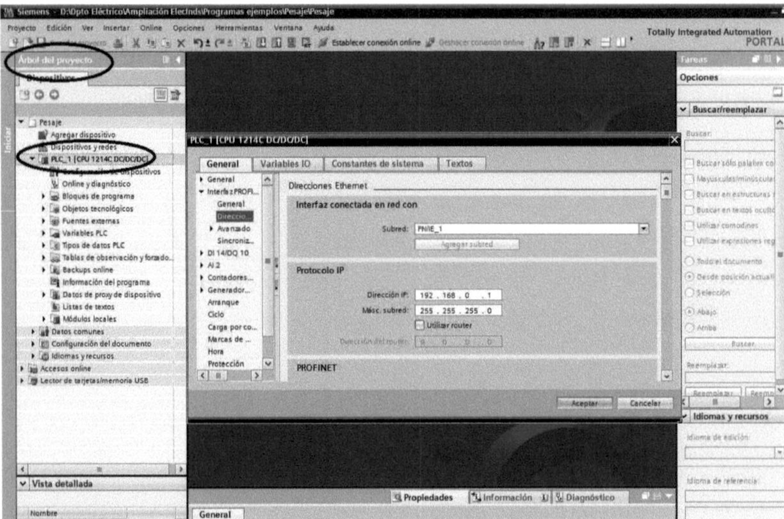

Figura 23. Dirección y máscara de subred del PLC.

**26.** A continuación conecte el PLC al ordenador a través del cable Ethernet y encienda el autómata. El ordenador debe detectar una nueva red de tipo Ethernet.

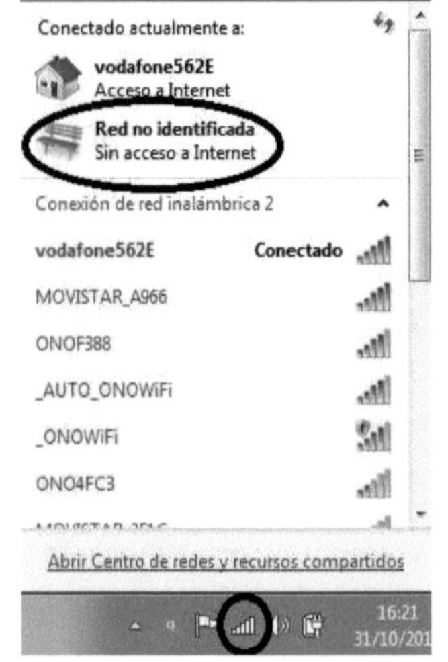


Para entrar en la configuración de red, lo podemos hacer desde el icono de red situado en la zona inferior derecha del escritorio y aquí hacemos clic en "Abrir Centro de redes y recursos compartidos".

La red debemos crear con el PLC es la que aparece como no identificada.

En la ventana de "Centro de redes y recursos compartidos" que se abre a continuación entramos en la red denominada como "Conexión de red local 2" (o algo similar, depende del sistema operativo).

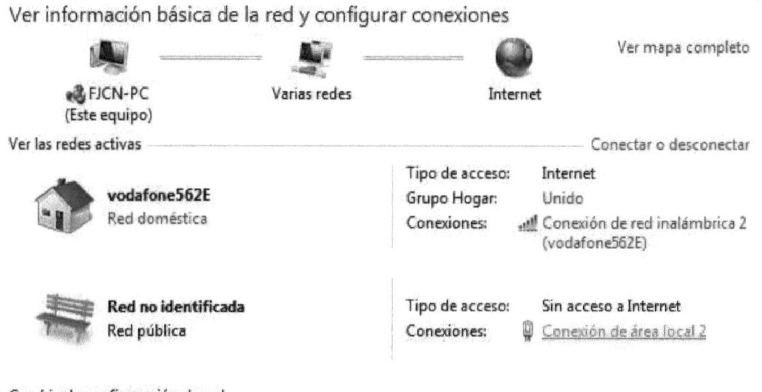


**27.** Para asignar una dirección IP al ordenador de clic en **Propiedades**, en la ventana que se abre sitúese en el elemento **Protocolo Internet (TCP/IPv4)** y luego presione el botón **Propiedades**, ahí seleccione la opción **Usar la siguiente dirección IP** e introduzca los siguientes datos:

Dirección IP: **192.168.0.2**
Mascara de Subred: **255.255.255.0**

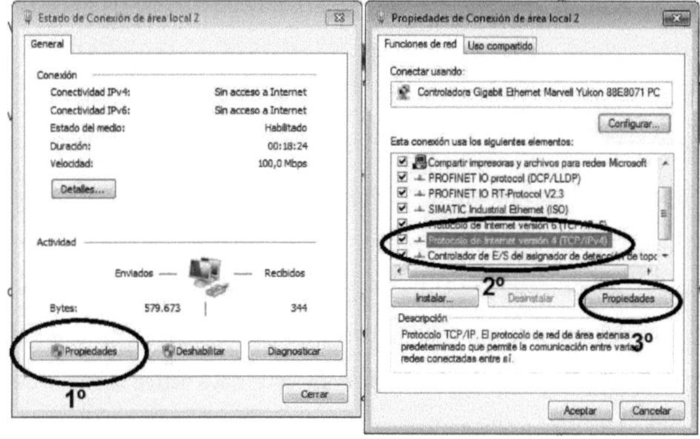


Figura 24. Dirección IP y mascara de subred de la PC.

**28.** Al finalizar presione **Aceptar** y luego **Cerrar**.

**29.** De un clic en cualquier parte de la ventana del programa para seleccionarlo, luego vaya al menú "Online" y de clic en la opción "Cargar en dispositivo" o directamente en el icono , deberá abrirse la ventana que se muestra en la Figura 26. Tal como ahí aparece, seleccione en "Tipo de Interfaz PG/PC" la opción "PN/IE", en la "interfaz PG/PC" seleccione el adaptador Ethernet instalado (que no sea el wifi), espere mientras se intenta la comunicación y luego de clic en la casilla de "Mostrar dispositivos compatibles", como se ve en la Figura 26 se debe haber reconocido el S7-1200 que hemos conectado, para comprobarlo selecciónelo y active la casilla "Parpadear LED" y compruebe que los 3 leds de estado del PLC parpadean.

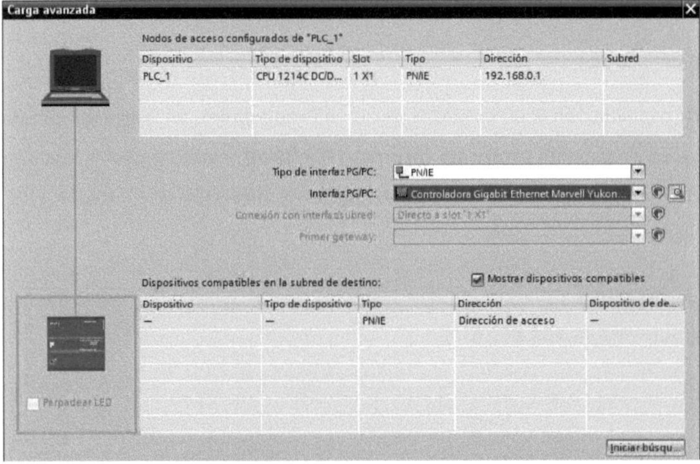


Figura 26. Ventana de Carga avanzada.

**30.** Desactive el parpadeo y de clic en el botón "Cargar", Espere a que se muestre la ventana de la Figura 27, si todo aparece correctamente (todas las opciones con cheque) de clic en "Cargar". En el caso mostrado en la figura nos indica que existen diferencias entre la configuración del proyecto y la del PLC, debido a que se le está colocando una IP diferente a la que tenía anteriormente, si se presenta este caso active la casilla de "sobreescribir todos" y luego de clic en "Cargar"

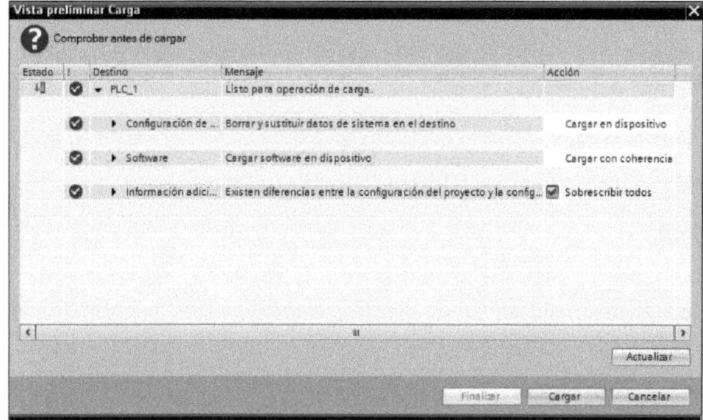


Figura 27. Vista preliminar carga.

**31.** Al finalizar de cargar deberá aparecer la ventana que se muestra en la Figura 28. La acción "Arrancar todos" es para que el PLC se coloque en modo RUN, por lo que active esa casilla y luego presione "Finalizar".

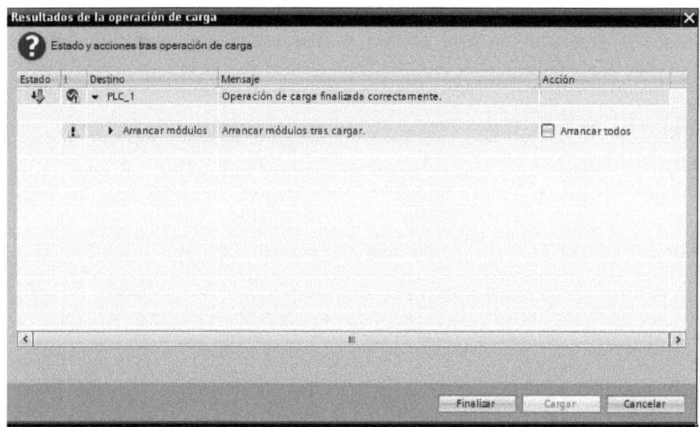


Figura 28. Ventana de resultados de la operación de carga.

**32.** Si la carga al PLC fue correcta en la "Ventana de inspección" (Ver Figura 3), en la pestaña de "Información" y dentro de esta en la pestaña "General" debe aparecer el mensaje "Operación de carga finalizada (errores: 0; advertencias: 0)." además en el

PLC el led de RUN/STOP debe haber pasado de ser color ámbar a ser amarillo.

**33.** Compruebe el funcionamiento del programa colocando el portón abierto: “FCA” (I0.3)=0 y “FCC” (I0.4)=1, (demás entradas=0) y active la entrada física del PLC I0.2 (“Cerrar”), debe ver que se enciende el led correspondiente a “Qcerrar” hasta que detecta que el portón está cerrado (FCA=1, FCC=0).

**34.** Compruebe la apertura, la activación del sensor de presión mientas se cierra el portón y el paro.

**35.** Se puede observar en pantalla cómo funciona el programa para ello de clic en el icono de “Activar/desactivar observación”, se establecerá una conexión online con elPLC.

**36.** Coloque las condiciones de portón abierto. Como puede observar los contactos que están energizados se muestran en verde, en el caso del portón abierto en el segmento 1 solamente “Paro” y “Qcerrar” se muestran energizados, mientras que “Abrir”, “FCA”, “Qabrir” y “Spres” se muestran en azul porque está desactivados, active la entrada física del PLC I0.0 (“Abrir”), observe como esta se torna verde el contacto correspondiente, pero la bobina “Qabrir” no se activa pues el portón está abierto.

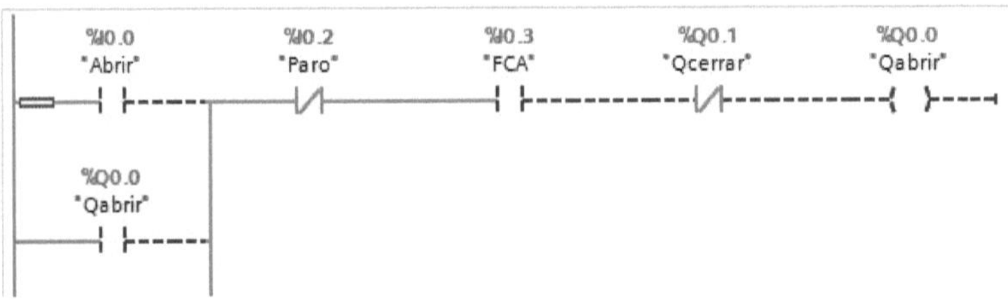


Figura 29. Observación del funcionamiento del programa.

**37.** Observe el segmento 2, active la entrada “Cerrar” y observe como se energiza todo el segmento activando así la bobina “Qcerrar”.

**38.** En el "Árbol de proyecto" expanda las opciones de “Tablas de observación y forzado”, de doble clic en "Agregar tabla de observación", se mostrará la ventana sobre la del programa, seleccione dividir la ventana verticalmente para ver ambas ventanas.

**39.** Agregue las variables del programa y luego active el icono de "Observar todo".

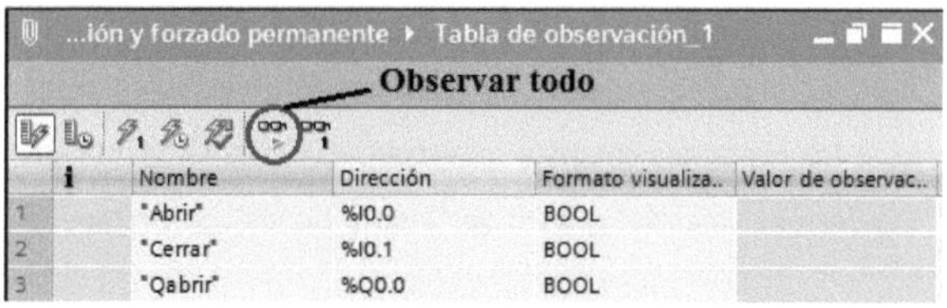

...ión y forzado permanente ▸ Tabla de observación_1

Observar todo

| | i | Nombre | Dirección | Formato visualiza.. | Valor de observac.. |
|---|---|---|---|---|---|
| 1 | | "Abrir" | %I0.0 | BOOL | |
| 2 | | "Cerrar" | %I0.1 | BOOL | |
| 3 | | "Qabrir" | %Q0.0 | BOOL | |

Figura 30. Tabla de observación y forzado permanente.

**40.** En "Valor de observación" verificará que se muestra el valor que tiene actualmente tanto las entradas como las salidas, cambie alguna de ellas para verificar como cambia el valor.

**41.** Si por algún motivo no se puede tener acceso a las entradas físicas del PLC podemos forzar su estado mediante software en esta misma ventana. Para hacer la prueba coloque las condiciones para que el portón este abierto, luego en la ventana de observación seleccione el icono "Muestra u oculta todas las columnas del modo avanzado".

**42.** Sitúese en la columna "Valor de forzado" escriba "TRUE" en la entrada de "Cerrar" que esté actualmente en FALSE, luego presione el icono "Fuerza todos los valores activados con Forzar con condición de disparo". Verá como la entrada se ha forzado a uno y por lo tanto se enciende la salida Qcerrar.

**43.** Desactive el forzado dando clic en el mismo icono y luego desactive tanto la observación de la tabla de observación como en el programa dando clic en el icono en ambas ventanas, esto deshace la conexión online con el PLC.

**44.** Coloque el PLC en modo STOP, para ello seleccione del menú "Online", "Parar CPU" o de clic en el icono correspondiente .

## 3.5. PARTE II. Uso de funciones de memoria

Para simplificar la solución anterior, pueden utilizarse funciones de memoria, estas pueden encontrarse siempre en los iconos de favoritos, específicamente en el ícono de "Cuadro vacío" (Ver Figura 14).

1. Borre los segmentos 1 y 2 para cambiarlos a lógica con bloques SR (Biestable, reset dominante). Para ello agregue los contactos como se muestran en la Figura 31 y luego despliegue la ventana de "Operaciones lógicas" dentro de "Instrucciones". Seleccione la instrucción SR.

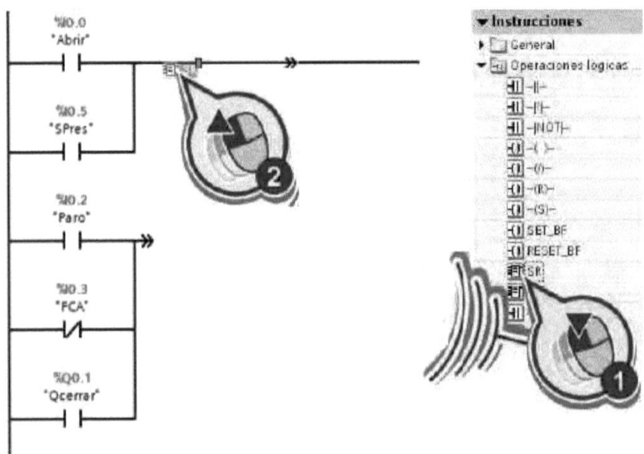


Figura 31. Insertar instrucción SR.

2. De clic en la entrada R1 del bloque "SR" y luego haga clic en el icono de "Cerrar rama", una vez que está el bloque SR creado con los contactos que hacen el set y reset, haga doble clic sobre los signos de interrogación arriba del bloque SR y escriba "Qabrir". El segmento 1 debe quedar como se muestra en la Figura 32.

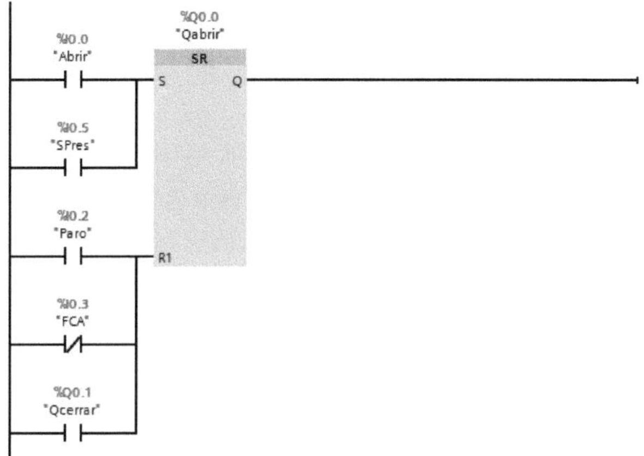


Figura 32. Segmento 1 con instrucción SR.

3. Cree el segmento 2 como se muestra en la Figura 33.

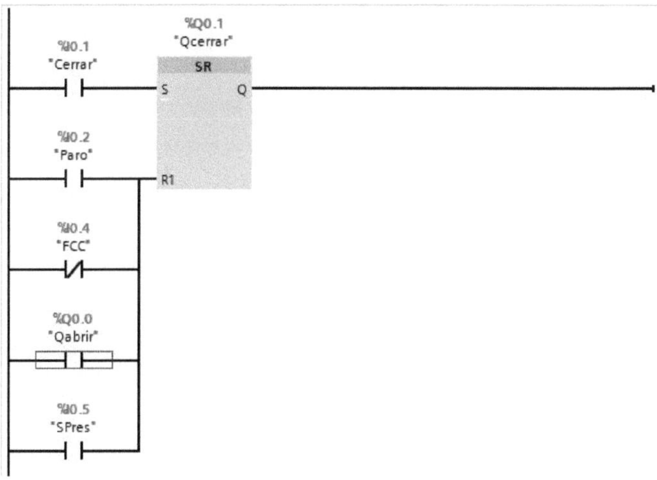


Figura 33. Segmento 2 con instrucción SR.

4. Compile, cargue al PLC, colóquelo en modo RUN y verifique el funcionamiento de la

misma manera que en la parte I.

## 3.6. PARTE III. Uso de funciones de temporización

Al hacer uso de motores eléctricos es necesario, por seguridad, utilizar funciones de temporización. En las partes anteriores se comprobó la lógica de programación de las entradas y las salidas, pero para un motor real se requiere por lo menos un retardo de 3 a 5 segundos para evitar cambios bruscos de sentido de marcha y sus consiguientes subidas bruscas de corriente.

Se emplearán funciones de temporización del tipo retardo a la conexión (en S7-1200 es TON) para hacer una espera de 5 segundos antes que comience a cerrar o abrir. La Figura 34 muestra el aspecto de esta instrucción.

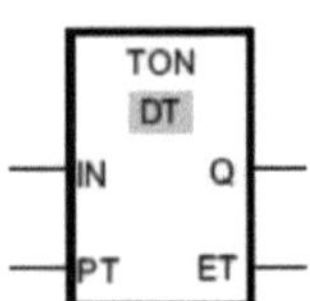


Figura 34. Instrucción TON

Esta instrucción permite poner un operando dado al estado lógico "1" con un tiempo de retardo. La instrucción se ejecuta cuando el estado lógico de la entrada IN de la instrucción cambia de "0" a "1" (flanco ascendente). El tiempo de retardo (PT) comienza a transcurrir cuando se inicia la instrucción. Una vez transcurrido el tiempo, la salida Q devuelve el estado lógico "1".

Para programar la duración del proceso de calefacción, proceda del siguiente modo:

1. Abra el tercer segmento del bloque de organización "Main [OB1]".
2. Inserte un contacto normalmente abierto.
3. Interconecte el contacto normalmente abierto con la variable "M0.0".
4. Inserte la instrucción "Retardo a la conexión" (TON).

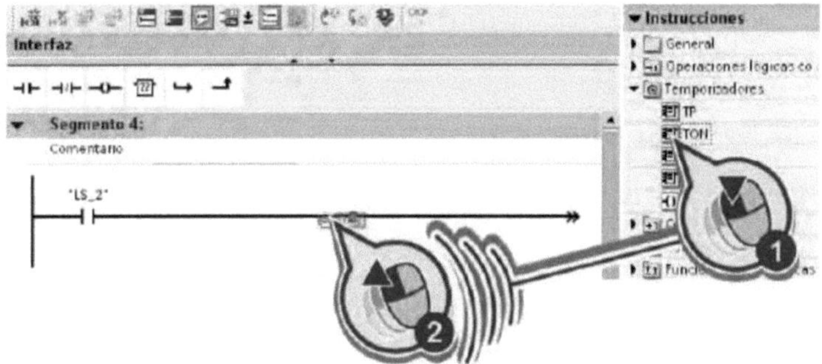


Figura 35. Inserción de la instrucción TON.

Se abre el diálogo "Opciones de llamada" para crear un bloque de datos.

5. Cree el bloque de datos "IEC_Timer_0".

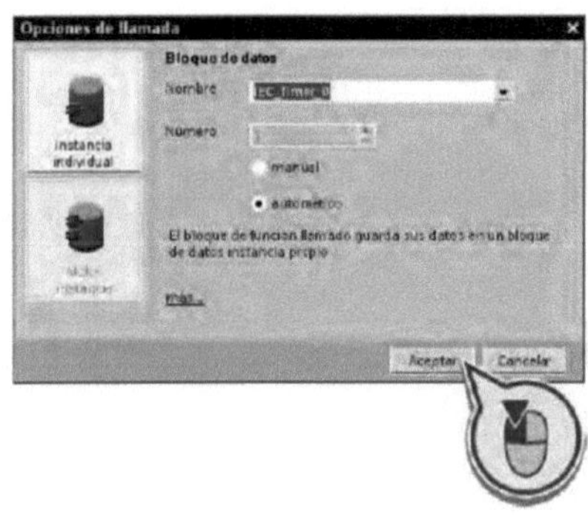


Figura 36. Bloque de temporización.

El bloque de datos "IEC_Timer_0" se crea en la carpeta "Bloques de programación" y se asigna a la instrucción "Retardo a la conexión". En este bloque de datos se guardan los datos de la instrucción de tiempo insertada.

6. Introduzca un tiempo de retardo en la entrada PT de 5 segundos:

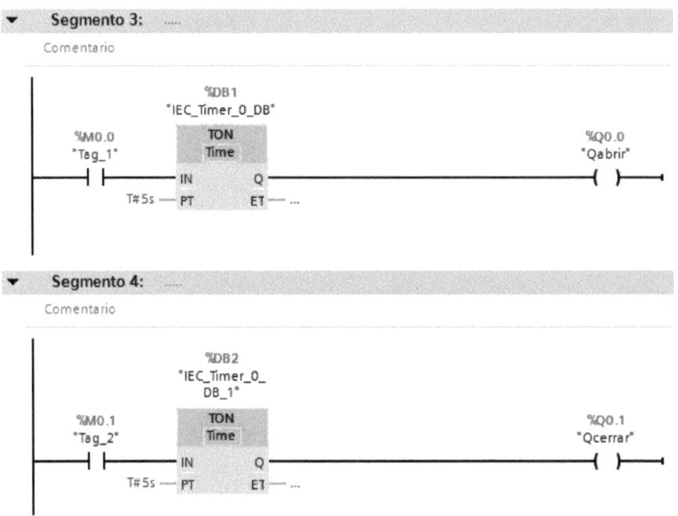


Figura 37. Programa modificado con temporizadores. Segmentos 3 y 4

7. Compile, cargue al PLC, colóquelo en modo RUN y verifique el funcionamiento de los componentes agregados en esta parte.

# 4. Simulador PLCSIM

Para poder probar los programas antes de enviarlos al PLC o si no lo tenemos cerca podemos probarlos en el simulador.

Para ello abrimos el programa PLCSIM y encendemos el autómata. A continuación, transferimos el programa:

El interfaz PG/PC será **PLSIM**, el resto de parámetros son iguales. Ponemos el simulador en **RUN** y comenzamos la simulación. En el TIA Portal podemos poner también el modo de visualización haciendo clic en el icono de activar observación (el de las gafas).

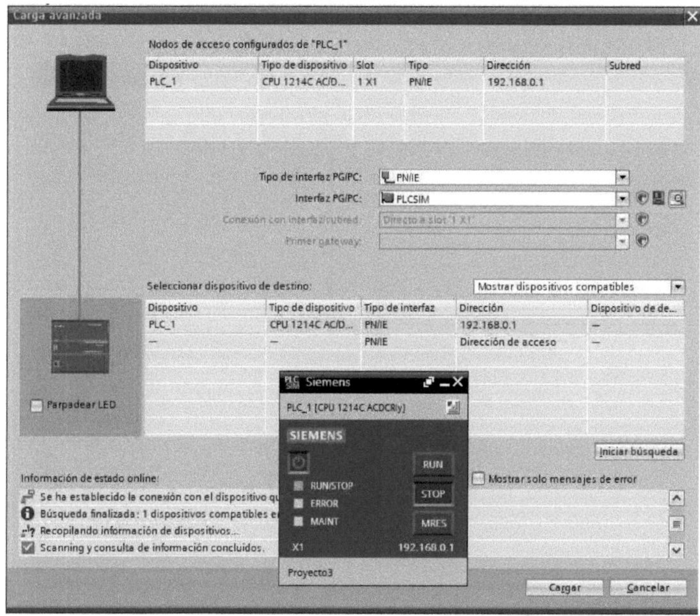


En este momento pulsamos en el icono superior derecha del simulador para pasar al modo de configurar variables:

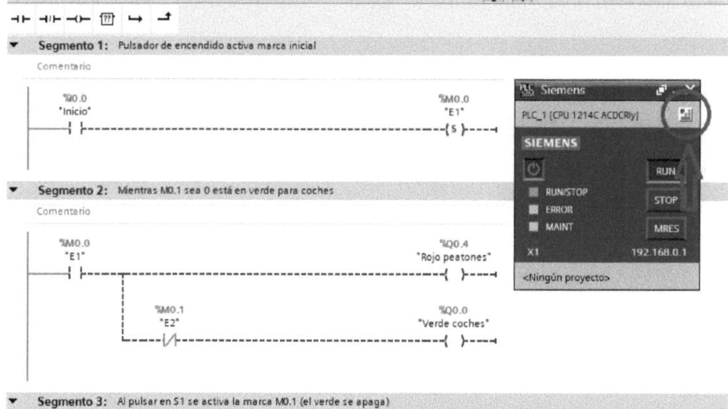

Iniciamos un proyecto nuevo dando un nombre al proyecto de simulación:

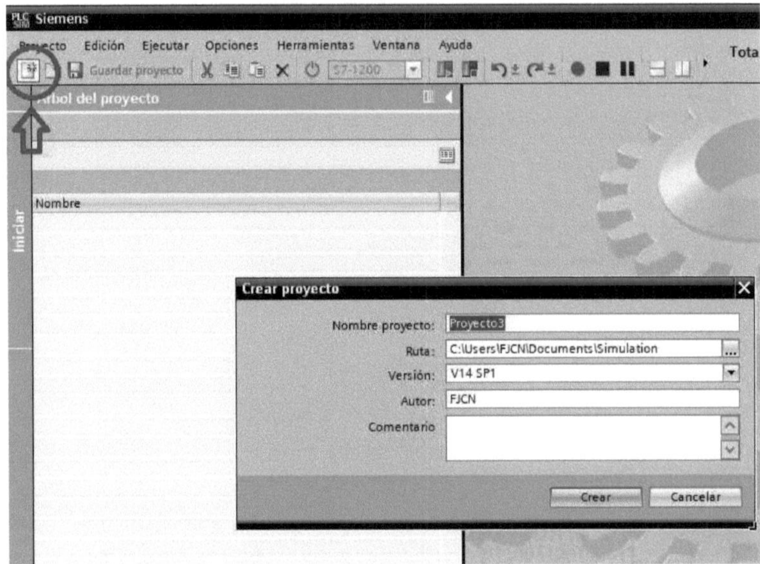


Desplegamos la tabla SIM y hacemos clic en **Tabla SIM_1**. En la tabla que se despliega en la derecha rellenamos el nombre de cada variable que queramos simular, por ejemplo, "Inicio" y la dirección donde se encuentra **%I0.0**. En **Observar/forzar valor** cambiamos **FALSE** por **TRUE** en las variables que queramos observar y ya podemos ver los resultados:

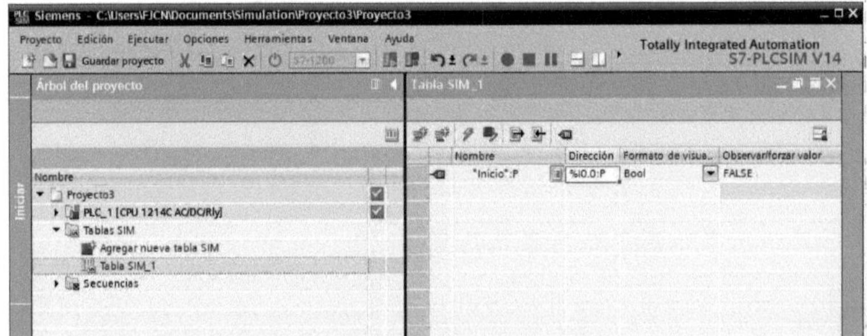

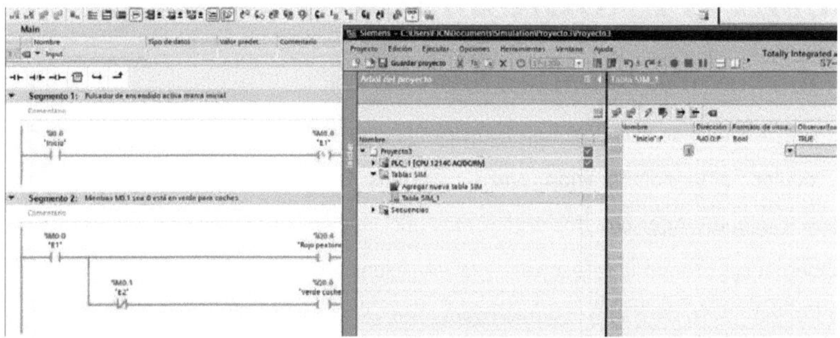

Si queremos volver a la versión reducida del simulador debemos pulsar en:

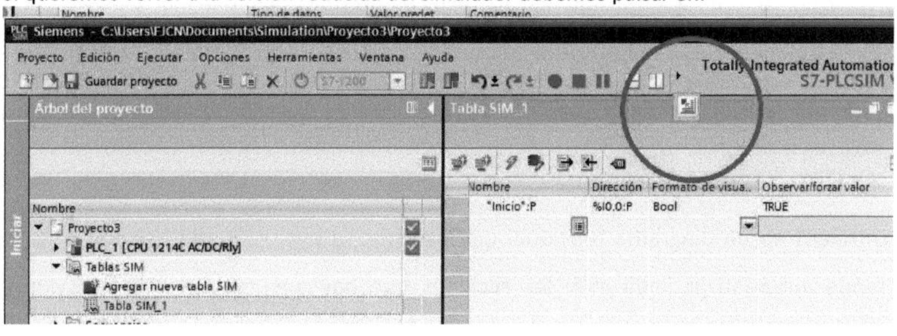

# TEMA 4: PROGRAMACIÓN GRAFECT

## Método de programación GRAFCET

GRAFCET (Gráfico de Mando Etapa Transición) surge en Francia a mediados de los años 70, debido a la colaboración entre algunos fabricantes de autómatas, como Telemecanique y Aper con dos organismos oficiales, AFCET (Asociación Francesa para la Cibernética, Economía y Técnica) y ADEPA (Agencia Nacional para el Desarrollo de la Producción automatizada). Homologado en Francia NFC), Alemania (DIN), y posteriormente por la Comisión Electrotécnica Internacional (norma IEC 848, año 1988). Actualmente es una herramienta imprescindible cuando se trata de automatizar procesos secuenciales de cierta complejidad con autómatas programables.

## 1. Principios básicos

El GRAFCET es un diagrama funcional que describe la evolución del proceso que se pretende automatizar, indicando las acciones que hay que realizar sobre él y qué informaciones las provocan; partiendo de él se pueden obtener las secuencias que ha de realizar el autómata programable. Su empleo para resolver de automatización facilita el diálogo entre personas con niveles de formación técnica diferente, tanto en el momento del análisis del proceso a automatizar, como posteriormente en el mantenimiento y reparación de averías.

A continuación se describen los símbolos normalizados utilizados en el GRAFCET.

### 1.1. Etapas

Para representar la evolución de un proceso con GRAFCET, se considera que el proceso a automatizar y el autómata que se emplea como controlador forman un solo sistema; el nexo de unión entre las actuaciones que hay que hacer sobre el proceso (activar un motor, cerrar una válvula, etc.) y el programa de

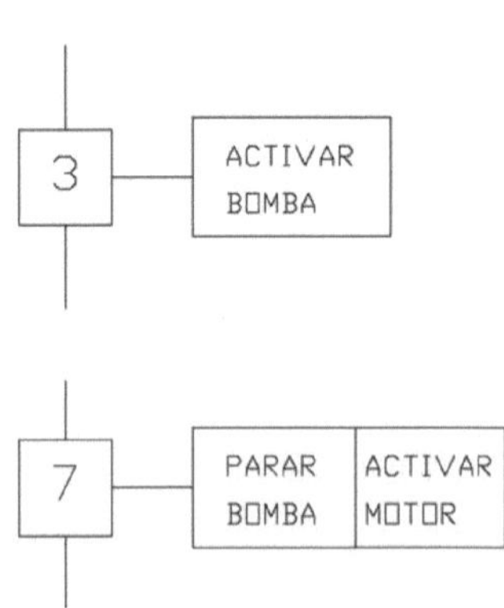

usuario, cargado en el autómata, que da origen a aquéllas es la **etapa**.

Por tanto, la representación gráfica de la evolución de un proceso con GRAFCET estará formada por una serie de etapas, y cada una de ellas llevará asociada una o varias acciones a realizar sobre el proceso.

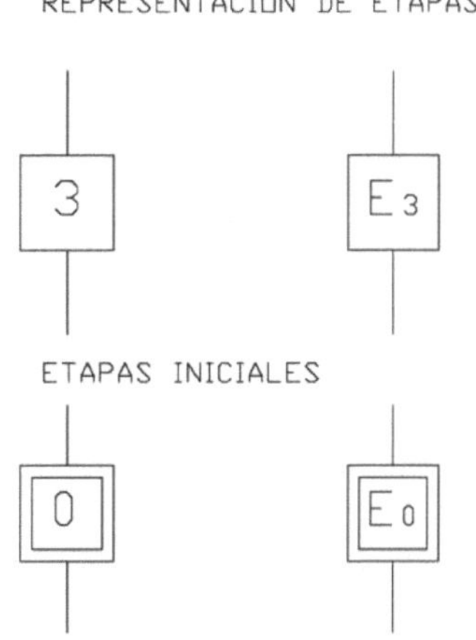


Las etapas se representan con un cuadrado y un número o una E con un número como subíndice; en ambos casos, el número indica el orden que ocupa la etapa dentro del GRAFCET (figura). Para distinguir el comienzo del GRAFCET, la primera etapa se representa con un doble cuadrado.

Las acciones que llevan asociadas las etapas se representa con un rectángulo donde indica el tipo de acción a realizar (figura página siguiente), como se ha comentado anteriormente, una etapa puede llevar asociadas varias acciones.

## 1.2. Condición de transición

Un proceso secuencial se caracteriza porque una acción determinada se realiza en función del resultado de la acción anterior.

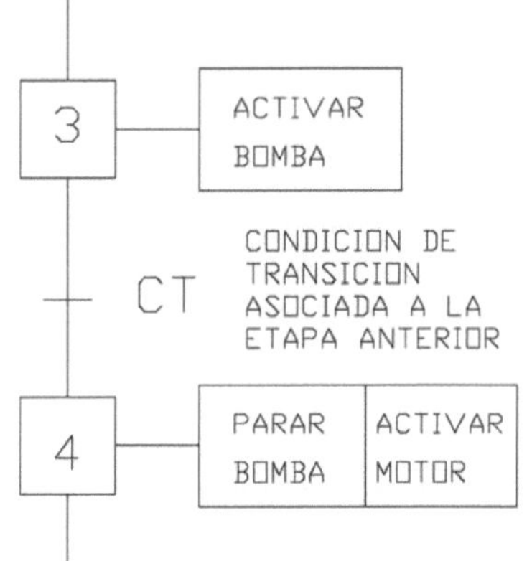


En GRAFCET, el proceso se descompone en una serie de, etapas que son activadas una tras otra. Por tanto, tendrá que existir una condición que se ha de cumplir para pasar de una a otra etapa; en GRAFCET se le llama condición de transición y se representa según la figura siguiente.

En la esta figura, hay dos etapas y una

condición de transición entre ellas; para que el proceso evolucione de la etapa 3 a la etapa 4, es necesario que la etapa 3 esté activa y, además, que se cumpla la activación de la condición CT; entonces se produce la activación de la etapa 4. Sólo puede existir una etapa activa; por tanto, cuando se produce la activación de la etapa 4 se desactiva la etapa 3. La condición CT está siempre asociada a la etapa posterior, en este caso, a la 4.

## 2. Elementos Grafcet

Para programar un autómata en GRAFCET es necesario conocer cada uno de los elementos propios de que consta. En la siguiente tabla se muestran los comunes.

Elementos GRAFCET de programación

| **Símbolo** | **Nombre** | **Descripción** |
|---|---|---|
| 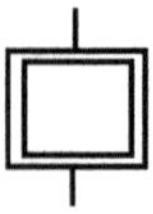 | Etapa inicial | Indica el comienzo del esquema GRAFCET y se activa al poner en RUN el autómata. Por lo general suele haber una sola etapa de este tipo. |
| 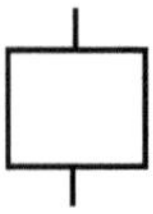 | Etapa | Su activación lleva consigo una acción o una espera. |
| | Unión | Las uniones se utilizan para unir entre sí varias etapas. |
|  | Transición | Condición para desactivarse la etapa en curso y activarse la siguiente etapa, Se indica con un trazo perpendicular a una unión. |

| | | |
|---|---|---|
| ——— | Direccionamiento | Indica la activación de una y/u otra etapa en función de la condición que se cumpla/n. Es importante ver que la diferencia entre la "o" y la "y" en el grafcet es lo que pasa cuando se cierran (ver más adelante). |
| ═══ | Proceso simultáneo | Muestra la activación o desactivación de varias etapas a la vez. |
| ⊣☐☐ | Acciones asociadas | Acciones que se realizan al activarse la etapa a la que pertenecen. |

## 3. Principios básicos

Para realizar el programa correspondiente a un ciclo de trabajo en lenguaje GRAFCET, se deberán tener en cuenta los siguientes principios básicos:

- Se descompone el proceso en etapas que serán activadas una tras otra.
- A cada etapa se le asocia una o varias acciones que sólo serán efectivas cuando la etapa esté activa.
- Una etapa se activa cuando se cumple la condición de transición y está activa la etapa anterior.
- El cumplimiento de una condición de transición implica la activación de la etapa siguiente y la desactivación de la etapa precedente.
- Nunca puede haber dos etapas o condiciones consecutivas, siempre deben ir colocadas de forma alterna.

## 4. Clasificación de las secuencias

En un GRAFCET podemos encontrarnos con tres tipos de secuencias:

- Lineales
- Con direccionamientos o alternativa
- Simultáneas

## 4.1. Lineales

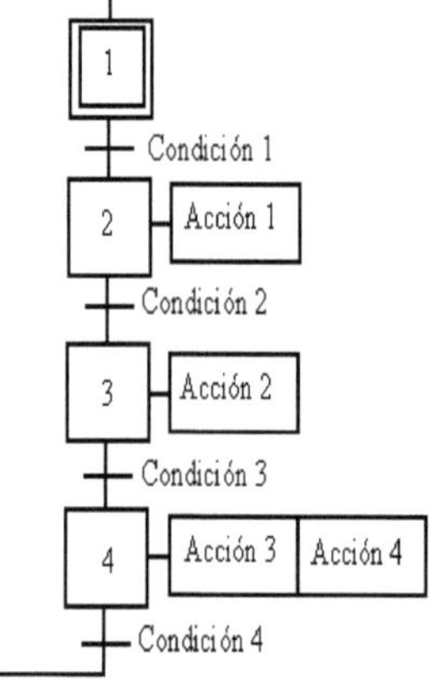


En las secuencias lineales el ciclo lo componen una sucesión lineal de etapas como se refleja en el siguiente GRAFCET de ejemplo:

El programa irá activando cada una de las etapas y desactivando la anterior conforme se vayan cumpliendo cada una de las condiciones. Las acciones se realizarán en función de la etapa activa a la que están asociadas. Por ejemplo, con la etapa 1 activa tras arrancar el programa, al cumplirse la "Condición 1", se activará la etapa 2, se desactivará la 1, y se realizará la "Acción 1".

En un GRAFCET con direccionamiento el ciclo puede variar en función de las condiciones que se cumplan. En el siguiente ejemplo a partir de la etapa inicial se pueden seguir tres ciclos diferentes dependiendo de qué condiciones (1, 2 y/ó 3) se cumplan, (normalmente sólo una de ellas podrá cumplirse mientras la etapa 1 esté activa, aunque pueden cumplirse varias):

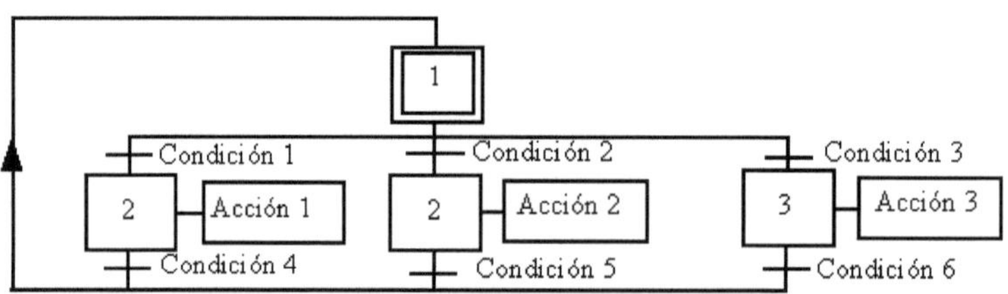


La diferencia significativa del direccionamiento (árbol abierto con una línea sencilla horizontal) con respecto a la simultánea es que esta pasara a la siguiente etapa cuando haya terminado una de las tareas paralelas independientemente de las que se iniciaron.

## 4.2. Simultáneas

En las secuencias simultáneas varios ciclos pueden estar funcionando a la vez por activación simultánea de etapas. En el siguiente ejemplo, cuando se cumple la condición 1 las etapas 2, 3 y 4 se activan simultáneamente:

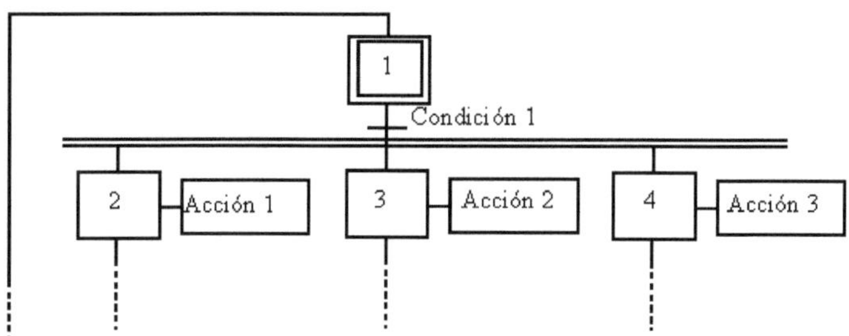


En los casos de tareas simultáneas (árbol abierto por doble línea horizontal) la etapa siguiente al cierre solo podrá iniciarse cuando TODAS las etapas paralelas hayan terminado.

# 5. Clasificación de las acciones

En un GRAFCET nos podemos encontrar con alguna o varias de las acciones asociadas a una etapa que se describen seguidamente.

## 5.1. Acciones asociadas a varias etapas

Una misma acción puede estar asociada a etapas distintas. Así en el siguiente ejemplo la acción A se realiza cuando está activa la etapa 21 ó la 23 (función **O**):

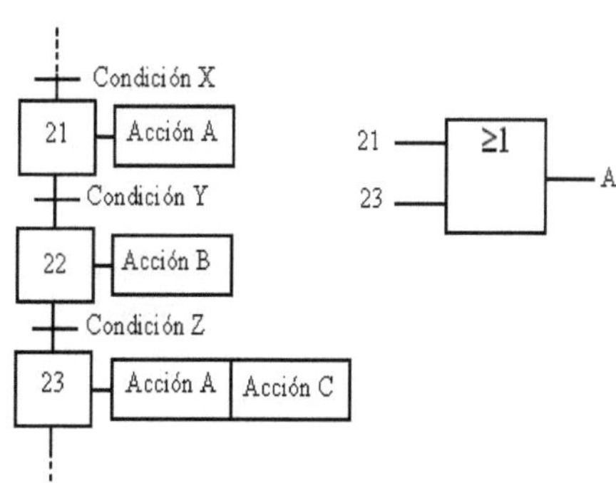

## 5.2. Acciones condicionadas

La ejecución de la acción se produce cuando además de encontrarse activa la etapa a la que está asociada, se debe verificar una condición lógica suplementaria (función Y):

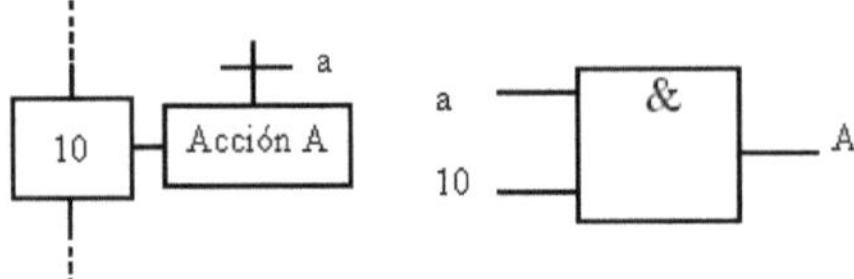


## 5.3. Acciones temporizadas o retardadas

Es un caso particular de las acciones condicionadas que se encuentran en multitud de aplicaciones. En este caso, el tiempo interviene como una condición lógica más. En el siguiente ejemplo la acción A se realizará durante 10 segundos:

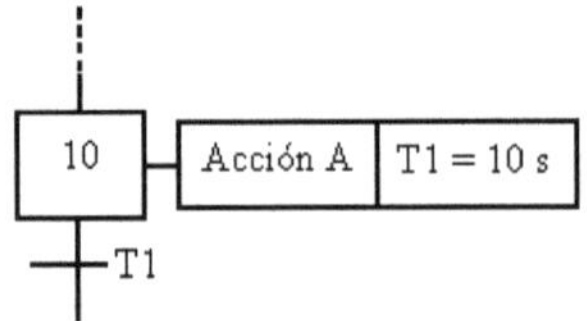


# 6. Ejemplos de programación:

## Realización del grafcet:

A continuación se obtendrá el GRAFCET para el control de un **montacargas** que funciona entre dos plantas. El ejemplo es sólo pedagógico; para simplificarlo no se tendrá en cuenta la acción de parada. Los elementos necesarios son los siguientes:

| Elementos de un montacargas | |
|---|---|
| **Actuadores** | **Captadores** |
| **KM1**: Contactor de subida | **SS**: Pulsador de subida |

| | |
|---|---|
| **KM2**: Contactor de bajada | **SB**: Pulsador de bajada |
| **L1**: Lámpara indicadora de paro | **FCA**: Detector de planta alta |
| | **FCB**: Detector de planta baja |

A continuación se ofrece el programa GRAFCET y su funcionamiento:

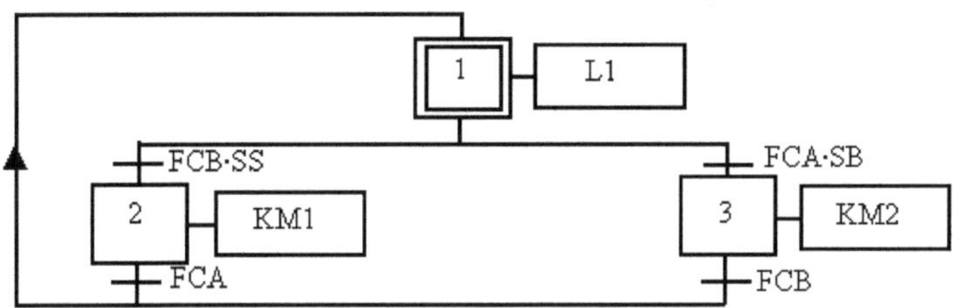


Al arrancar el programa se activa la etapa inicial 1 encendiéndose la lámpara de paro, L1. En el supuesto de que el montacargas esté en la planta baja, FCB = 1, la activación del pulsador de bajada, SB = 1, no tendrá ningún efecto. En cambio la activación del pulsador de subida, SS = 1, provocará la desactivación de la etapa 1 y la activación de la 2, ya que se cumple la condición de transición, esto es, el producto lógico de SS y FCB es 1. La activación de la etapa 2 excita el contactor KM1, y el montacargas sube. Al llegar a la planta alta, FCA = 1, se desactiva la etapa 2 y vuelve a activarse la 1, parándose el motor. En estas condiciones, la actuación sobre SS no tiene efecto alguno y sobre SB provoca la activación de KM2, lo que hace que el montacargas comience a bajar hasta activarse el detector de la planta baja, FCB = 1, momento en el que se parará.

## Realización del programa Step 7:

Lo primero será asignar entradas y salidas del autómata al cuadro de variables:

| **Actuadores (salidas)** | **Captadores (entradas)** |
|---|---|
| **KM1**: Q0.0 | **SS**: I0.0 |

| KM2: Q0.1 | SB: I0.1 |
|---|---|
| L1: Q0.2 | FCA: I0.2 |
| | FCB: I0.3 |

Cada etapa será nombrada en el programa por una marca. Así la etapa E1 será la marca M0.1, la etapa E2, la M0.2 y la etapa E3, la marca M0.3.

Comenzamos realizando el programa de las etapas, la primera etapa será:

M0.2 M0.3 M0.1

En este segmento vemos que cuando no esté en ninguna etapa estará en la etapa primera.

A continuación realizamos el programa de cada etapa. Básicamente consiste en programar un contacto abierto con la condición de la etapa correspondiente y activar las salidas que estén en 1 lógico en esa etapa y los temporizadores, si existen:

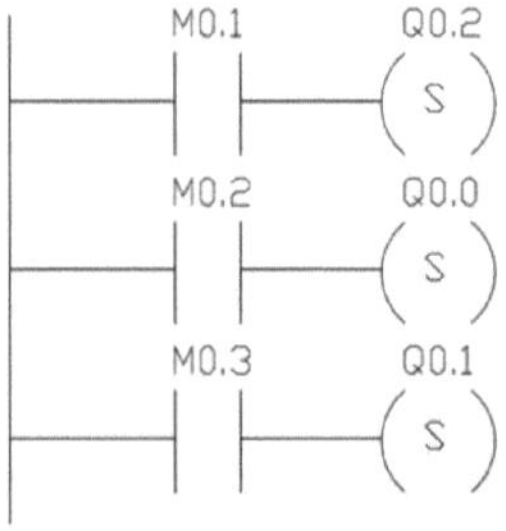

M0.1 Q0.2

M0.2 Q0.0

M0.3 Q0.1

Por último, hacemos el programa de las transiciones. Para ello la primera condición será estar en la etapa de la que iniciamos la transición, que se cumpla la condición de transición (señal de entrada, fin de temporización, etc), resetear la marca de la etapa de la que salimos, "setear" a la que vamos y resetear las salidas que ya no quedan activas. La siguiente imagen es la transición de la etapa 1 a la 2:

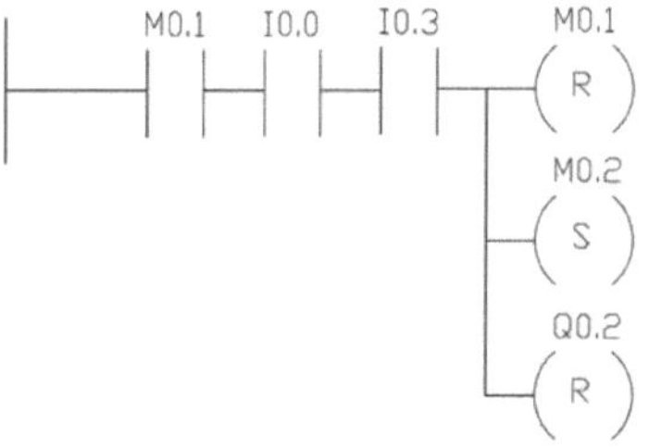

M0.1 I0.0 I0.3 M0.1 (R) M0.2 (S) Q0.2 (R)

En resto de transiciones:

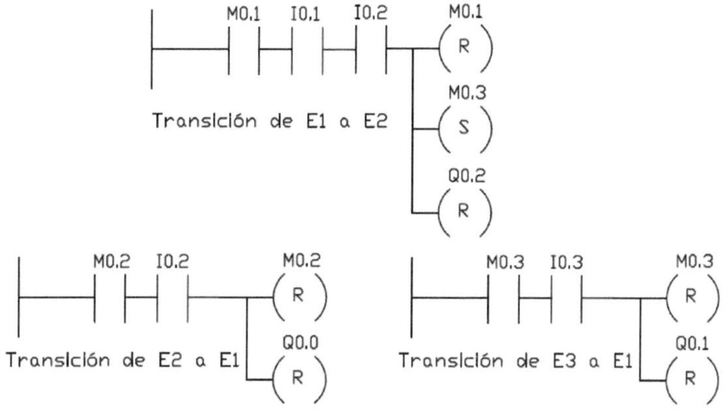

M0.1 I0.1 I0.2 M0.1 (R) M0.3 (S) Q0.2 (R)

Transición de E1 a E2

M0.2 I0.2 M0.2 (R) Q0.0 (R)

Transición de E2 a E1

M0.3 I0.3 M0.3 (R) Q0.1 (R)

Transición de E3 a E1

Obsérvese que para ir a la Etapa 1 no es necesario activar ésta, tan sólo reseteando la última etapa y las salidas activas, vuelve a la primera Etapa. Recordemos que para estar en la primera Etapa es condición no estar en ninguna otra.

## Ejemplo 2: Programación de un ascensor de tres plantas:

Veamos cómo se realiza el programa para gestionar los movimientos de un Ascensor.

Los pulsadores de llamada, de cada una de las puertas y del interior de la cabina, gobiernan el sentido de giro del motor para la subida y la bajada. Los finales de carrera, situados en cada una de las plantas, detectan la posición del ascensor.

La solución se realiza con un GRAFCET de seis secuencias opcionales como el de la figura. Las transiciones de la parte superior, establecen las condiciones de funcionamiento del motor con productos de las variables. Las transiciones de la parte inferior, definen las paradas del motor al llegar a cada planta.

**Gráfico Secuencial:**

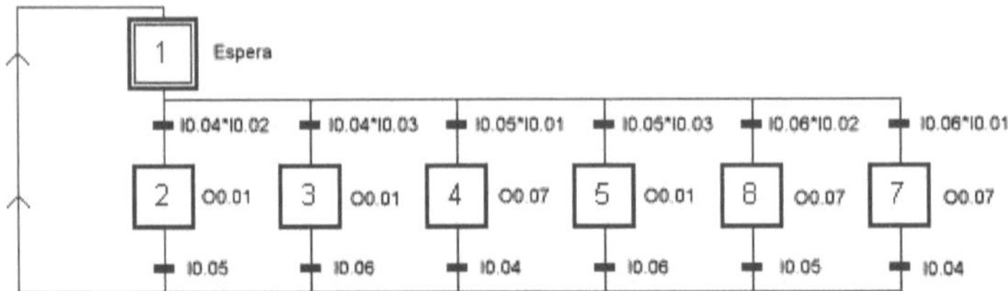


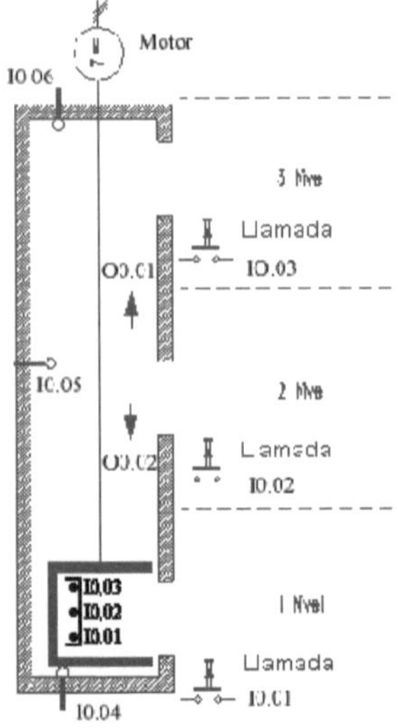

## - Ejemplo resuelto para el PLC S7-1200:

Deseamos automatizar una puerta de una finca en la que la apertura se hace mediante mando a distancia o llave. A partir de este momento la puerta comenzará a abrirse hasta que llegue al final de carrera de apertura. Permanecerá abierta durante 5 s, durante este tiempo se encenderá una señal lumínica. Al cabo de este tiempo si no se interrumpe la célula fotoeléctrica comenzará a cerrarse hasta que encuentre el final de carrera de cierre, momento en que se finalizará el proceso. Si durante el proceso de cierre se interrumpe la célula fotoeléctrica, la puerta se detendrá un instante y volverá a abrirse.

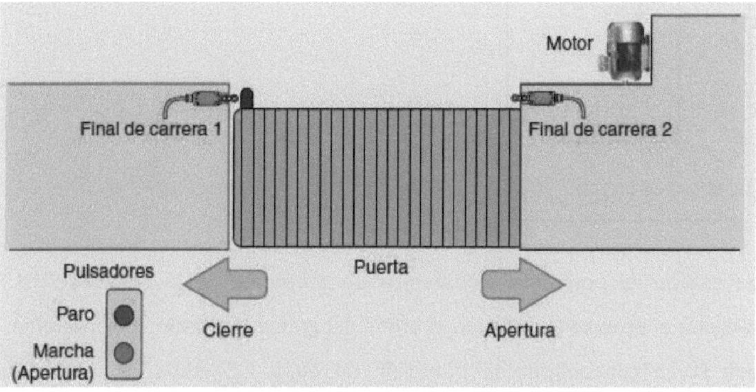


Para la realización de este ejemplo partimos de la tabla de entradas y salidas que sería como la que aparece en la figura siguiente:

| ENTRADAS: | |
|---|---|
| Marcha: | I0.0 |
| Fin Carrera 1: | I0.1 |
| Fin Carrera 2: | I0.2 |
| Fotocélula: | I0.3 |
| **SALIDAS:** | |
| Motor Abre: | Q0.0 |
| Motor Cierra: | Q0,1 |
| Señal Lumin: | Q0.2 |

Plantemos en grafcet para este ejemplo:

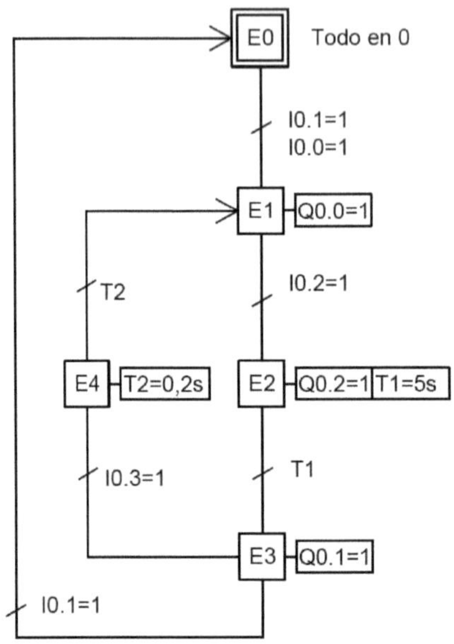


Para realizar el programa utilizaremos un autómata de la serie 1200 e iremos realizando el programa siguiendo el orden del grafcet, es decir, comenzaremos por la etapa E0, a continuación la transición de E0 a E1; etapa E1, transición y así sucesivamente:

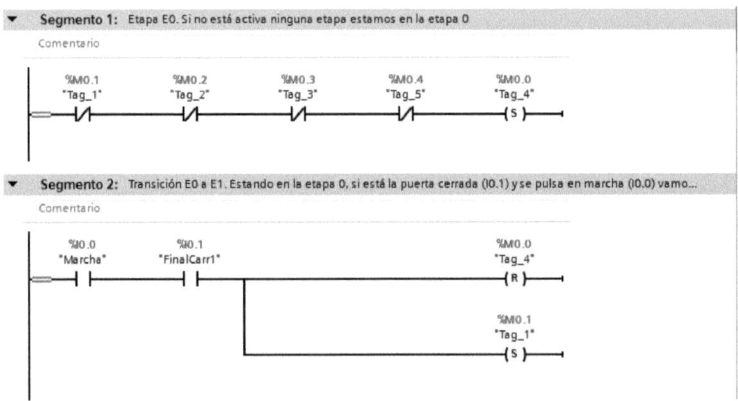

**Segmento 3:** En la etapa 1 se abre la puerta

Comentario

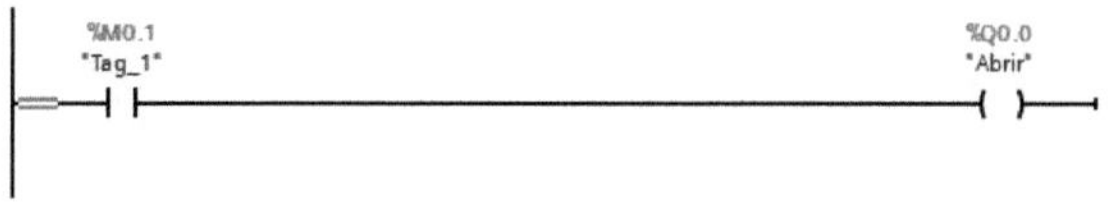

%M0.1 "Tag_1" —| |— ( ) %Q0.0 "Abrir"

**Segmento 4:** Transición de E1 a E2. Puerta abierta

Comentario

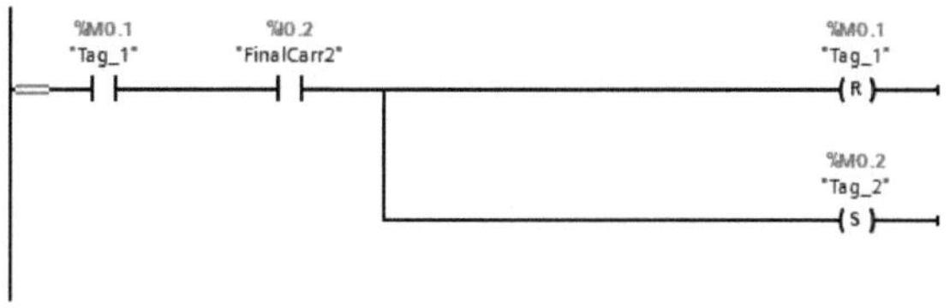

%M0.1 "Tag_1" —| |— %I0.2 "FinalCarr2" —| |— (R) %M0.1 "Tag_1"; (S) %M0.2 "Tag_2"

**Segmento 5:** Etapa 2. Se enciende señalización y temporiza 5 s

Comentario

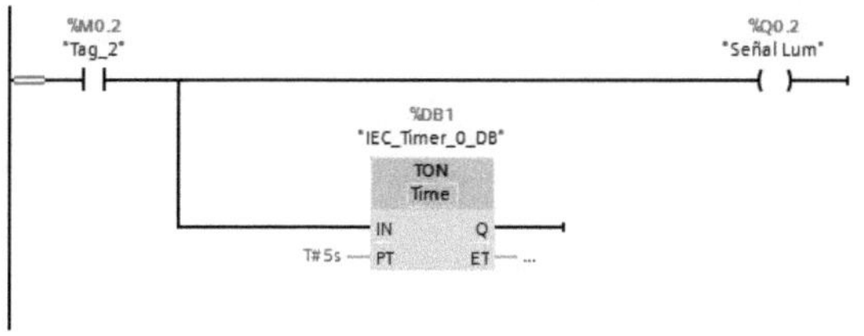

%M0.2 "Tag_2" —| |— ( ) %Q0.2 "Señal Lum"

%DB1 "IEC_Timer_0_DB" TON Time — IN, PT: T#5s; Q, ET: ...

**Segmento 6:** Transición E2 a E3. Fin de tiempo

Comentario

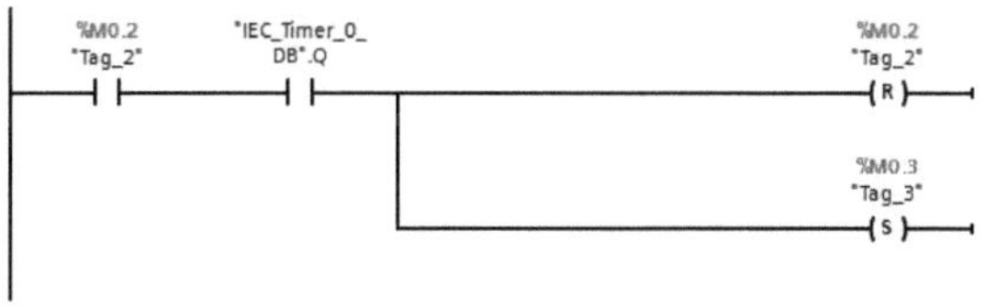

%M0.2 "Tag_2" —| |— "IEC_Timer_0_DB".Q —| |— (R) %M0.2 "Tag_2"; (S) %M0.3 "Tag_3"

**Segmento 7:** Etapa 3. La puerta comienza a cerrarse

Comentario

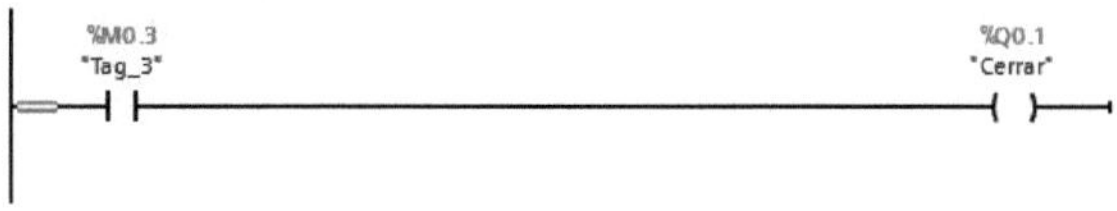

%M0.3 "Tag_3" —| |— ( ) %Q0.1 "Cerrar"

▾ **Segmento 8:** Transción E3 a E4. Se interrumpe la fotocélula

Comentario

%M0.3 "Tag_3" — %I0.3 "Fotocelula" — ( ) %M0.3 "Tag_3"

( ) %M0.4 "Tag_5"

▾ **Segmento 9:** Etapa 5. Temporización

Comentario

%DB2 "IEC_Timer_0_DB_1"

%M0.4 "Tag_5" — TON Time (IN, PT, Q, ET)

T#2MS — PT; ET — ...

▾ **Segmento 10:** Transición E4 a E2. La puerta vuelve a abrirse

Comentario

%M0.4 "Tag_5" — "IEC_Timer_0_DB_1".Q — (R) %M0.4 "Tag_5"

(S) %M0.2 "Tag_2"

▾ **Segmento 11:** Transción E3 a E0. La puerta se cierra

Comentario

%M0.3 "Tag_3" — %I0.1 "FinalCarr1" — (R) %M0.3 "Tag_3"

Para introducir una temporización ya creada en una transición se hace de la siguiente forma:

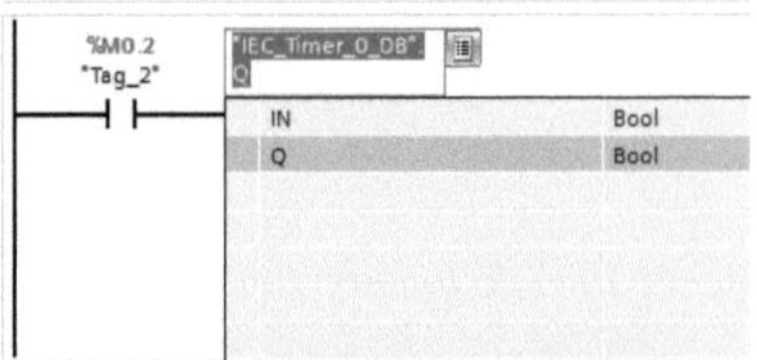


- Seleccionamos contacto abierto y como parámetro buscamos el identificado del temporizador, por ejemplo, I"EC_Timer_0_DB".
- Una vez seleccionado elegimos la opción "Q":

## Problemas:

1. Deseamos automatizar un tren de lavado de coches con el siguiente detalle:

   El proceso empieza cuando son detectadas las ruedas delanteras en su correcta posición, por dos finales de carrera. A continuación, se accionará el agua durante 20 s., inmediatamente después los rodillos y el jabón durante otros 20 s. Por último, el secado que también durará 20 s. El final del proceso se indicará mediante una señal luminosa.

2. Realizar un programa que realice el encendido secuencial de 5 lámparas, de forma que el funcionamiento sea cíclico. Iniciaremos el proceso con una señal de entrada.

3. En un invernadero se desea automatizar el riego mediante una serie de sondas y de aspersores. Cuando alguna sonda detecta falta de humedad actuará sobre el grupo de aspersores que gobierne. Una vez que deje de haber falta de humedad seguirá funcionando durante 60 s. más. Además, si en cualquier momento deseamos regar una zona, actuaremos sobre un interruptor (manual/automático) y podremos mandar regar a un determinado grupo de aspersores durante el tiempo que programemos.

4. Una escalera mecánica se coloca en el estado de disponibilidad para el servicio a través del pulsador de puesta en servicio. El arranque en ésta sólo debe iniciarse en el caso de que sea interrumpida la célula fotoeléctrica, lo que supone que una persona ha entrado en la escalera. Después de cada interrupción de la célula fotoeléctrica, debe permanecer conectada la escalera mecánica durante 40 segundos.

La desconexión de ésta puede suceder como consecuencia de:

-Que esté accionado el pulsador "desconexión".

-Por aviso del termostato de sobrecarga.

-Por accionamiento del pulsador de emergencia.

-El estado de disponibilidad para la marcha se visualiza a través de una lámpara "servicio disponible":

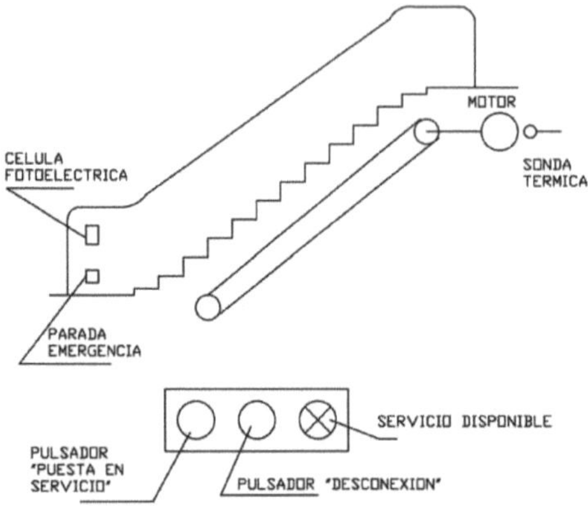


**5.** Al actuar sobre un interruptor de marcha comenzará el proceso de mezcla con el siguiente detalle:

- Se abren las electroválvulas E1 y E2. Cuando, por medio de las sondas de nivel S1 y S3 se detecte que los depósitos están llenos, se cerrarán las electroválvulas.

- En este momento se conectarán las resistencias calefactoras R1 y R2; cuando los líquidos alcancen las temperaturas fijadas, se descontarán las resistencias y se verterán sus contenidos en la mezcladora.

- A continuación, se conectará la mezcladora durante 15 segundos, al cabo de los cuales será vaciado su contenido. Cuando esté totalmente vacío (S5) se podrá volver a repetir el ciclo si el interruptor de marcha está conectado:

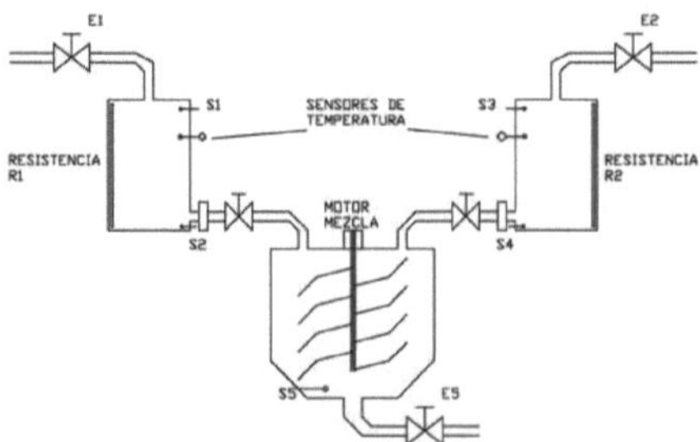

**6.** Cuando alguno de los silos 1 ó 2, detecte falta de producto (finales de carrera 1 y 3 respectivamente), se abrirá la compuerta de la tolva y comenzará a verter producto en el tornillo sin fin. Al cabo de 10 segundos, el tornillo sin fin comenzará a elevar el producto. 10 segundos después se abrirá la compuerta del silo correspondiente y se activará la cinta transportadora.

Cuando el silo esté lleno (finales de carrera 2 y 4), se cerrará la puerta de la tolva, 10 segundos más tarde se parará los tornillos sin fin y al cabo de otros 10 segundos se parará la cinta transportadora correspondiente y se cerrará la compuerta. El proceso puede repetirse siempre que sea necesario y es independiente un silo de otro, es decir, puede estar llenando los dos simultáneamente:

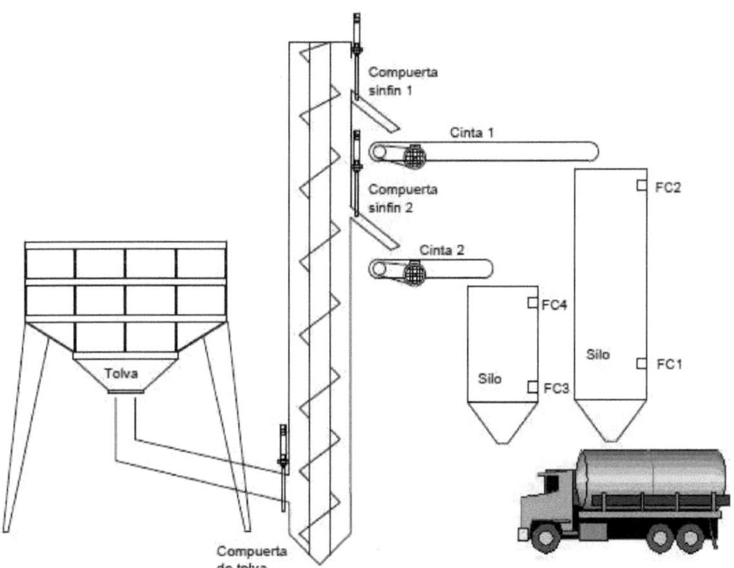

# TEMA 5: CONEXIONADO DE ELEMENTOS EN LOS PLC

## Introducción

Como se ha dicho en capítulos anteriores las principales señales de entrada al autómata son del tipo de pulsador, interruptor, termostatos, finales de carrera, etc. Todos estos elementos son del tipo *todo o nada*, es decir, en estado de reposo tienen un tipo de señal (generalmente un 0 lógico) y en estado de activación la señal contraria.

El siguiente paso en la programación y montaje de autómatas es el cableado del mismo. Esta parte del proceso es bastante delicada ya que cada modelo de autómata tiene un proceso de cableado distinto y requiere que en cada caso de comprueben los manuales que nos suministra el fabricante. Además, un error en el cableado puede causar una avería importante en el PLC.

En este capítulo vamos a estudiar los distintos elementos de control de tipo *todo o nada* o digital, sus principales características y su instalación en el sistema automático. Tanto los sistemas de entradas como los de salida. A continuación, vamos a ver cómo se cablean las entradas y salidas en los modelos más importantes de Siemens.

## 1. Captores digitales

En este apartado estudiaremos los distintos tipos de dispositivos de señales de entrada para el autómata del tipo todo o nada. Los principales que estudiaremos son: pulsadores, células fotoeléctricas, sensores inductivos, finales de carrera, etc.

## 2. Interruptores y pulsadores

El elemento más sencillo para enviar una señal de entrada al autómata es precisamente un pulsador. En reposo pueden estas normalmente abierto o normalmente cerrado.

Para saber si un contacto se encuentra cerrado o abierto en un pulsador o un contactor se utiliza la normalización por numeración, de la siguiente forma (figura).

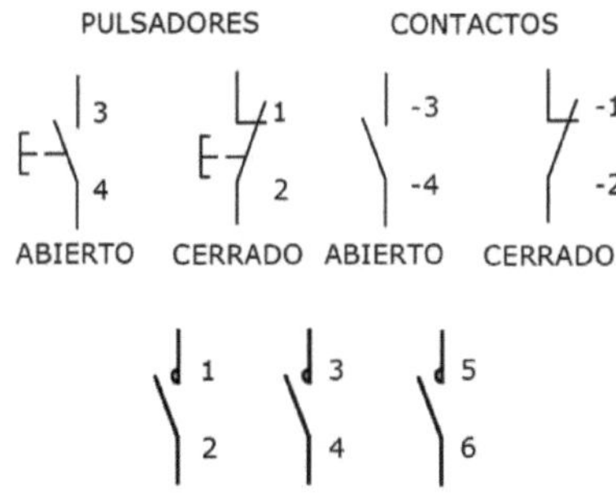


- Los contactos cerrados se numeran como 1 y 2.

- Los contactos abiertos como 3 y 4.

- La numeración de apertura o cierre serán las unidades en los contactos. Las decenas serán el número de contacto. Así en un contactor con 2 contactos abiertos y 2 cerrados, la numeración será:

- 13 - 14 para el primer contacto abierto.
- 23 - 24 para el segundo abierto.
- 31 - 32 para el primer contacto cerrado.
- 41 - 42 para el segundo.

Esto es, la cifra de las decenas indica el número de contacto (1., 2., 1.3., etc.) y las unidades indican si el contacto es abierto o cerrado.

Existen en el mercado diversos tipos de pulsadores e interruptores, los que más se utilizan son el pulsador de tipo rasante que se utiliza para enviar cualquier tipo de señal al autómata (figura izquierda).

El de tipo maneta es un interruptor para accionamiento fijo se puede utilizar para encendido y apagado de máquinas directamente o a través de una entrada al autómata (Derecha)

La seta de emergencia, es un interruptor que en reposo debe estar obligatoriamente en posición de cerrado, al accionarlo debe abrir el circuito y detener el proceso. La señal de la seta de emergencia puede ir al autómata. Una vez accionada la seta, ésta debe permanecer en la posición de trabajo mediante enclavamiento mecánico, la vuelta a la posición de reposo debe hacerse mediante movimiento de la seta, con llave, o con cualquier mecanismo mecánico.

## 3. Finales de carrera

El mecanismo eléctrico de un final de carrera o interruptor de posición es el mismo que el de un pulsador, aunque en este caso son los movimientos de la propia máquina la que los activa. El uso más normal es detener una máquina cuando llega al final de su recorrido, en puentes grúas, ascensores, cintas de transporte, llenado de depósitos, etc. En la figura siguiente vemos diversos tipos de finales de carrera comerciales.

El final de carrera también puede utilizarse como elemento de seguridad para las personas. En este caso se puede utilizar, por ejemplo, para impedir que una persona se acerque a una cinta transportadora, en este caso se colocaría el final de carrera en un extremo de la cinta y un alambre atado en un extremo al final de carrera y en el otro a otro final de carrera o a un lugar fijo; cuando una persona intente sobrepasar la línea marcada por el alambre activará el final de carrera y detendrá la máquina.

## 4. Células fotoeléctricas

Una célula fotoeléctrica es un dispositivo que consta, generalmente, de un dispositivo que emite una luz visible o no y otro en el que refleja dicha luz. Si la luz vuelve al emisor éste emite una señal en caso contrario otra distinta. Existen modelos de células fotoeléctricas en que el emisor y receptor están en el mismo punto, es decir, la luz que emite la fotocélula es reflejada por el objeto y recibida en un fotodiodo instalado en la misma fotocélula. Este tipo de fotocélulas suelen activarse cuando la luz emitida no es devuelta.

En la figura siguiente se pueden ver diversos tipos comerciales de células fotoeléctricas y el esquema de conexión de un modelo de la marca Schneider. En dicha figura la fotocélula del centro es del tipo sin reflector.

Existen en el mercado gran variedad de dispositivos de células fotoeléctricas con gran variedad de aplicaciones, algunas similares a las de los finales de carrera; aunque la aplicación más generalizada es la de detectar el paso de objetos.

La conexión de las células fotoeléctricas de estas series se puede ver en la figura:

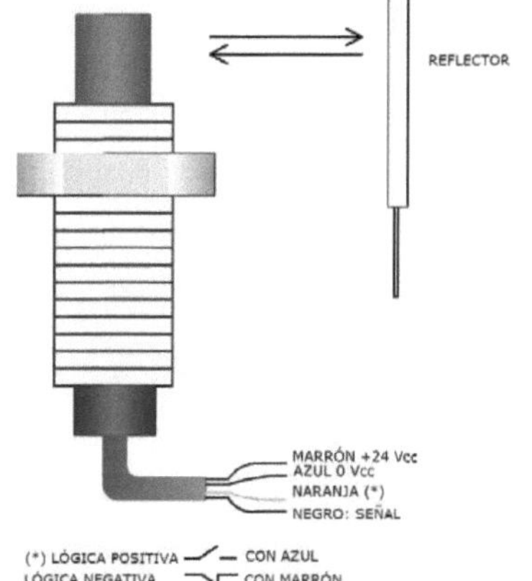


# 5. Sensores inductivos

Este tipo de sensor detecta metales a diversa distancia, los más normales se utilizan como finales de carrera sin contacto lo que evita desgastes o roturas del sensor; en este caso la distancia de detección es de unos pocos milímetros.

En la figura siguiente vemos el aspecto físico de uno de ellos y el aspecto y esquema de conexión del modelo XS6 de Schneider.

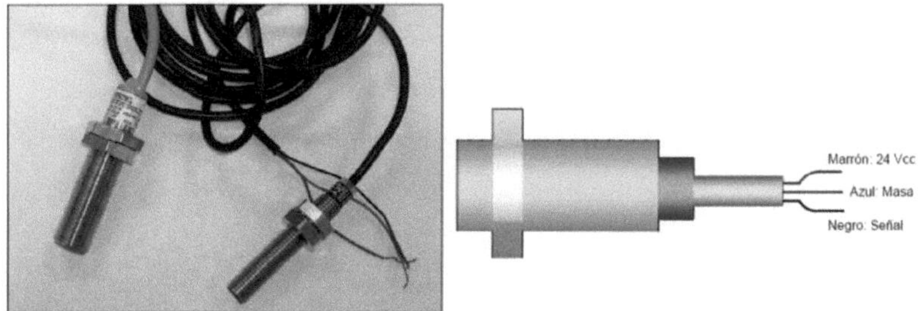

# 6. Presostatos

Es un tipo de interruptor accionado por un fluido, que puede ser un líquido o un gas que cierra o abre un circuito en función de la presión del fluido.

Un presostato simple puede estar formado por un muelle ajustado a un valor deseado que al ser empujado por el fluido activa el contacto que cierra o abre el circuito de control (figura).

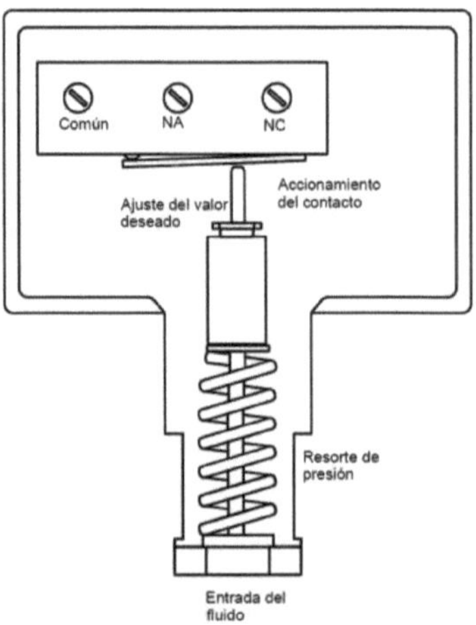


Exteriormente existen gran variedad de modelos de presostatos. Además, podemos encontrar presostatos de tipo ON/OFF que nos devuelven un valor de apertura o cierre de un circuito o analógicos que nos dan el valor de la presión detectada. En la figura siguiente podemos ver el aspecto exterior de un tipo de presostato analógico de la marca Siemens. Este tipo de presostato está bastante difundido en las instalaciones eléctricas ya que nos facilita más información acerca del proceso que controla que otro de tipo ON/OFF.

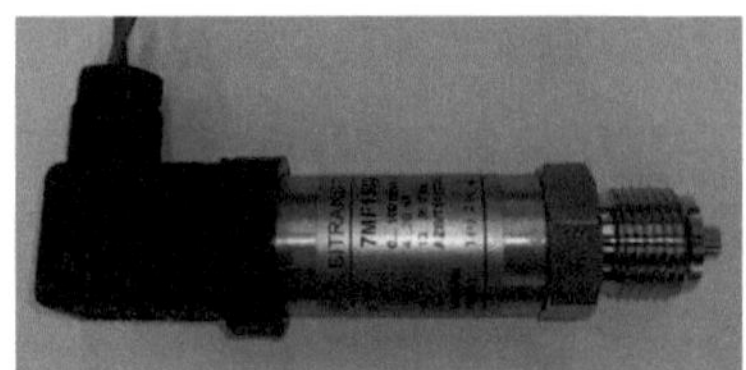

# 7. Termostatos

Con un mecanismo similar al presostato, el termostato abre o cierra un circuito en función de la temperatura existente.

Existen diversas formas de realizar termostato. La más extendida en automatismos es el formado por dos láminas bimetálicas (Figura) aunque es posible encontrar termostatos de gas encerrado o de parafina que al dilatarse el gas o licuarse la parafina acciona el circuito de control asociado a ellos.

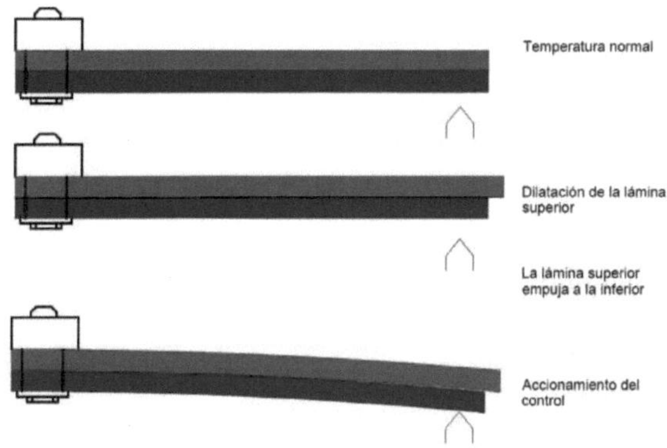


Los termostatos electrónicos están constituidos, principalmente, por una resistencia sensible a la temperatura denominada "termistor" que, como en el caso de los presostatos analógicos, además de activar el circuito de control, nos devuelve el valor de la temperatura que existe en el sistema que está controlando.

# 8. Diferencias entre PNP y NPN en cableado de autómatas

El concepto PNP y NPN es algo que nos vamos a ir encontrando a lo largo de nuestra vida profesional en multitud de ocasiones, cuando tengamos que seleccionar un detector o fotocélula de tres hilos, a la hora de seleccionar un PLC, y sobre todo a la hora de diseñar esquemas y cableados.

Este concepto no siempre está muy claro, sobre todo al principio de la carrera profesional, con el tiempo al escuchar estas palabras tu mente ya visualiza el cableado correspondiente a cada elemento.

## 8.1. Diferencia entre PNP y NPN

La diferencia entre ambos está marcada por el diseño de su circuito interno y el tipo de transmisor utilizado.

NPN
Also called **Sinking**

+ -

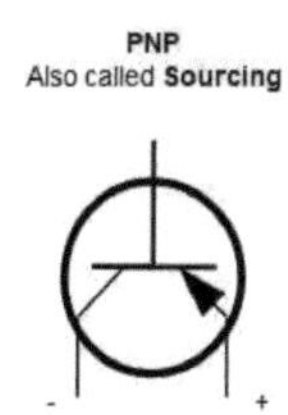

NPN Sinking current

NPN Output
+Vdc
Transistor acts as a switch
Load
Change in signal
-Vdc

PNP Sourcing current

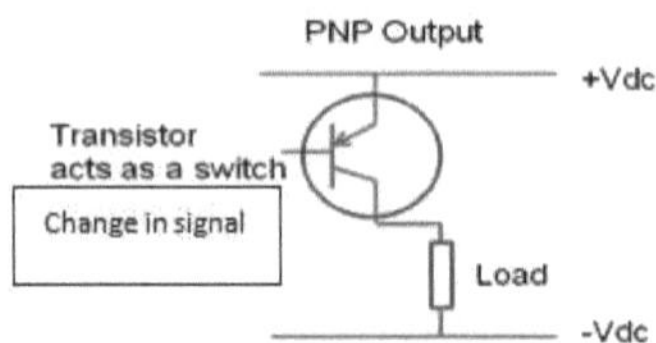


Esto es sólo una referencia a la tecnología electrónica con la que están fabricados y el porqué de los nombres NPN o PNP. A nosotros nos debe interesar es la salida.

Si tomamos como ejemplo un sensor cualquiera de tres hilos (la mayoría de los sensores los podemos encontrar con esta configuración independientemente de la marca):

*CABLE MARRON*: Alimentación + 24V
*CABLE AZUL*: Alimentación - 0V
*CABLE NEGRO*: Salida

Tal como hemos visto en los sensores estudiados. Ahora bien, en función del tipo de conector la salida cambia de polaridad, de la siguiente forma:

*PNP* - Salida Positivo +

*NPN* - Salida Negativa –

Esto es, si es de tipo PNP, la salida del sensor será 24 Vcc y podrá activar un actuador conectando el cable negro a la conexión positiva del actuador (ver figura).

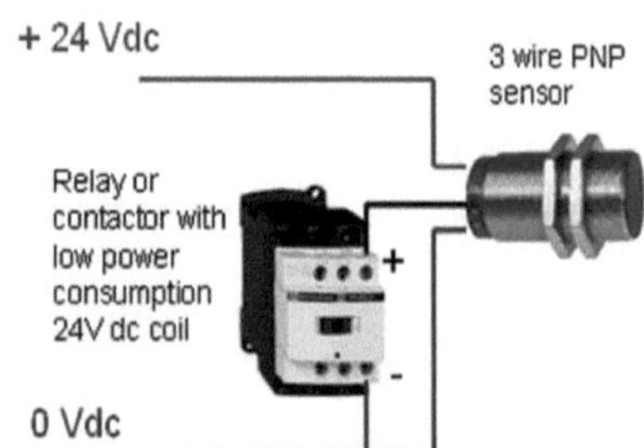


## 8.2. ¿Cuándo utilizar PNP o NPN?

Existen varios factores que pueden inclinar hacia qué tipo de salida utilizar, pero ninguno de ellos es determinante, en el mercado existen sensores de los dos tipos, así como módulos de entrada de PLC

En Europa es más común utilizar PNP (sinking) mientras que en Asia es más común encontrar NPN (source).

Un aspecto importante es el stock de material, como en Europa es más común utilizar PNP siempre es más fácil encontrar un mayor stock de material PNP. Por lo general la referencia de los sensores PNP empezará por la letra "P".

Es importante antes de hacer una modificación o ampliación en una máquina o instalación tener claro qué tipo de entradas tiene.

En cuanto a las ventajas parece ser que NPN es más rápido en conmutación ya que trabaja con referencia 0V, tiene menor inmunidad al ruido, menor caída de tensión. Esta ventaja es inapreciable ya que la velocidad de conmutación de los sensores de del orden de microsegundos y en instalaciones industriales trabajos en el orden de segundos o milisegundos como mucho.

## 8.3. Cableado de Entradas y Salidas de Autómata

Por lo general los módulos de Entradas de los PLC son compatibles tanto para PNP como para NPN ya que dependerá de cómo lo cableemos el común.

Para ello se dispone de un común (COM) en el módulo de entradas, dependiendo de si utilizamos sensores PNP (COM -) o NPN (COM +) deberemos alimentar el común de una determinada manera.

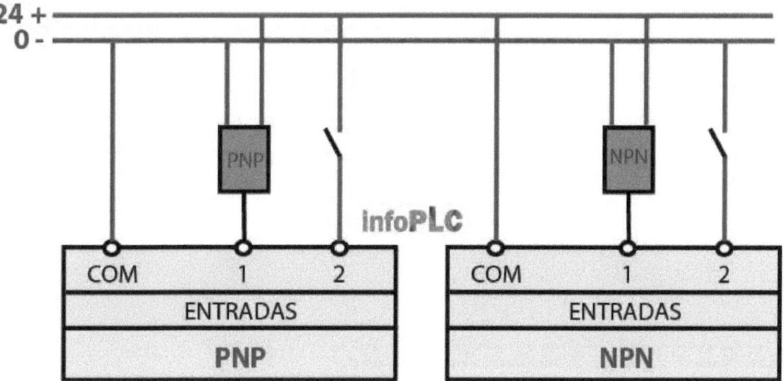


Si nos referimos a las salidas, aquí sí que hay que especificar si la queremos PNP (sinking) o NPN (source) a no ser que la salida sea a relé.

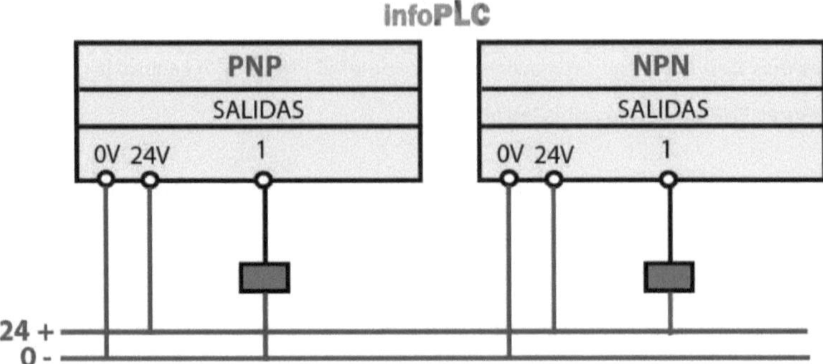


# 9. Cableado de los S7-200

## 9.1. Cableado de las entradas

Esta parte del proceso es la más similar en todos los autómatas. A la entrada vamos a conectar, generalmente, dispositivos sin tensión; por ejemplo: pulsadores, finales de carrera, etc.

Para el correcto funcionamiento de las señales de entrada es necesario dotarlas de una tensión que típicamente será de entre 12 y 48 Vcc (siendo la más normal de 24 Vcc) lo que facilita el trabajo en tensión y evita riesgos eléctricos. Para conectar estos elementos de entrada los miniautómatas del tipo *compacto* como los S7-200 disponen de una pequeña fuente de alimentación de menos de 200 mA, por lo que en la mayoría de las aplicaciones es conveniente dotar al sistema de una fuente de alimentación externa. En la figura podemos ver cómo se realiza el cableado de las entradas en un PLC S7-200.

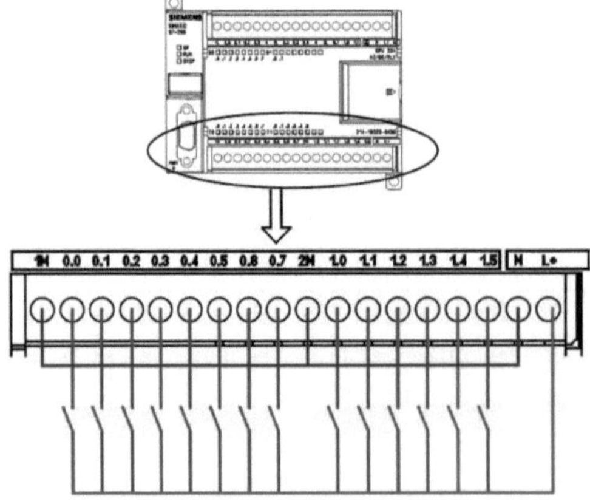

## 9.2. Cableado de las salidas

Para el cableado de las salidas de un autómata debemos tener en cuenta si el PLC tiene las salidas por relé por transistor o por tiristor.

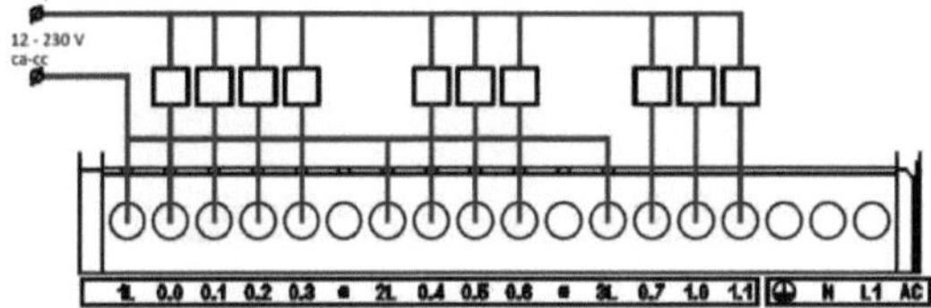

El caso más sencillo es la salida por relé. En este caso cada salida será un contacto abierto de un relé. El cableado, común para todos los tipos, será como vemos en la figura 2. Las tensiones admitidas para las salidas serán cualquiera entre 12 y 230 V, aunque, como se dijo al principio del tema, se prefiere una tensión de 24 V, tanto en corriente alterna como en continua.

Las salidas a relés tienen las siguientes ventajas:

- Generalmente se pueden sustituir los relés averiados.
- Soporta corrientes de 2 A.
- No tiene corrientes de pérdidas.
- Se utilizan para controlar tensiones de 220 V en tensión alterna o continua.

Sin embargo, su utilización es desaconsejada cuando:

- Se necesiten tiempos de respuesta superiores a los 15 ms (aproximadamente).
- Los picos y transitorios que generan los relés puedan afectar a otras partes de la instalación.

En estos casos son más aconsejables las salidas a transistores o a tiristores. El uso de salidas a transistores es preferible cuando:

- Necesitemos una alta velocidad de respuesta.
- Necesitemos conectar las salidas directamente a equipos electrónicos.
- Los niveles de tensión (picos, transitorios, armónicos) sean críticos.

De todas formas, debemos tener en cuenta que el uso de transistores es más delicado que los relés ya que si por alguna circunstancia se avería alguno su sustitución es más laboriosa y, en algunos casos, la avería puede afectar a todo el módulo y, en caso de equipos compactos; a todo el PLC.

# 10. Cableado de los S7-300

Todo lo dicho para los S7-200 es válido para los S7-300 por lo que tan sólo vamos a ver las distintas configuraciones de cableado de entradas y salidas.

En las figuras vemos el cableado de entradas y salidas en un S7-300.

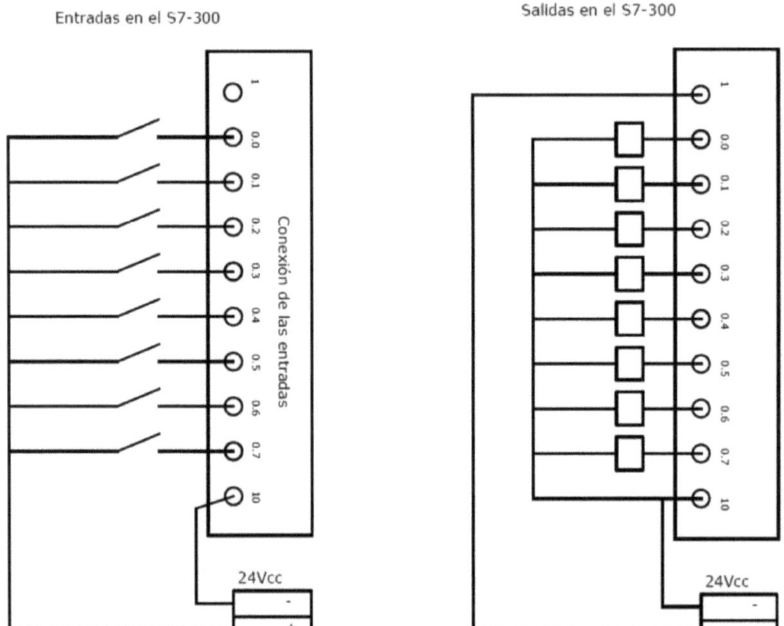


# 11. Serie S7-1200

El autómata S7-1200 es el sucesor de la serie S7-200. El controlador compacto SIMATIC S7-1200 es el modelo modular y compacto para pequeños sistemas de automatización que requieran funciones simples o avanzadas para lógica, HMI o redes. Gracias a su diseño compacto, su bajo coste y sus potentes funciones, los sistemas de automatización S7-1200 son idóneos para controlar tareas sencillas.

Para comunicarse con una programadora, la CPU incorpora un puerto PROFINET integrado. La CPU puede comunicarse con paneles HMI o una CPU diferente en la red PROFINET.

SIMATIC S7-1200 es el controlador de lazo abierto y lazo cerrado de control de tareas en la fabricación de equipo mecánico y la construcción de la planta. Se combina la automatización máxima y mínimo coste. Debido al diseño modular compacto con un alto rendimiento al mismo tiempo, el SIMATIC S7-1200 es adecuado para una amplia variedad de aplicaciones de automatización. Su campo de aplicación se extiende desde la sustitución de los relés y contactores hasta tareas complejas de la automatización en las redes y en las estructuras de distribución. El S7-1200 también se abre cada vez más ámbitos en los que la electrónica especial ha sido desarrollada previamente por razones económicas.

## 11.1. Conexión de la alimentación, cable profinet y entradas y salidas

La serie S7-1200 admite alimentaciones de 24 Vcc y de 230 Vac dependiendo del modelo. En la figura vemos el detalle de la conexión de alimentación.

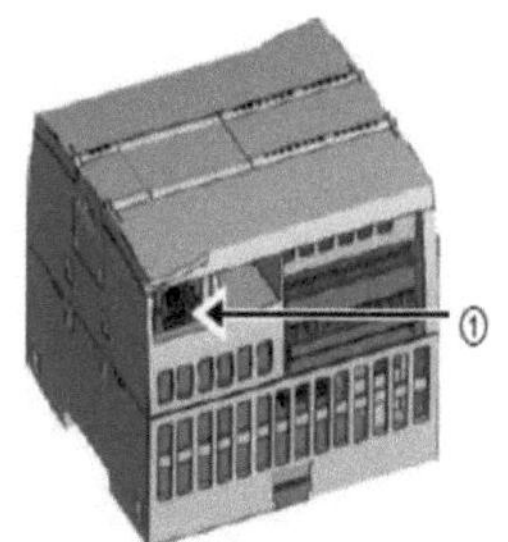


Las CPU con referencia AC/DC/RLY se alimentarán a 230 Vac (figura superior), disponen de una fuente de alimentación de 24 Vcc para alimentar las entradas, como en la serie S7-200, y las salidas son a relé.

Las CPU con referencia DC/DC/DC, por el contrario, se alimentan a 24 Vcc, las entradas son como el ejemplo anterior, mientras que las salidas son a transistor de corriente continua.

El cable PROFINET es un cable Ethernet CAT5 estándar con conectores RJ45 que sirve para conectar la CPU con el PC o la programadora. Insertaremos un extremo del cable PROFINET en la CPU. (Figura anterior).

La conexión de las entradas y salidas seguirá el esquema de la figura siguiente.

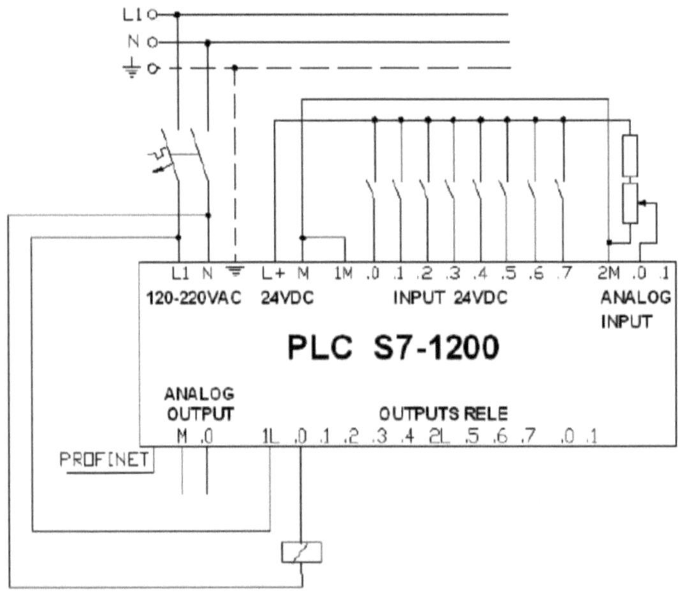


## 12. Relés interfaces

En las instalaciones industriales no conviene conectar directamente una salida, por ejemplo, la bobina de un contactor, al autómata. Aunque la corriente que admite una salida de un PLC sea de unos 2 A es conveniente colocar entre la salida y el contactor un relé intermedio que haga de interface.

Colocando este relé evitamos males mayores en caso de avería: cortocircuito, corrientes parásitas, picos, etc. Es más sencillo y económico sustituir el relé intermedio que una tarjeta de salidas de un PLC.

Existen en el mercado gran cantidad de relés interfaces que cumplen esta función en las figuras siguientes podemos ver unos relés de la marca **Phoenix Contact**. Estos relés tienen la ventaja de que disponen de cintas para su cableado, realizando éste de una manera mucho más rápida y efectiva. También destacan por su facilidad de sustitución en caso de avería, basta sustituir la cabeza (de color blanco).

## 13. Cableado de un cuadro de trabajo

Para realizar las prácticas utilizamos un cuadro eléctrico similar al que vemos en los esquemas siguientes:

- Esquema de señales de entrada:

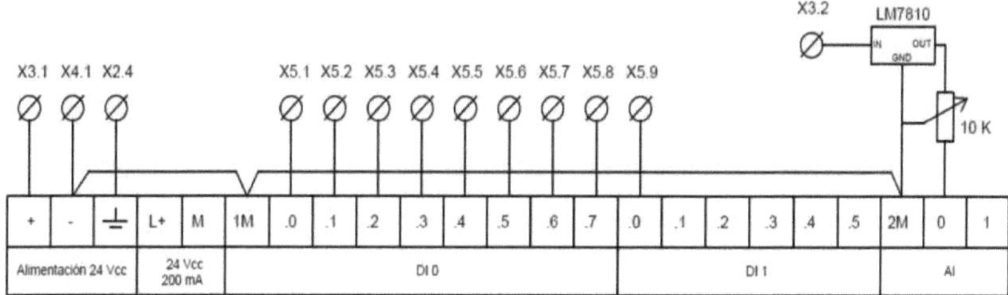


- Esquema de señales de salida:

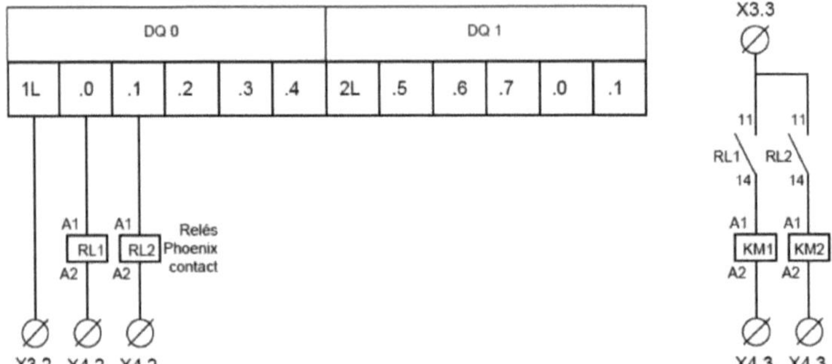


- Esquema de fuerza:

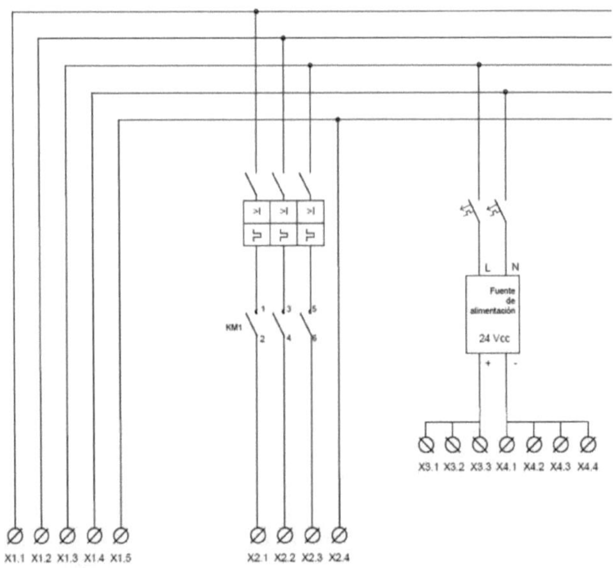


El cuadro eléctrico usado en este texto es el que podemos ver en la imagen siguiente. Cualquier otra configuración es perfectamente válida.

SIEMENS

# TEMA 6: DISEÑO DE UN CUADRO DE CONTROL

## 1. Enunciado del proceso

En este tema vamos a realizar un proceso completo desde el programa del PLC hasta el cálculo de secciones y elementos de maniobra y protección para dimensionar un cuadro completo de control.

Para ello vamos a controlar un conjunto de cintas como indica en la figura. En esta figura se dispone de una cinta principal (cinta 1) en la que se depositará el producto que después se repartirá entre las tres cintas secundarias.

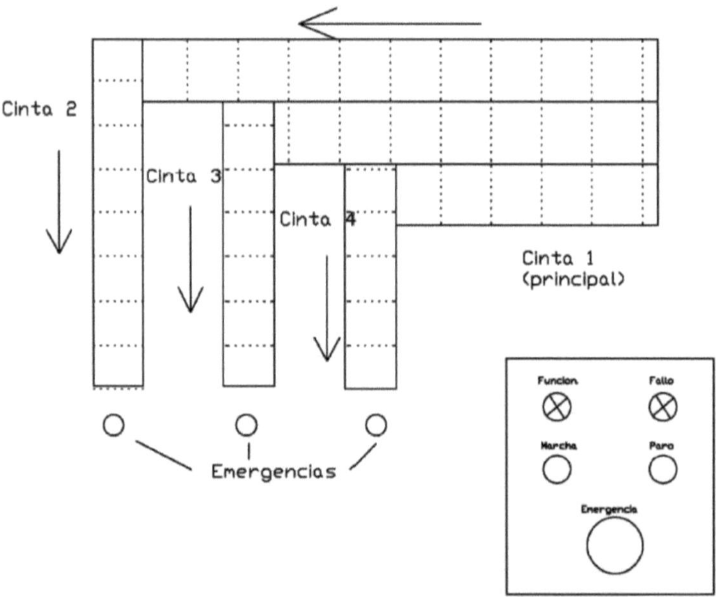


El arranque se hará actuando sobre el pulsador de marcha, en este momento se activarán las tres cintas secundarias y al cabo de 5 segundos comenzará a funcionar la cinta principal.

Disponemos de setas de emergencia en cada cinta transportadora y en el cuadro principal. Estas setas de emergencia se encuentran normalmente cerradas y cableadas en serie. Al actuar sobre cualquiera de estas setas de emergencia el sistema de detendrá instantáneamente de forma que no volverá a ponerse en marcha hasta que la seta de emergencia no vuelva a la posición de reposo (cerrada) y se vuelva a actuar sobre el pulsador de marcha.

Asimismo cada motor dispone de un contacto auxiliar de su interruptor térmico que se utilizará como una entrada para el autómata; cuando se abra un interruptor térmico por sobrecarga se detendrá la cinta correspondiente y la principal, siguiendo las otras cintas funcionando normalmente. Reponiendo el térmico volverán al funcionar la cinta principal y la secundaria que se haya parado.

Por último, tenemos dos señales luminosas una de funcionamiento y otra de fallo.

**RESOLUCIÓN DEL PROCESO**

Para resolver este automatismo necesitamos 7 entradas digitales y 6 salidas digitales. La utilización de entradas y salidas para el PLC la podemos ver en el cuadro siguiente:

| ENTRADAS | | SALIDAS | |
|---|---|---|---|
| Paro | I 0.0 | Motor 1 | Q 0.0 |
| Marcha | I 0.1 | Motor 2 | Q 0.1 |
| Seta | I 0.3 | Motor 3 | Q 0.2 |
| Térmico 1 | I 0.4 | Motor 4 | Q 0.3 |
| Térmico 2 | I 0.5 | Funcionamiento | Q 0.4 |
| Térmico 3 | I 0.6 | Fallo | Q 0.5 |
| Térmico 4 | I 0.7 | | |

El programa lo resolvemos directamente en KOP. Utilizamos la marca M1.0, que la pondremos a 1 (set) cuando pulsemos sobre la señal de marcha y pasará a 0 (reset) con la señal de paro o con la seta de emergencia, esta seta debe ponerse en el programa como cerrada ya que está en esta situación en reposo.

Con la marca M1.0 en 1 se activan los motores de las cintas secundarias, siempre que su térmico no se active. Con las tres cintas funcionando se activa un temporizador de 5 segundos para iniciar la marcha de la cinta principal.

La señal luminosa de funcionamiento se encenderá cuando no haya ningún térmico activado y esté la señal de funcionamiento M1.0 activada. La señal de fallo se encenderá cuando se active algún térmico.

En la figura inferior vemos el listado del programa para el S7-1200.

I0.1 M1.0 (S)
I0.0 M1.0 (R)
I0.3
M1.0 I0.5 Q0.1
M1.0 I0.6 Q0.2
M1.0 I0.7 Q0.3
Q0.1 Q0.2 Q0.3 T1 TON 5S

T1.Q I0.4 Q0.0
I0.4 I0.5 I0.6 I0.7 M1.0 Q0.5
I0.4 Q0.4
I0.5
I0.6
I0.7

Ahora debemos dimensionar la parte de fuerza de la instalación. Esto es; secciones de los conductores y tipo de aislamiento, elementos de protección, arranque de los motores y situación física de los elementos.

En nuestro ejemplo, supongamos que el motor de la cinta 1 (principal) es de 7 CV y los otros 3 motores de 5 CV y que la distancia máxima desde el cuadro de control al motor más alejado es de 15 m. No existe ninguna exigencia en cuanto al tipo de arranque de los motores. Los conductores son multiconductores con aislamiento de XLPE e irán por bandejas perforadas.

El esquema de fuerza del cuadro sería como el de la figura:

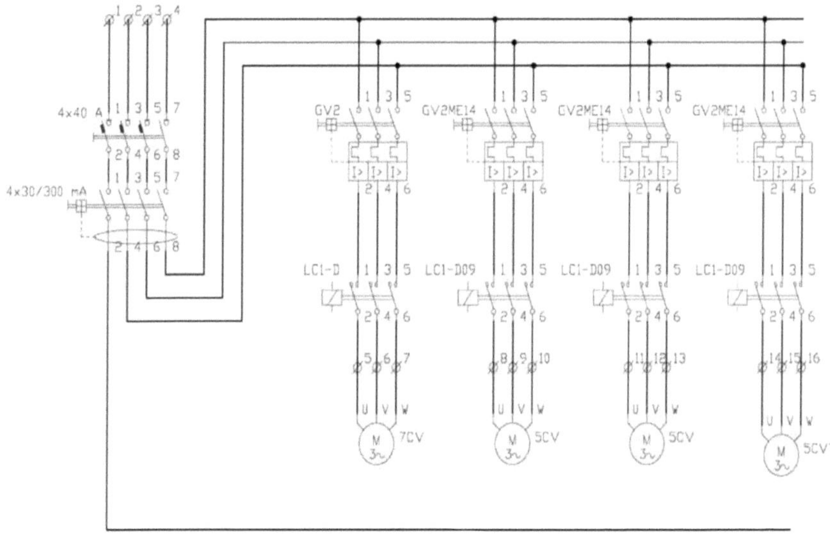


## 2. Cálculos

### Intensidad

La potencia de los motores es:

Motor 1: 7 CV x 736 W = 5.152 W

Motor 2, 3 y 4: 5 CV x 736 W = 3.680 W

Según el Reglamento Electrotécnico de Baja Tensión (ITC-BT- 47), la potencia de los motores debe multiplicarse por 1,25 (125%). Pero cuando existe más de un motor sólo se incrementará la potencia del mayor de los motores.

Por lo tanto:

Potencia total: (5.152 x 1,25) + (3 x 3.680) = 17.480 W

La intensidad total es:

$$I = \frac{17.480}{\sqrt{3}\, x\, 400\, x\, 0{,}8} = \mathbf{31{,}57\ A}$$

El coseno de fi puede estar entre 0,8 y 0,9.

Ahora la intensidad de cada motor:

Motor 1:

$$I = \frac{6.440}{\sqrt{3}\, x\ 400\ x\ 0{,}8} = \mathbf{11,63\ A}$$

Motores 2, 3 y 4:

$$I = \frac{3.680}{\sqrt{3}\, x\ 400\ x\ 0{,}8} = \mathbf{6,64\ A}$$

## Secciones

Con la ayuda del Reglamento Electrotécnico de Baja Tensión calculamos la sección de las líneas. En la ITC-BT 19 encontramos la tabla para el cálculo de las secciones a partir de la intensidad máxima admisible.

Vamos a la tabla 1 de la citada instrucción. En una instalación industrial lo más normal es que los conductores discurran por bandejas perforadas, aunque puede ser cualquier otra forma de instalación. La bandeja perforada es la fila E (ver nota 4 del reglamento), para el conductor de XLPE:

- Motor 1: de 11,63 A sección: 1,5 $mm^2$ (columna 9). Sección mínima para este tipo de instalación 2,5 $mm^2$

- Para el resto de los motores, coma la intensidad es menor, la sección deberá ser la misma.

- Línea principal de 31,57 A sección: 4 $mm^2$ (columna 9).

*Tabla 1. Intensidades admisibles (A) al aire 40 ºC. Nº de conductores con carga y naturaleza del aislamiento*

| | | | | | | | | | | | | | |
|---|---|---|---|---|---|---|---|---|---|---|---|---|---|
| A | | Conductores aislados en tubos empotrados en paredes aislantes | | 3x PVC | 2x PVC | | 3x XLPE o EPR | 2x XLPE o EPR | | | | | |
| A2 | | Cables multiconductores en tubos empotrados en paredes aislantes | 3x PVC | 2x PVC | | 3x XLPE o EPR | 2x XLPE o EPR | | | | | | |
| B | | Conductores aislados en tubos[1] en montaje superficial o empotrados en obra | | | | 3x PVC | 2x PVC | | | 3x XLPE o EPR | 2x XLPE o EPR | | |
| B2 | | Cables multiconductores en tubos[1] en montaje superficial o emprotrados en obra | | | 3x PVC | 2x PVC | | 3x XLPE o EPR | | 2x XLPE o EPR | | | |
| C | | Cables multiconductores directamente sobre la pared[1] | | | | | 3x PVC | 2x PVC | | 3x XLPE o EPR | 2x XLPE o EPR | | |
| E | | Cables multiconductores al aire libre[2] Distancia a la pared no inferior a 0.3D[3] | | | | | | 3x PVC | | 2x PVC | 3x XLPE o EPR | 2x XLPE o EPR | |
| F | | Cables unipolares en contacto mutuo[4] Distancia a la pared no inferior a D[3] | | | | | | | 3x PVC | | | 3x XLPE o EPR[1] | |
| G | | Cables unipolares separados mínimo D[3] | | | | | | | | | 3x PVC[1] | | 3x XLPE o EPR |
| | | mm² | 1 | 2 | 3 | 4 | 5 | 6 | 7 | 8 | 9 | 10 | 11 |
| Cobre | | 1,5 | 11 | 11,5 | 13 | 13,5 | 15 | 16 | - | 18 | 21 | 24 | - |
| | | 2,5 | 15 | 16 | 17,5 | 18,5 | 21 | 22 | - | 25 | 29 | 33 | - |
| | | 4 | 20 | 21 | 23 | 24 | 27 | 30 | - | 34 | 38 | 45 | - |
| | | 6 | 25 | 27 | 30 | 32 | 36 | 37 | - | 44 | 49 | 57 | - |
| | | 10 | 34 | 37 | 40 | 44 | 50 | 52 | - | 60 | 68 | 76 | - |
| | | 16 | 45 | 49 | 54 | 59 | 66 | 70 | - | 80 | 91 | 105 | - |
| | | 25 | 59 | 64 | 70 | 77 | 84 | 88 | 96 | 106 | 116 | 123 | 166 |
| | | 35 | | 77 | 86 | 96 | 104 | 110 | 119 | 131 | 144 | 154 | 206 |
| | | 50 | | 94 | 103 | 117 | 125 | 133 | 145 | 159 | 175 | 188 | 250 |
| | | 70 | | | | 149 | 160 | 171 | 188 | 202 | 224 | 244 | 321 |
| | | 95 | | | | 180 | 194 | 207 | 230 | 245 | 271 | 296 | 391 |
| | | 120 | | | | 208 | 225 | 240 | 267 | 284 | 314 | 348 | 455 |
| | | 150 | | | | 236 | 260 | 278 | 310 | 338 | 363 | 404 | 525 |
| | | 185 | | | | 268 | 297 | 317 | 354 | 386 | 415 | 464 | 601 |
| | | 240 | | | | 315 | 350 | 374 | 419 | 455 | 490 | 552 | 711 |
| | | 300 | | | | 360 | 404 | 423 | 484 | 524 | 565 | 640 | 821 |

La caída de tensión máxima no debe superar el 6,5% según la ITC-BT 19 en el punto 2.2.2. En nuestro caso como la distancia máxima es de 15 m desde el cuadro al motor más alejado:

$$c.d.t. = \frac{P \, x \, L}{e \, x \, S \, x \, V}$$

en donde

c.d.t. = caída de tensión

P = Potencia (tomamos la del motor 1)

L = Longitud

e = Conductividad del cobre (56)

S = Sección

V = Tensión

$$c.d.t. = \frac{6.440\ x\ 15}{56\ x\ 2{,}5\ x\ 400} = 1{,}725 < 26\ (6{,}5\%\ de\ 400\ V)\ Luego\ vale\ la\ sección$$

## 3. Elección de elementos

Con los cálculos realizados hasta ahora tenemos:

- Intensidad máxima: 31,57 A
- Intensidad motor 1: 11,63 A
- Intensidad motores 2, 3 y 4: 6,64 A
- Sección línea principal: 4x 6 $mm^2$ + TT
- Secciones motores 3 x 2,5 $mm^2$ + TT

### Protecciones

Las protecciones deben tener una intensidad de trabajo por encima de la intensidad calculada y deben garantizar la protección de las personas,
elegimos:

1 magmetotérmico de 4 polos de 40 A como interruptor de corte principal de curva C.

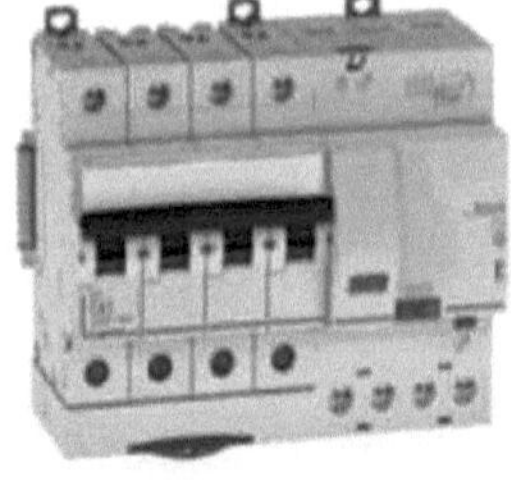

1 interruptor diferencial de 4 polos y 40 A/300 mA de sensibilidad.

Con estos elementos tenemos protegida la instalación general. Para el circuito de mando (autómata y otros elementos) pondremos un automático de 2 polos y 25 A y un diferencial de 25 A/30 mA de sensibilidad. Este diferencial es de menos sensibilidad porque es la parte en que manipularán los operarios. De todas formas, la sensibilidad del diferencial deberá estar en función de la resistencia de tierra de forma que la tensión máxima diferencial no supere los 24 V.

Los motores necesitan interruptores automáticos, como ya hemos estudiado, para su protección. Con ayuda de un catálogo comercial elegimos los más apropiados.

La marca Telemecanique dispone de interruptores automáticos para motores con la serie GV2 para motores pequeños y medianos y GV3 para grandes motores. En el caso que nos ocupa:

- Motor 1: 11,63 A→ GV2-M16 (para intensidades de 9 a 14 A)
- Motores 2, 3 y 4: 6,64 A→ GV2-ME14 (para intensidades de 6 a10 A)

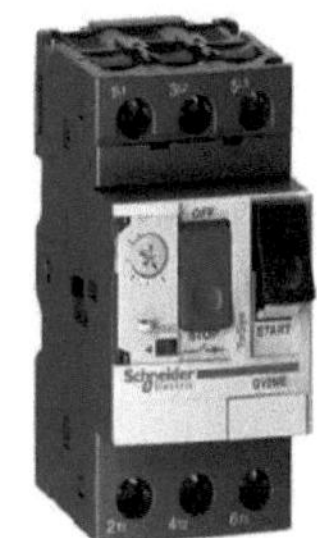

## Contactores

Para el arranque de los motores utilizaremos contactores ya que no existe ninguna exigencia de arranque en el ejemplo y los motores no son excesivamente grandes.

La ITC-BT 47 exige que para estos motores la punta de arranque no supere 3 veces la intensidad nominal en los motores pequeños y 2 veces en el grande, por lo que en un caso real sería conveniente comprobar este punto antes de elegir el tipo de arranque.

Siguiendo con el mismo catálogo:

- Motor 1: LC1-D18 (hasta 9 kW)
- Motores 2, 3 y 4: LC1-D09 (hasta 4 kW)

## Resto de elementos

Necesitamos, además, 4 setas de emergencia autoblocantes, 1 pulsador de marcha (normalmente abierto), 1 pulsador de paro (normalmente cerrado), 2 lámparas de señalización y diverso material como canaletas, bornas de conexión,etc.

Una vez elegidos todos los componentes debemos saber lo que ocupan para saber el tamaño del cuadro que los aloje.

## 4. Armarios y pupitres de mando

Los elementos de protección se alojan dentro de receptáculos adecuados para el fin que cumplen. Estos receptáculos se denominan **armarios de protección** o **envolventes**. También los elementos que controlan las máquinas van alojados en armarios similares que, por lo general, se designan como cuadros de control.

### Tipos de envolventes

Para cada aplicación existe un tipo de envolvente adecuado al uso que se va a dar. Debido a la gran variedad de envolventes existentes, las casas comerciales disponen de aplicaciones online o programas de configuración de las envolventes en función del uso y tamaño que se necesite.

Podemos realizar varios tipos de clasificaciones de las envolventes:

- Según el material de construcción:
  - **Metálico**: construido en chapa o acero soldado. Tienen forma de cofre como podemos ver en la figura.
  - **Aislante**: construido con poliéster reforzado con fibra de vidrio o con plásticos ABS o policarbonatos, son más económicos y ligeros.
- Según el modo de montaje:
  - **Cuadros monomodulares**: realizados en una sola unidad. Son envolventes de tamaño pequeño o mediano y no tienen posibilidad de expansión.
  - **Cuadros multimodulares**: similar al representado en la figura superior tiene como principal característica la posibilidad de ampliación y acoplamiento de otros módulos del mismo tipo

- **Cuadros enchufables**: utilizados como unidades extraíbles. Se pueden conectar o desconectar de otras unidades principales para realizar funciones especiales como mantenimientos, recopilación de datos a través de unidades externas informatizadas, etc.

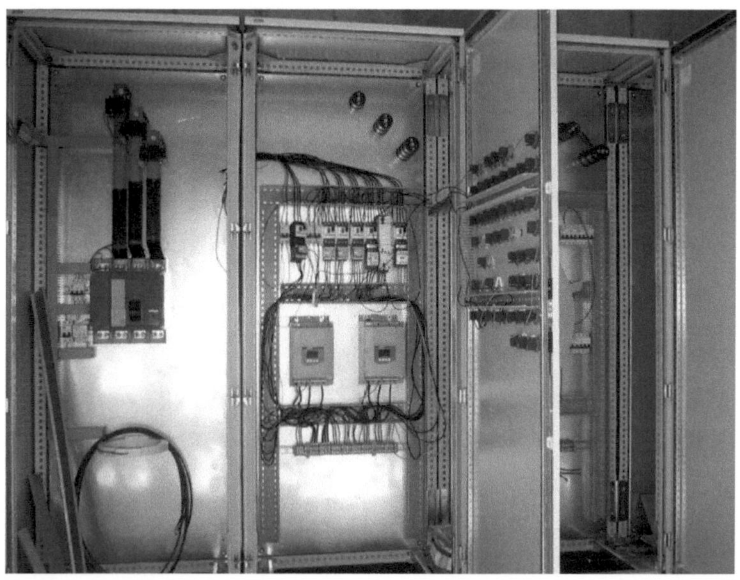

- Según la aplicación:

  - **Cuadros de distribución**: son los encargados de alojar las protecciones de una instalación. Estos cuadros en las instalaciones se subdividen desde el cuadro general a los de cada instalación particular siguiendo una estructura como la mostrada en la figura inferior.

  - **Cuadros de automatismos**: destinados a alojar los elementos de maniobra y protección que forman parte de un automatismo eléctrico, electrónico, neumático hidráulico. Son los que utilizaremos en los montajes de automatismos.

Además, los cuadros o envolventes disponen de diversos tipos de puertas: opacas o transparentes. Accesorios para la instalación de los elementos en el interior: carril para la sujeción de los componentes, canaletas para alojar el cable, cubrebornas, pasacables, etc.

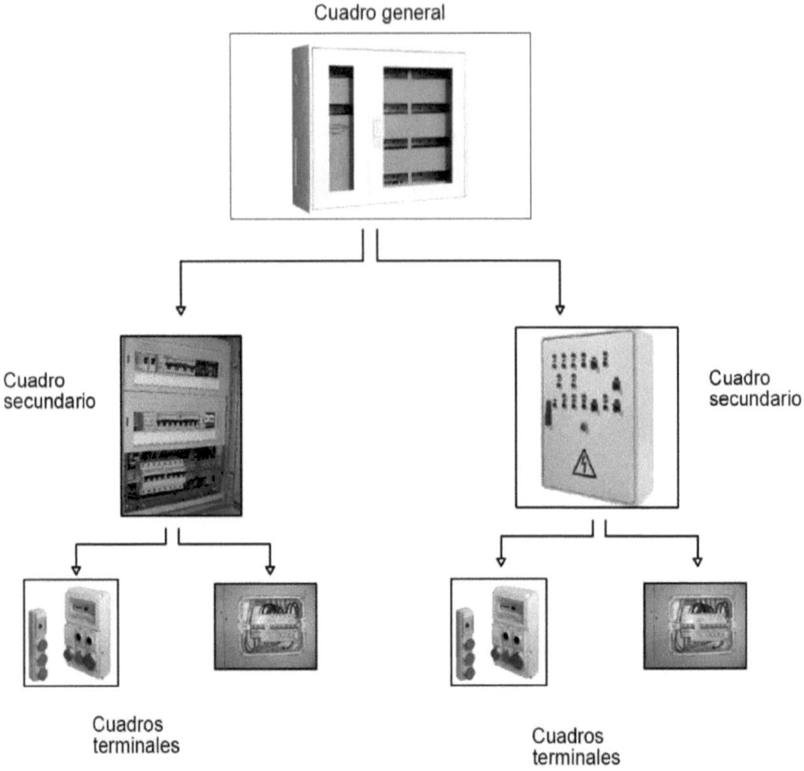

Cuadro general

Cuadro secundario

Cuadro secundario

Cuadros terminales

Cuadros terminales

## 5. Colocación de equipos y elementos

Una vez planificado el proceso se pasa a la fase de montaje o planificación. Nos vamos a centrar en un proceso de montaje de un cuadro eléctrico para automatismos industriales como corresponde al presente texto.

Para realizar el montaje de un cuadro para automatismos industriales podemos distinguir tres fases:

- Montaje del armario o envolvente

- Instalación de los equipos soportes
- Instalación de los equipos de automatización

## Montaje del armario o envolvente

Partimos de una envolvente para el montaje según las necesidades.

A excepción de las envolventes compactas o de pequeño tamaño, el resto necesita ser montado para poder albergar en su interior los elementos de la automatización.

Este proceso no es complejo, pero dependiendo del tamaño, el montaje deberán hacerlo entre dos o más operarios.

La envolvente consta de dos partes principales:

- Armadura. Debe tener una gran resistencia mecánica, especialmente en los más grandes, para soportar condiciones de esfuerzo extremas. Debe permitir la fijación del chasis en el que irán alojados los elementos eléctricos. A la armadura se fijarán las puertas y el revestimiento que podrá ser desmontado para facilitar el transporte.

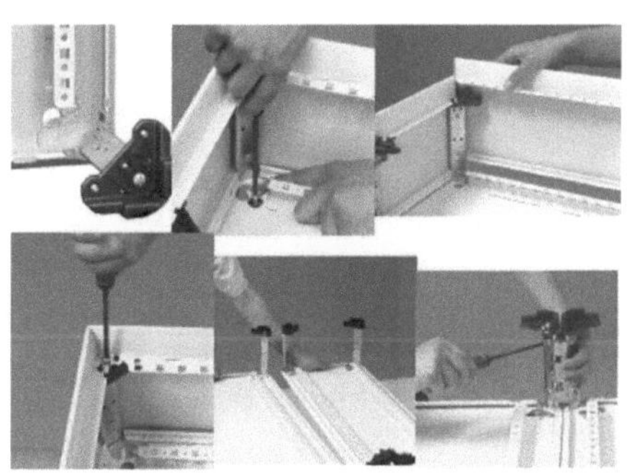

- Revestimiento. Lo forman los paneles, metálicos o plásticos, que cubren la armadura del cuadro. Como se ha dicho anteriormente, éstos pueden ser fijos o abatibles para facilitar el transporte y tareas de mantenimiento en el interior de la envolvente.

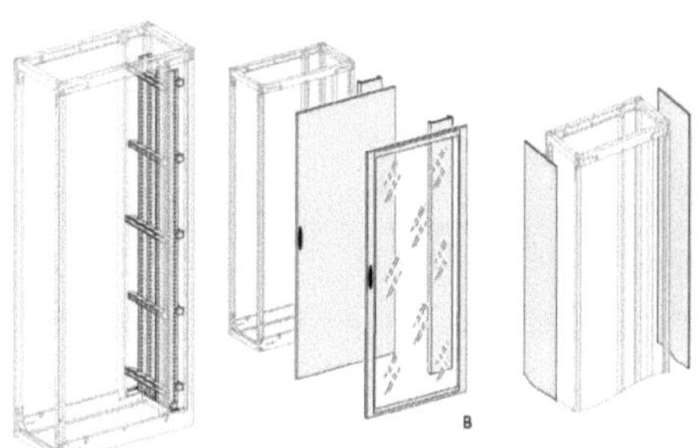


## Instalación de los equipos soportes

Para poder alojar en el interior del armario los equipos eléctricos hay que instalar, dentro de la estructura, diversos equipos soportes que pueden ser:

- Perfiles. Este soporte está realizado mediante pletina doblada y se utiliza para la fijación elementos eléctricos. Se fija en el fondo del armario, o en el chasis, con remaches, tornillos o piezas especiales.

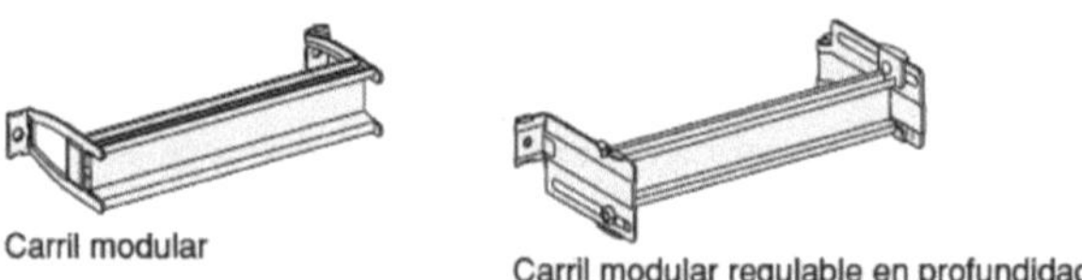

Carril modular

Carril modular regulable en profundidad

- Placas. Se utilizan como fondo en armarios para alojar elementos eléctricos. Pueden ser: placa lisa o perforada. Algunos fabricantes realizan placas especiales para alojar directamente aparatos eléctricos sin necesidad de mecanizado

Placa soporte perforada embutida. Placa soporte perforada plana.

- Regletero. Aquí se sitúan las regletas o bornes de conexión para conectar los equipos eléctricos que se encuentran instalados fuera del cuadro: sensores, actuadores, motores, etc. Se fijan en los mismos perfiles normalizados.

## Instalación de los equipos de automatización

La correcta situación de los equipos eléctricos que van a formar parte del cuadro de automatización deben preverse en la fase de diseño utilizando software adecuado. En la figura siguientevemos un plano de situación de los equipos a instalar en una envolvente.

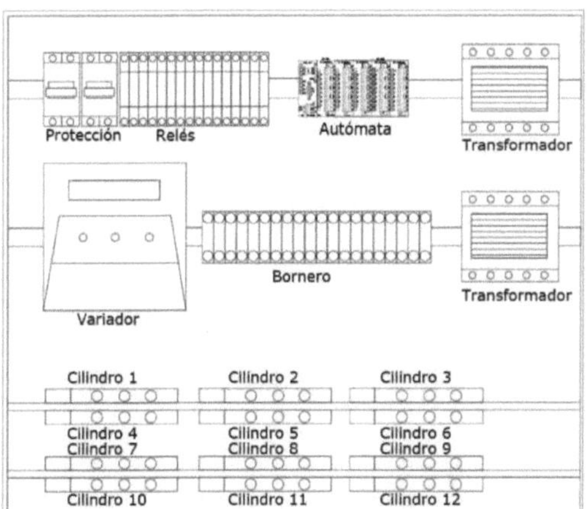


Antes de proceder a su instalación deben identificarse cada equipo y ser marcado con la misma numeración que aparece en el plano. A continuación, se sitúa el equipo en su lugar preparado y se marca en el esquema el equipo instalado.

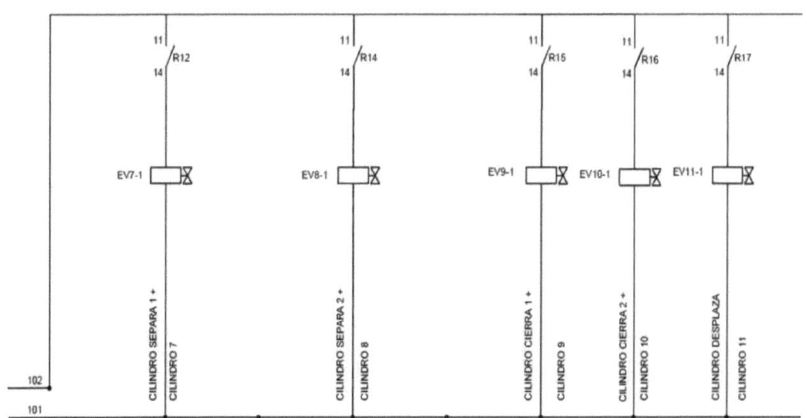

Para el conexionado de elementos seguiremos un proceso similar. Partiendo del esquema de cableado buscaremos en la envolvente con los elementos ya instalados el primer componente a cablear que aparezca en los esquemas.

Por ejemplo, en la figura siguiente vamos a cablear la Seta de emergencia que va desde la alimentación a la entrada E0.0 del autómata. Desde la salida de la alimentación hasta la seta de emergencia el cable es el número 100 y desde la seta a la entrada del autómata es el cable 103.

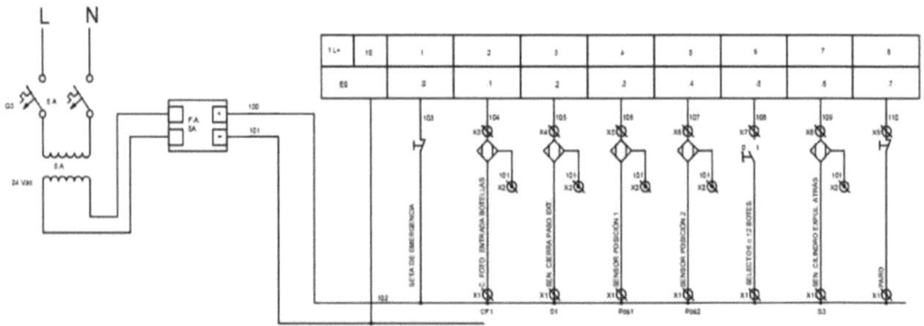


En un extremo del cable conectamos una puntera y el número de la forma que se ve en la figura.

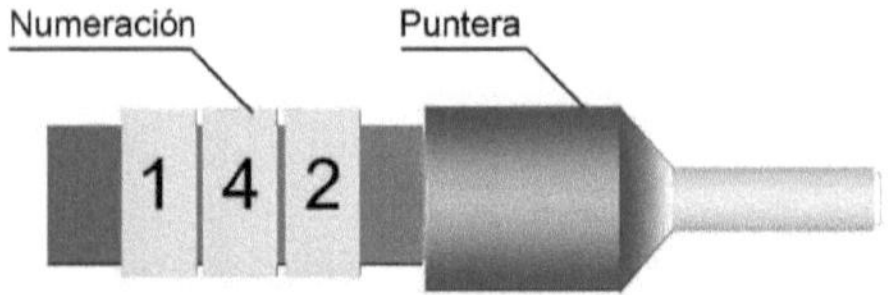


Buscamos la salida positiva de la fuente de alimentación y conectamos el extremo de cable preparado.

Pasamos el cable a través de las canaletas hasta llegar al terminal de la seta de emergencia. Cortamos el cable sobrante y colocamos la numeración y puntera. Marcamos el cable instalado en el plano como verificación de que ha sido instalado.

Las numeraciones deben estar siempre en los dos extremos del cable, así, con un simple vistazo podemos identificar cada cablería del cuadro por complejo que éste sea.

Vamos repitiendo en proceso hasta terminar los planos. Si todo el montaje se ha hecho siguiendo este método no tiene por qué haber fallos en la instalación.

En las figuras siguientes vemos un cuadro completamente cableado en el que se aprecian las punteras, numeración de cables y la perfecta situación de cada elemento y cablería.

## 6. Ejemplos propuestos

### Ejemplo 1:

Se propone realizar el siguiente ejemplo.

En un determinado proceso industrial, un producto llega a un tromel para ser cocido durante un tiempo. El llenado se produce después de recibir la señal de "marcha" el sistema con el siguiente detalle:

- Se abre la compuerta superior del tromel para que entre el producto.
- En este mismo instante se pone en marcha el motor del tromel.
- Al cabo de 30 segundos se cierra la compuerta superior y comienza el proceso de cocción (la temperatura del tromel se supone controlada de forma independiente). Este proceso dura 20 minutos.
- Pasado el tiempo se abre la compuerta inferior.
- Al caer el producto es detectado por la fotocélula inferior que pone en marcha la cinta para transportar el producto.
- Cuando la fotocélula deje de detectar producto seguirá funcionando durante 30

segundos más.

- Después de este tiempo se parará la cinta, se cierra la compuerta inferior y se para el tromel. El sistema queda listo para un nuevo proceso.

Las características eléctricas son:

- Potencia del motor del trómel: 50 CV
- Potencia del motor de la cinta transportadora: 12 CV
- Distancia máxima desde los motores al cuadro de control 30 m y 20 m la línea general de alimentación al cuadro.

Realizar los cálculos necesarios para dimensionar los elementos necesarios para realizar el proceso.

En las siguientes figuras vemos el detalle del proceso y de las conexiones.

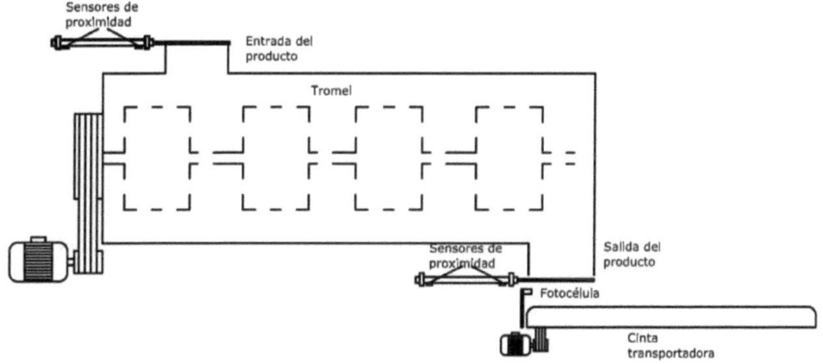


Los cilindros neumáticos que abren y cierran las compuertas superior e inferior disponen de dos sensores de proximidad, de tipo inductivo, en los extremos del cilindro que detectarán cuándo el cilindro está abierto o cerrado. Estos sensores suelen ser de dos o tres hilos, el caso más común es de tres hilos que se conectarán como muestra la figura:

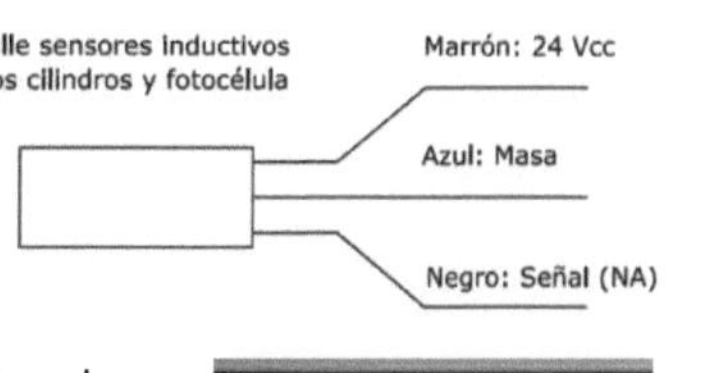

Las señales de los sensores inductivos irán conectadas a las bornas del regletero del cuadro, ya que todas las conexiones de los elementos que se encuentran fuera del cuadro deben conectarse a través de bornas:

Para el accionamiento de los cilindros se utilizarán electroválvulas 4/2 ó 5/2 de tipo biestable o monoestable (ver guras inferiores):

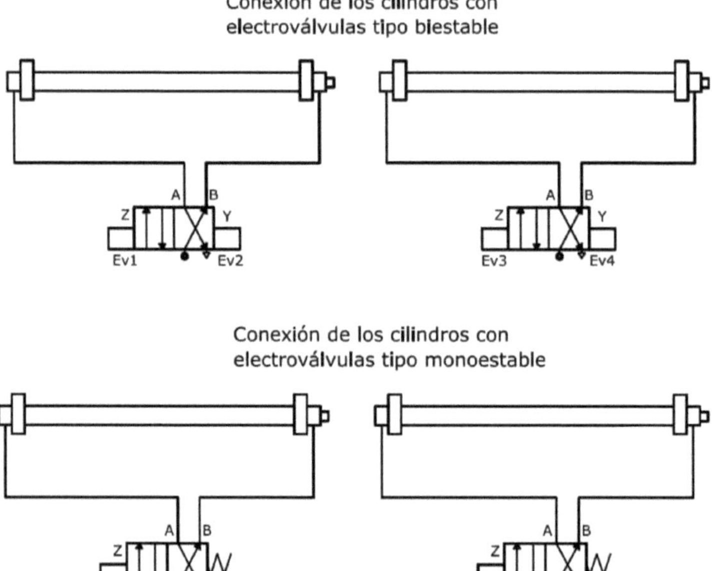


El caso más común es mediante electroválvulas monoestables, ya que así nos ahorramos una salida del PLC por accionamiento; en nuestro caso nos ahorraríamos 2. De igual forma también nos podemos ahorrar dos sensores inductivos ya que sólo es necesario comprobar cuándo el cilindro está en la posición de trabajo ya que la posición de reposo la recuperará, forzado por el muelle, cuando deje de haber tensión en la electroválvula.

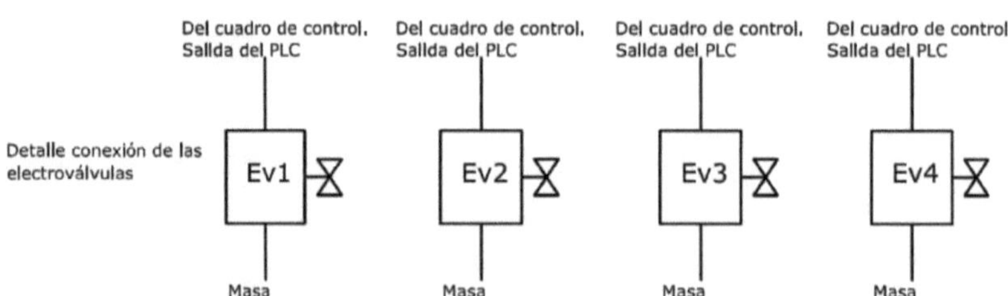

En la figura anterior vemos el detalle de conexión de las electroválvulas. La alimentación le llegaría desde la salida correspondiente del PLC y conectaríamos a masa el otro extremo. Como están situadas fuera del cuadro se haría la conexión a través del regletero, quedando de forma similar a la figura inferior:

Cuadro eléctrico del PLC

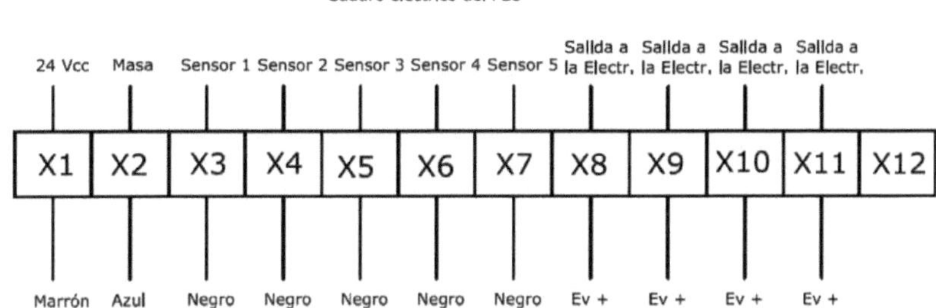


Conexión de la zona del tromel

El esquema para el cuadro podría ser como el de la figura:

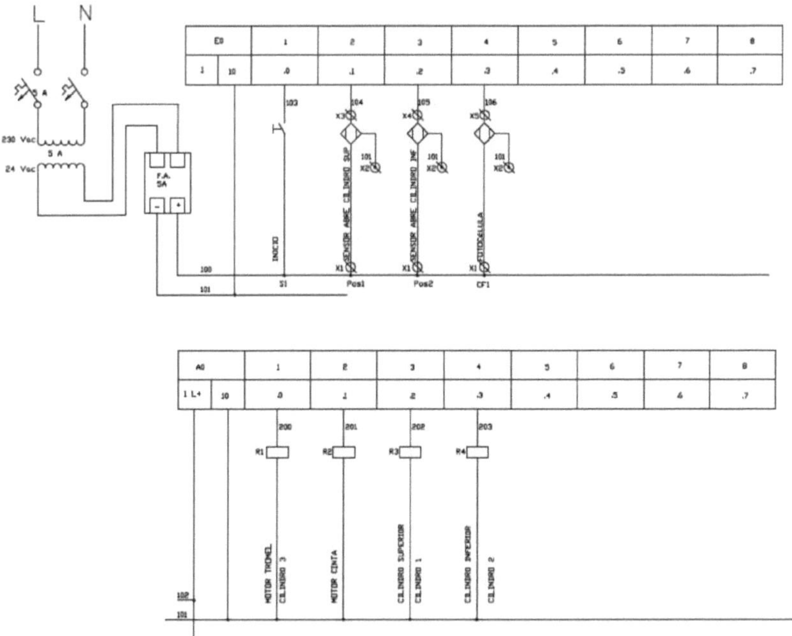

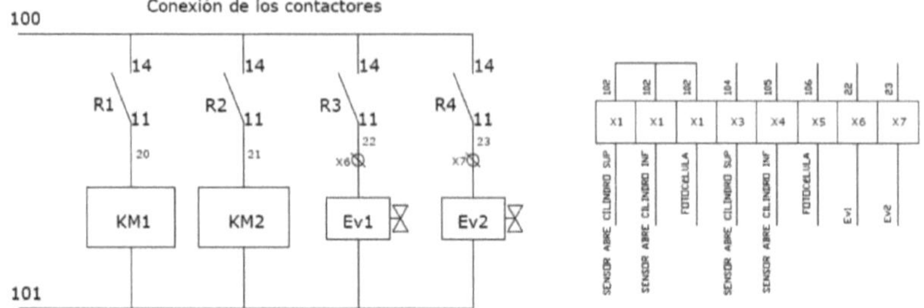


Se deja como ejercicio al lector realizar el programa de funcionamiento.

## Ejemplo 2:

En este automatismos se han de poner en marcha tres cintas transportadoras como las de la figura, para llenar un depósito o u camión. El proceso de arranque comenzará por la cinta 3 y cada 3 segundos arrancará la anterior. La parada comenzará por la cinta 1 y cada 3 segundos parará la siguiente.

Disponemos de una seta de emergencia que detendrá todo el proceso y de relés térmicos que, en caso de disparo, detendrán las cintas anteriores como medida de precaución.

La potencia de los motores de las cintas es de 5CV y la distancia hasta el cuadro de control es de 20 m. Diseña el automatismo completo.

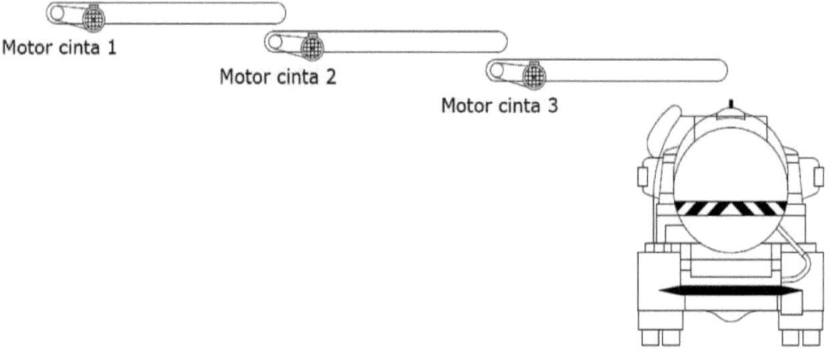

# TEMA 7: HMI EN EL TIA PORTAL

## HMI - Human Machine Interface

Un sistema HMI constituye la interfaz entre el usuario y el proceso. El desarrollo del proceso es controlado básicamente por el controlador. Por medio de un panel de operador el usuario tiene la posibilidad de observar el proceso o de intervenir en él.

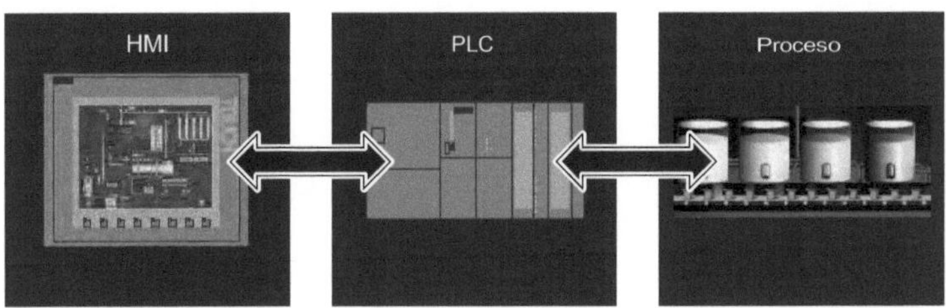


Para manejar y observar máquinas e instalaciones existen las posibilidades siguientes, entre otras:

- Visualizar procesos
- Manejar procesos
- Emitir avisos
- Administrar parámetros de proceso y recetas

## Crear un panel de operador con imagen HMI

Los pasos siguientes muestran cómo crear un panel de operador nuevo y elaborar una plantilla para la imagen HMI.

Antes de comenzar debemos asegurarnos que hemos credo un programa para el PLC y que funciona correctamente.

## Inicio del programa

Para realizar este ejemplo vamos a partir de un programa previamente introducido en el autómata que realizaremos en el TIA Portal siguiendo las pautas ya estudiadas:

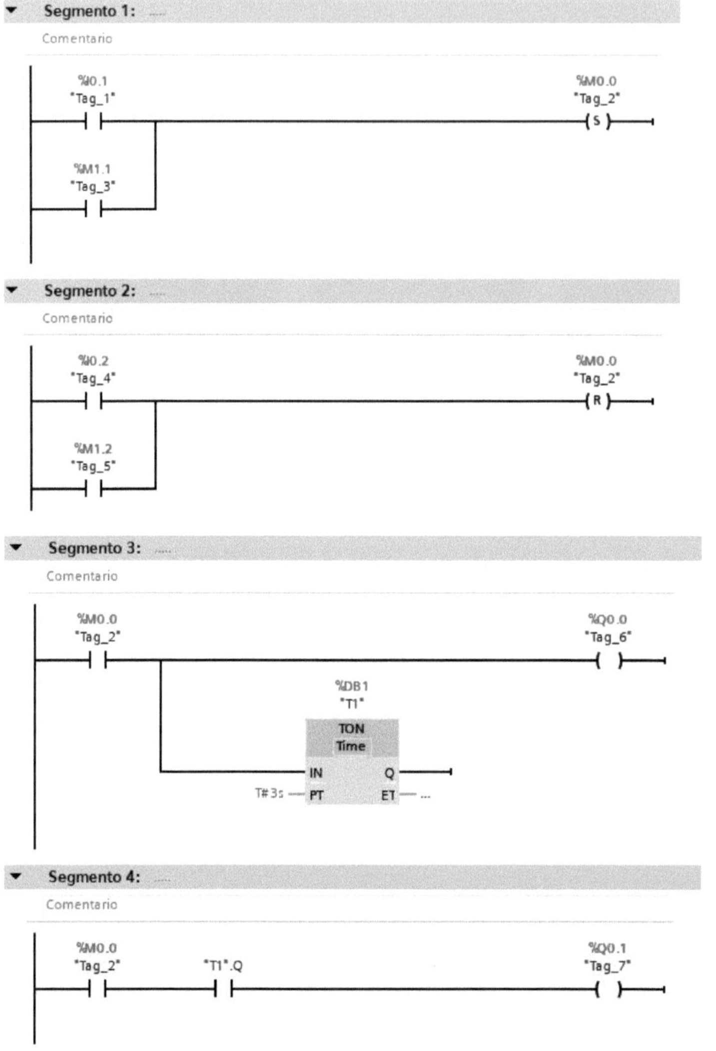


En el programa expuesto, la entrada I0.1 activa la marca que pone el marcha la salida Q0.0 y después de un tiempo, Q0.1. Con la entrada I0.2 se para el proceso.

Las marcas M1.1 y M1.2 las utilizaremos en el WinCC para controlar el proceso desde la pantalla del PC.

Volvemos Al TIA Portal y añadimos la pantalla para iniciar la simulación en el Scada.

Pasamos a **Vista de proyecto** y comenzamos agregando un operador nuevo.

## Agregar un panel de operador nuevo

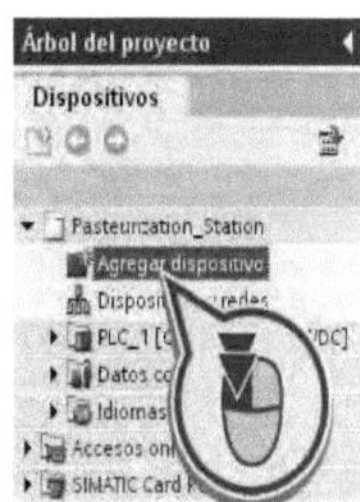


Para agregar un panel de operador, procedemos del siguiente modo:

- Insertamos un dispositivo nuevo desde el árbol del proyecto.
- Le asignamos un nombre y seleccionamos un panel de operador. Vamos a dejar activada la casilla de verificación **Iniciar el asistente de dispositivos**.

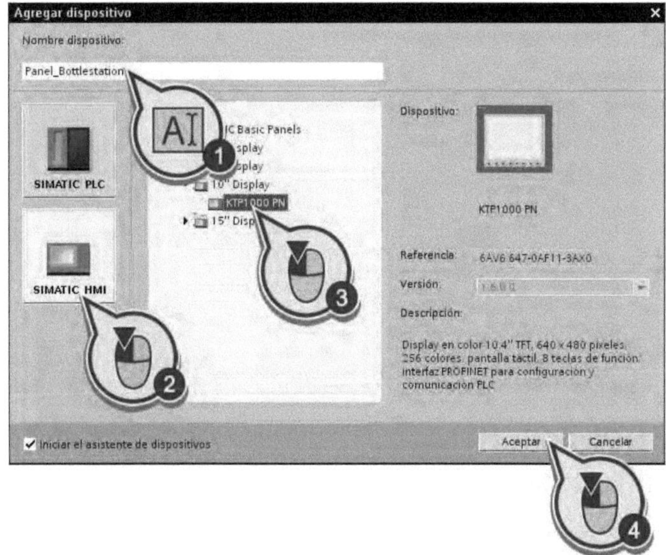


## Crear una plantilla para una imagen HMI

Después de crear un panel de operador, se abre el asistente para paneles de operador. El asistente para paneles de operador se abre con el cuadro de diálogo **Conexiones de PLC**.

Para crear una plantilla para la imagen HMI, procederemos del siguiente modo:

- Configuramos la conexión con el autómata.

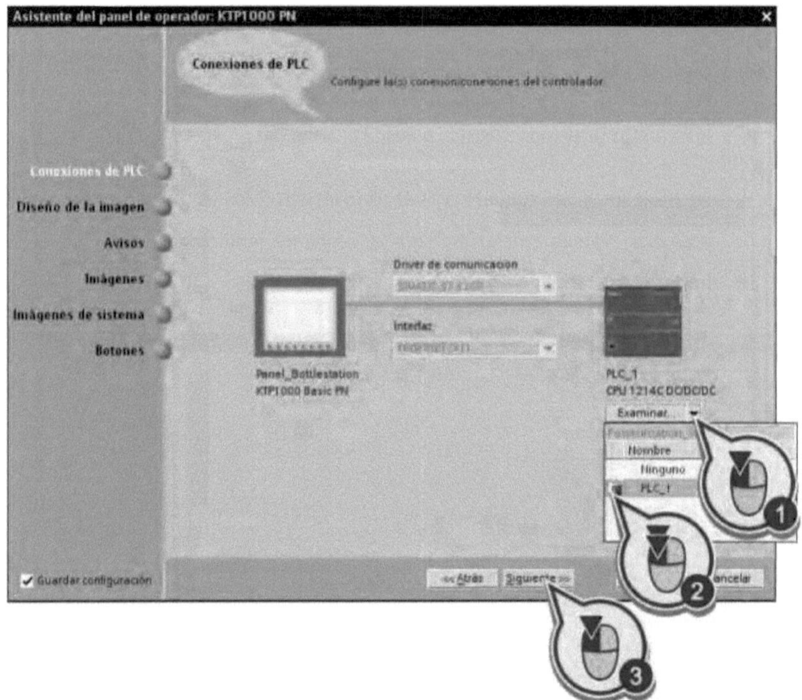


También es posible crear la conexión entre el panel de operador y el controlador desde **Dispositivos y redes**. Si la conexión se configura en este cuadro de diálogo, se crea automáticamente.

En **Diseño de la imagen** podemos seleccionar el color de fondo de la plantilla y los elementos del encabezado.

Los ajustes realizados aquí para representar la imagen pueden modificarse más adelante en la plantilla de la imagen HMI.

- Desactivamos los avisos, pues no son necesarios para el proyecto de ejemplo.

Si los avisos se activan desde el asistente para paneles de operador, es posible visualizar avisos en el panel de operador. Las ventanas de aviso que se elaboren aquí se crearán en la imagen general bajo **Administración de imágenes**. Así, por ejemplo, los avisos se utilizan para que el panel de operador visualice advertencias en caso de rebase de un valor límite. Los avisos pueden complementarse con cualquier información adicional, por ejemplo, para facilitar la localización de averías en el sistema. Básicamente se distingue entre avisos personalizados y avisos de sistema:

- Los avisos personalizados sirven para vigilar el proceso de la instalación.
- Los avisos de sistema se importan al proyecto y contienen información sobre el estado del panel de operador utilizado.

Cambiamos el nombre de la imagen en la que se crearán posteriormente los elementos gráficos por "HMI".

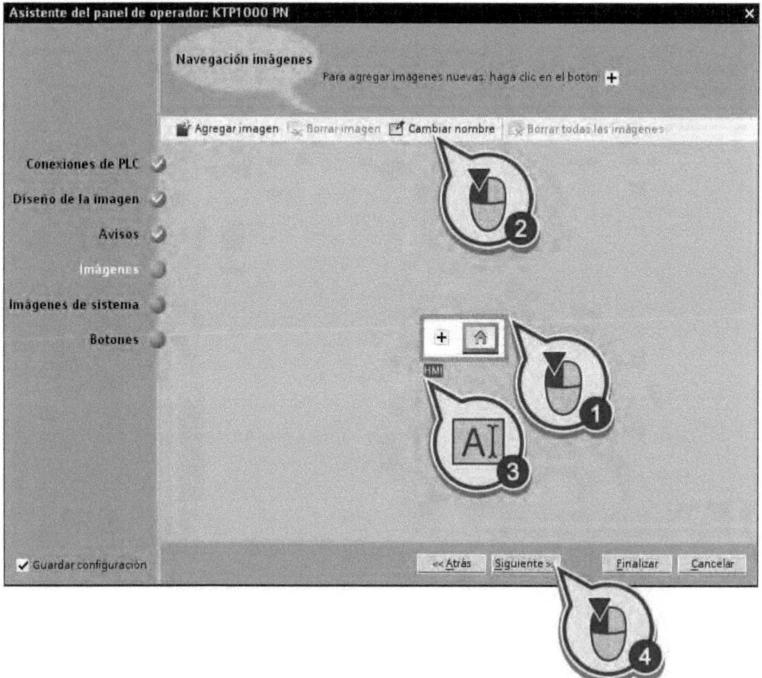


Este cuadro de diálogo permite crear varias imágenes en proyectos más amplios y elaborar una navegación de imágenes. Para navegar entre las imágenes se crean botones automáticamente.

Las **imágenes de sistema** permiten crear información del proyecto, del sistema y de servicio, así como la administración de usuarios, en forma de imágenes HMI. Los botones para navegar entre la imagen inicial y las imágenes de sistema se crean automáticamente, igual que en la navegación de imágenes.

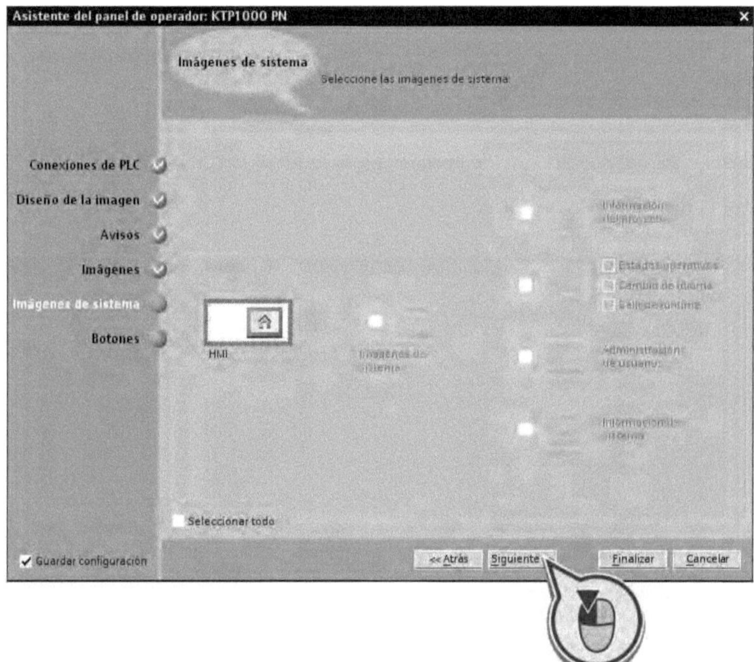


- Desactivamos las imágenes de sistema, pues no son necesarias para el proyecto de ejemplo.

- Por último, activamos el área inferior de **botones** e insertamos el botón de sistema "Salir". Con este botón de sistema se finaliza el runtime.

Guardamos el proyecto pulsando el botón **Guardar proyecto** de la barra de herramientas.

Se ha creado un panel de operador en el proyecto y se ha elaborado una plantilla para la imagen HMI. La imagen HMI creada se visualiza en el editor de la vista del proyecto.

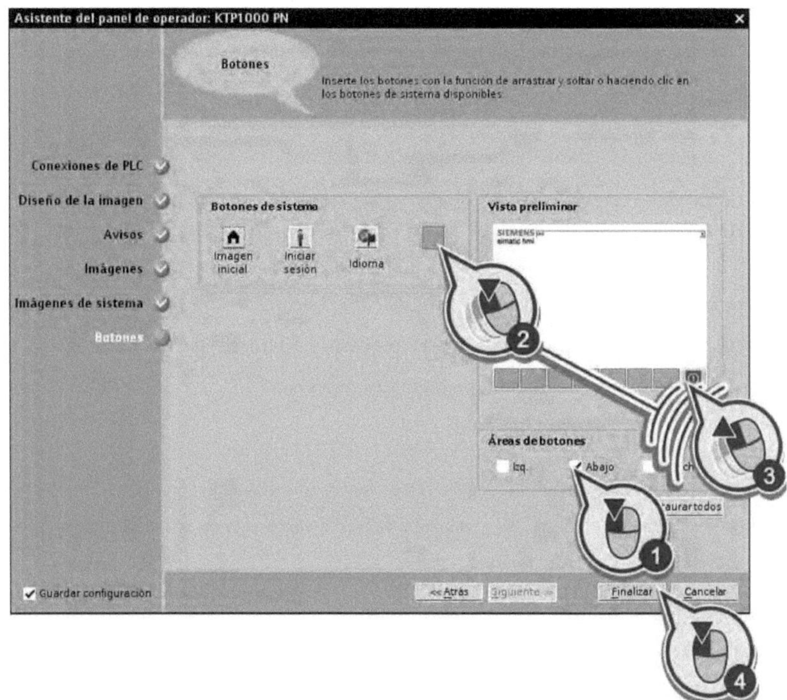


En el apartado siguiente se crearán objetos en la imagen HMI para visualizar los procesos programados.

## Objetos gráficos

El TIA Portal permite crear imágenes para manejar y observar máquinas e instalaciones. Para crear imágenes se dispone de objetos predefinidos que permiten reproducir la instalación, visualizar los distintos procesos y preseleccionar valores de proceso. Las funciones del panel de operador determinan la representación del proyecto en HMI y el volumen de funciones de los objetos gráficos.

Los objetos gráficos son todos los elementos que se utilizan para representar el proyecto en HMI. Entre ellos se incluyen, por ejemplo, textos, botones, diagramas o gráficos para representar unidades de proceso.

Los objetos gráficos pueden representarse estáticamente o utilizarse como objetos dinámicos mediante el uso de variables:

Los objetos estáticos no cambian en runtime. Los objetos dinámicos van cambiando a medida que se desarrolla el proceso. Los valores de proceso actuales se visualizan mediante:

- Variables PLC desde la memoria del controlador
- Variables internas desde la memoria del panel de operador en forma de indicadores alfanuméricos, curvas y barras

Los objetos dinámicos incluyen también campos de entrada en el panel de operador, con el fin de intercambiar valores de proceso y entradas de operador entre el controlador y el panel de operador a través de variables.

## Objetos gráficos "leds"

Vamos a crear los objetos que se modificarán en función del estado del programa. En principio vamos a insertar dos círculos que cambiarán de rojo a verde cuando las salidas Q0.0 y Q0.1 cambien de 0 a 1 lógico.

En el menú **Herramientas** cogemos **Círculo** y lo llevamos a la pantalla central (no es necesario arrastrar, basta con pinchar encima del icono y después en la pantalla central). Abrimos un poco el círculo hasta que tenga el tamaño que deseemos.

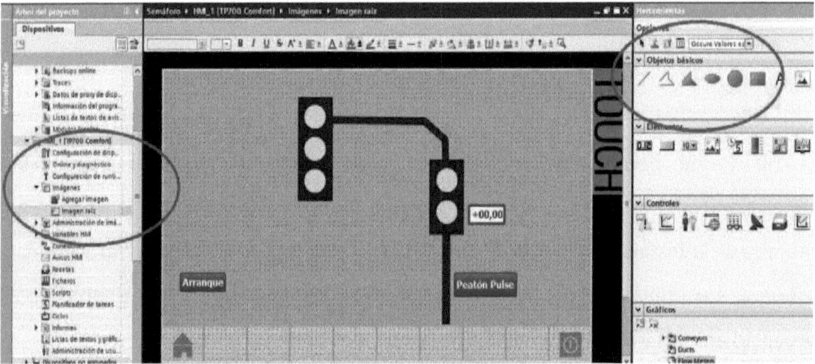


En esta posición, si miramos a la zona inferior (**Propiedades**) veremos que en esta zona aparece como objeto seleccionado el círculo que estamos creando.

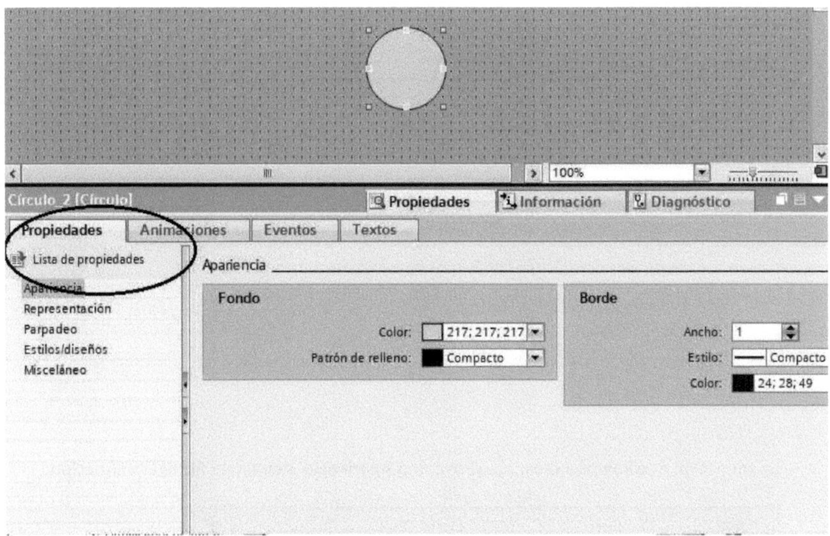


Nos aseguramos que el círculo aparece con los 8 puntos azules alrededor indicando que éste es el objeto sobre el que vamos a modificar sus propiedades. En caso contrario podríamos cambiar las propiedades de otro objeto o de la pantalla principal.

Para poder seguir correctamente la explicación nos aseguramos, también, que debajo de **Propiedades** (marcado con un círculo en la figura anterior) aparece la palabra **Lista de propiedades**. Si apareciera la palabra **Páginas de propiedades** pinchamos encima de esta palabra. Este otro formato no va a coincidir con las imágenes de la explicación que estamos detallando.

Pues bien, en las propiedades pinchamos en **Animaciones** (pestaña a la derecha de Propiedades, en círculo en la figura anterior) y vamos a configurar las propiedades que queramos que tenga en función del valor de la variable Q 0.0.

Los objetos que estamos colocando en la pantalla hacen referencia a salidas del programa, por lo tanto, en estos casos, vamos a trabajar modificando sus propiedades, es decir, color, parpadeo, posición o visibilidad.

Con los objetos que trabajaremos más tarde, que actuarán sobre señales de entrada, crearemos eventos que modificarán el estado de funcionamiento del programa en el PLC.

Continuemos con las animaciones para este objeto. Pinchamos en **Dinamizar colores y parpadeo** (donde está la estrella amarilla):

P

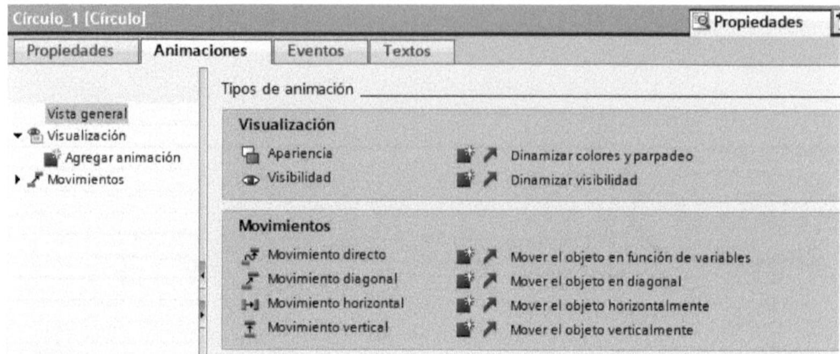


La animación que vamos a crear aparece como **Apariencia**, debajo de **Agregar animación**:

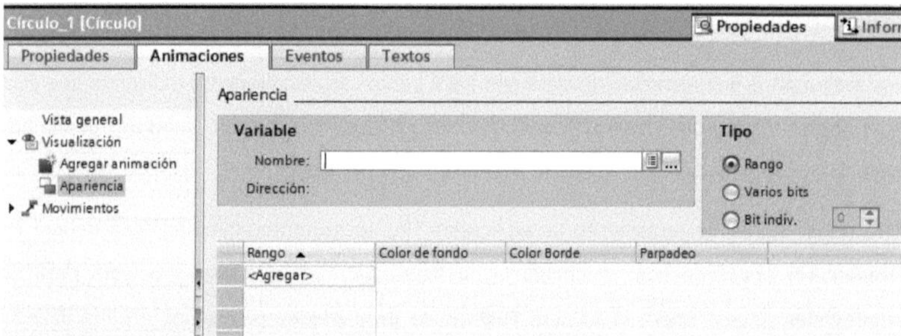


En la casilla del **Nombre** pinchamos en los tres puntos seguidos para asignar una variable del PLC y buscamos la variable Q0.0.

Una vez asignada la variable, en la parte inferior del recuadro pinchamos en **Agregar** y elegimos los colores para el fondo que tendrá el objeto cuando esté en 0 y en 1. El color del borde lo podemos dejar como está. Pondremos el color **rojo** cuando está la variable en **0** y en **verde** cuando está la variable en **1**. En ambos casos vamos a dejar la propiedad **Parpadeo** como **No** en ambos estados:

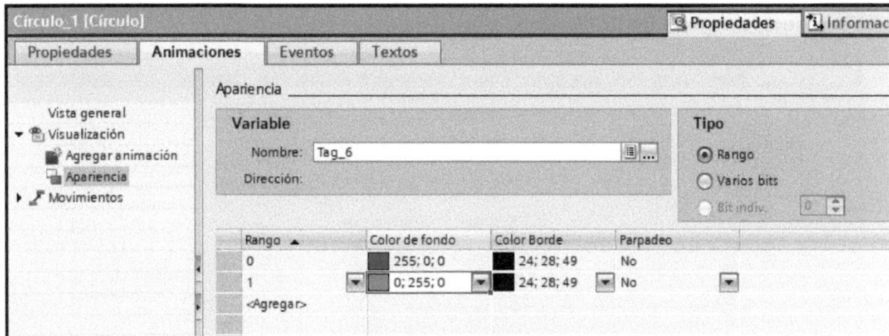


Para crear el siguiente objeto simplemente copiamos y pegamos el creado y, además, cambiamos la variable a la Q0.1 (Tag_7, en este ejemplo), el resto quedará igual:

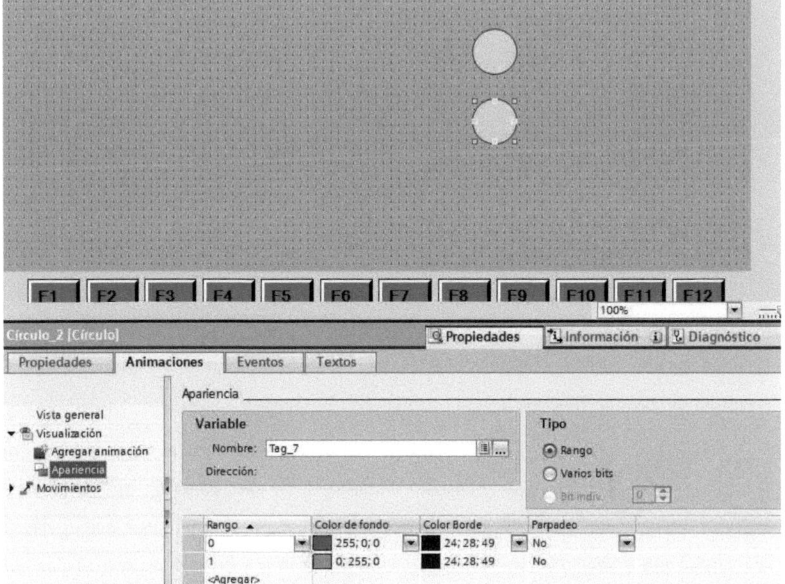

## Probando el programa

Vamos a realizar una primera prueba de funcionamiento. Si tenemos la pantalla HMI conectada físicamente seguimos los pasos que hacemos para transmitir a cualquier PLC. Pulsamos en el icono de cargar en dispositivo:

Y seguimos la carga de forma habitual

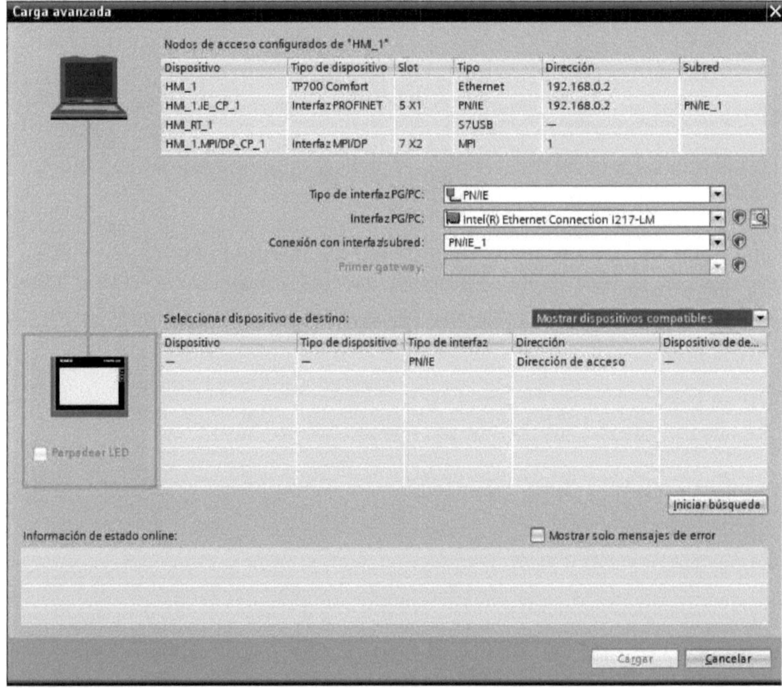


También podemos utilizar el simulador incluido. Para ello pulsamos en el icono que inicia el simulador del HMI: El "Runtime".

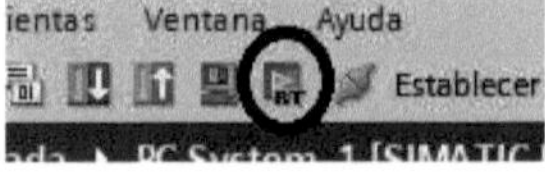


Tras unos breves instantes se inicia el funcionamiento de nuestra simulación en la pantalla del ordenador. Apareciendo, primero, los dos círculos que hemos creado con fondo rojo y seguidamente se pondrán en verde indicando que las dos salidas que representan están activas:

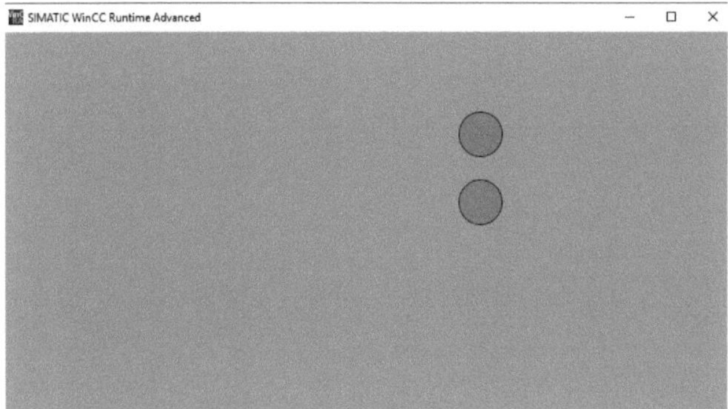


Nuestra primera prueba está terminada. Ahora insertamos nuevos objetos.

## Insertando un botón

El siguiente objeto a instalar va a ser un botón con el que vamos a interactuar con el programa del PLC desde la pantalla del HMI iniciando el proceso.

Como no podemos activar físicamente una entrada del PLC lo que sí podemos activar son marcas, para ello en el primer segmento del programa hemos colocado en paralelo con la entrada I0.1 la marca M1.1 (ver listado del programa al principio del tema) y ésta va a ser la marca que vamos a activar desde el HMI

Los botones están en la zona **Herramientas.** Pinchamos sobre el icono botón en **Elementos** y nos trasladamos a la pantalla. Aquí dibujamos un botón de un tamaño adecuado, como el que se puede ver en la figura siguiente.

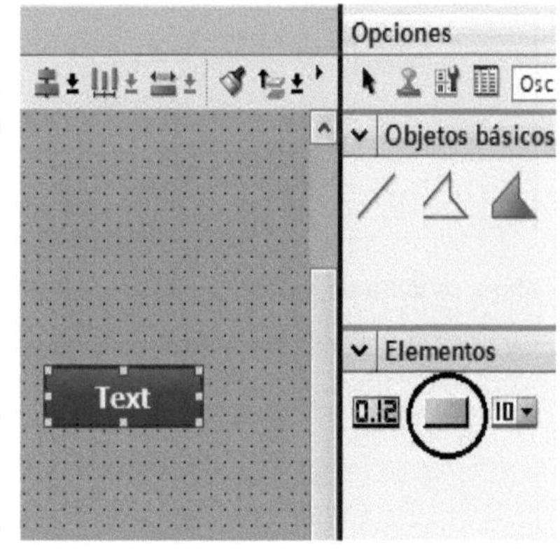


A este botón vamos a asignarle una serie de propiedades, comenzando por el nombre, que es la primera propiedad activa que aparece en la zona inferior de la pantalla. Aquí cambiamos el nombre por defecto por el de "Marcha":

En esta zona inferior, con el botón que hemos creado activo (observar los ocho puntos azules) en **Propiedades** vamos a **General** y cambiamos el nombre del objeto, que aparece como Text por el nombre de Marcha:

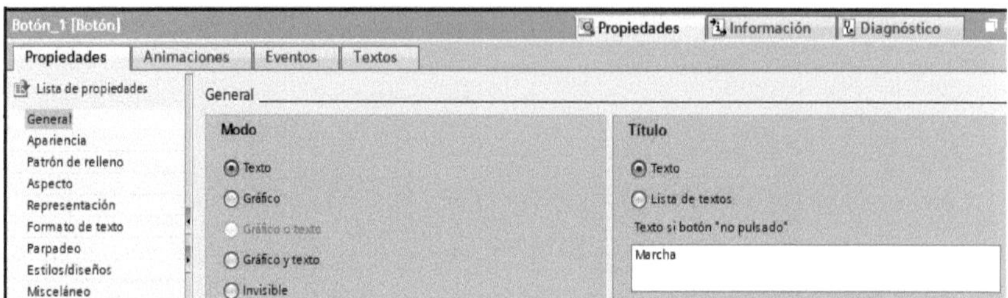


Ahora pinchamos en la pestaña **Eventos**, ya que va a realizar una función en el programa del PLC. Vamos a crear un evento que ponga a 1 la variable sobre la que va a actuar mientras hacemos clic sobre el botón con el ratón.

Desplegamos en **Pulsar** y buscamos la acción que va a hacer al pulsar sobre el botón. En la zona de la derecha buscamos **Procesamiento de bits** y aquí **ActivarBit**, como muestra la figura:

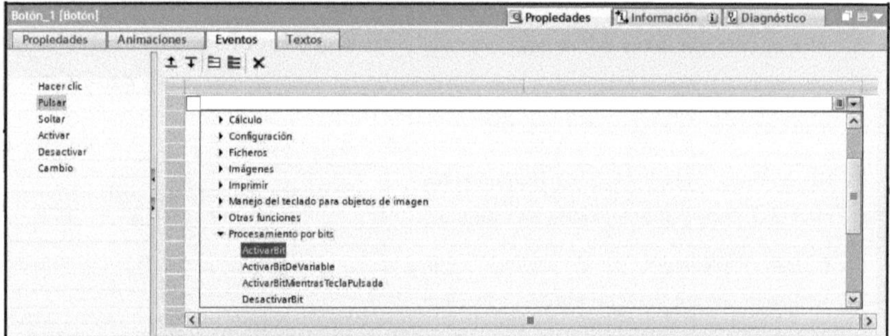


Ahora se pulsa en los tres puntos suspensivos de la zona rosa y buscamos las variables PLC para elegir la variable que debe ser activada. La que nos interesa es la variable M1.1.

Haciendo click queda definida:

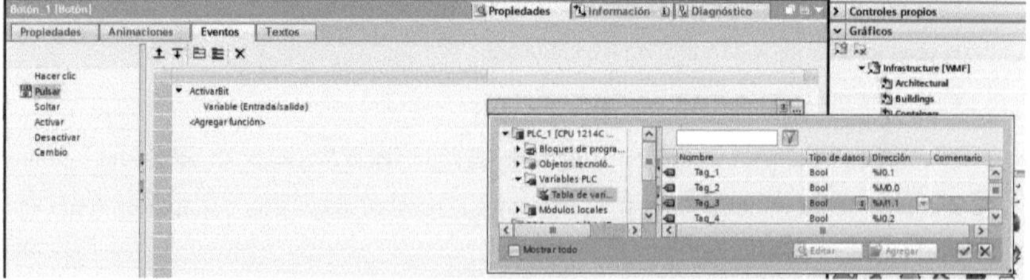

Debemos decir, también, qué debe hacer el programa al soltar el ratón, por lo tanto, repetimos prácticamente el proceso anterior, pero con la diferencia que, ahora, decimos que queremos **DesactivarBit**, que será la misma variable.

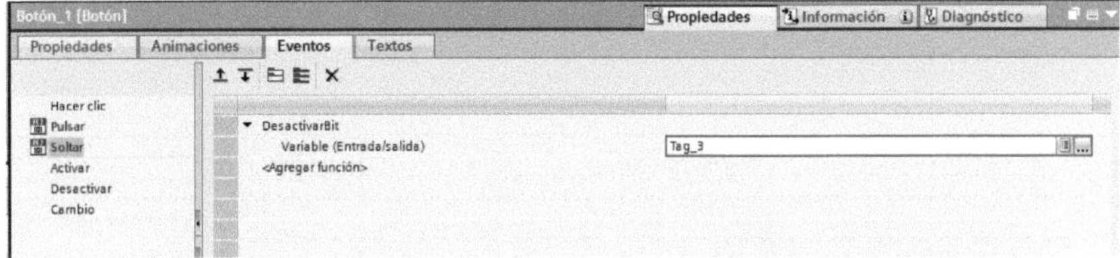


Es decir, y aunque parezca una redundancia, hay que decir al programa que al pulsar el botón se activa el bit M1.1, pero al soltarlo, este bit debe volver a desactivarse. Si no se especificase (los ordenadores son tontos) el bit quedaría activado durante todo el proceso y esto provocaría errores de funcionamiento.

Podríamos haber utilizado el evento **Hacer clic**, en este caso buscaríamos en **Procesamiento por bits** el evento **InvertirBit** y conseguiríamos que el botón funcionara como un interruptor.

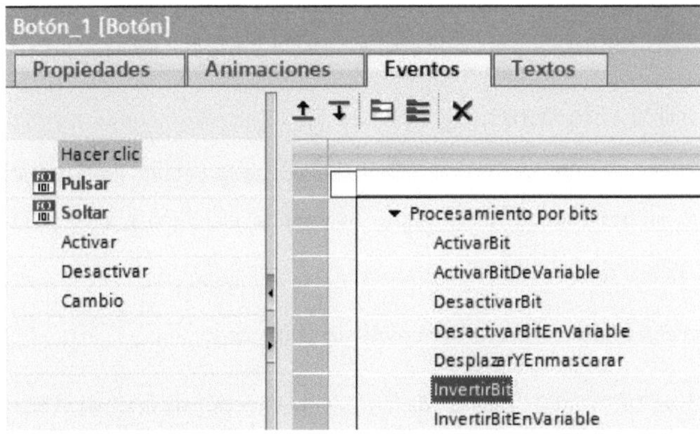


Aunque para esta función también podemos utilizar el objeto Interruptor (sombreado en la figura siguiente):

Si todo está bien configurado probamos nuevamente el funcionamiento. Paramos y arrancamos el programa en el PLC para asegurarnos que las salidas Q0.0 y Q0.1 se apagan y arrancamos el scada sin tocar el PLC. Una vez estabilizado el scada queda la pantalla inicial siguiente:

Con el ratón pulsamos sobre el botón de "Marcha" y el programa debe iniciarse:

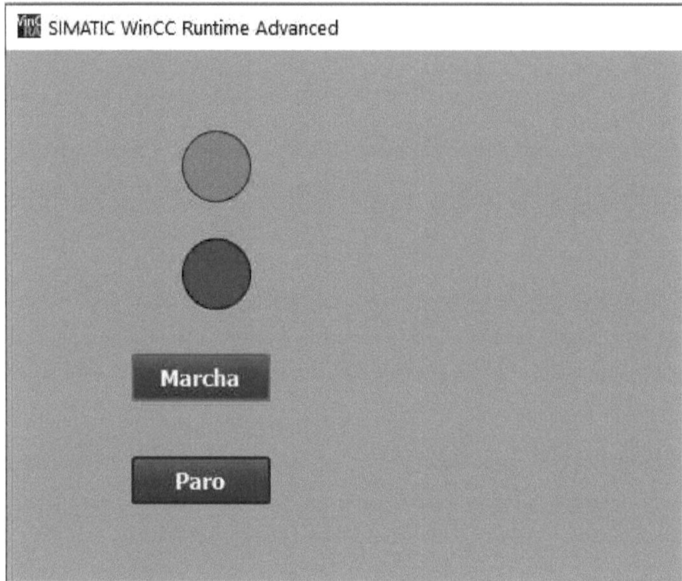


## Objeto gráfico "Cinta transportadora"

Los pasos siguientes muestran cómo crear un enlace con una carpeta de gráficos para importar objetos gráficos. Mediante el enlace se importa el objeto gráfico "Cinta transportadora" (Conveyor.Simple.wmf).

Para importar un objeto gráfico, procederemos de siguiente modo:

Copiamos el archivo ZIP "WinCC Graphics" de la siguiente dirección de Internet al disco duro local y extraemos el archivo.

http://support.automation.siemens.com/WW/view/es/40263542 Hacemos clic en el símbolo "Información" para ver los archivos ZIP.

- Abrimos la paleta "Gráficos" de la Task Card "Herramientas" y creamos un enlace nuevo.

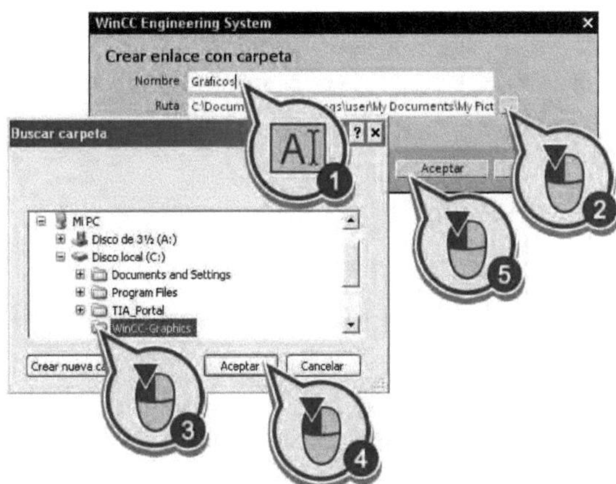


- Asignamos un nombre al enlace y seleccionamos la carpeta previamente extraída "WinCC Graphics".

- Debajo del enlace que acaba de crearse se muestran dos gráficos.

- Desactivamos la opción "Iconos grandes".
- Colocamos el objeto gráfico "ConveyorSimple.wmf" en la imagen HMI.
- Escalamos el objeto gráfico.

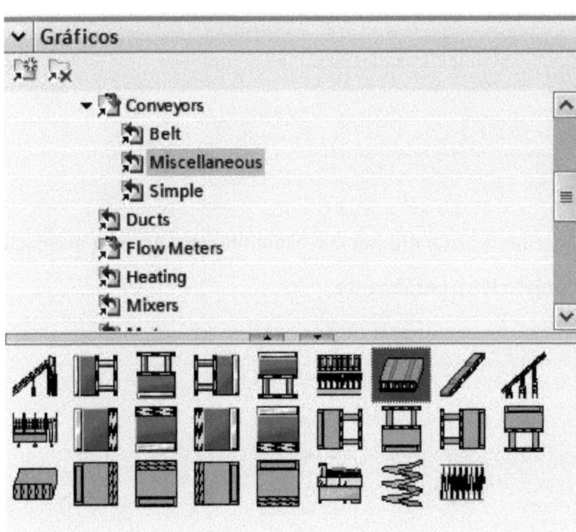


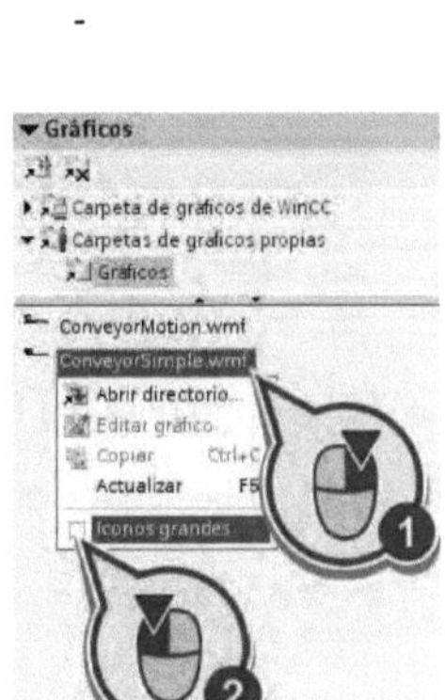

El objeto gráfico estático "Cinta transportadora" se ha copiado en el proyecto. Si movemos o borramos la carpeta "WinCC Graphics", sólo se pierde el enlace. El objeto gráfico permanece en el proyecto.

## Objeto gráfico "Botella" con simulación de movimiento

Vamos a incluir otro objeto gráfico, que será una botella, al que vamos a darle una animación.

Buscamos la imagen de una botella dentro de la carpeta Food y la situamos encima de la cinta transportadora. Escalamos para que tenga el tamaño adecuado.

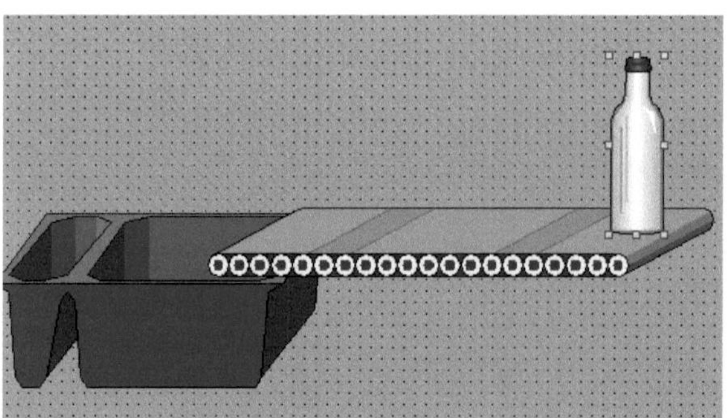

En las propiedades de la botella vamos a **Animación, Movimientos, Agregar animación** y pinchamos en **Mover el objeto horizontalmente.**

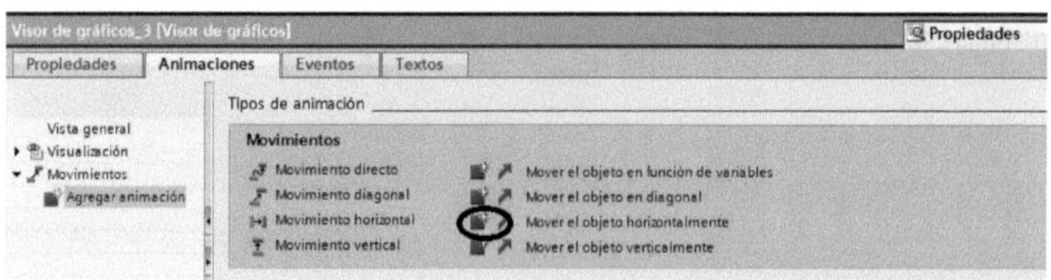

Modificamos la posición final de la botella, bien arrastrando y bien cambiando la coordenada **x** de la **Posición de destino** y el **Rango de la variable** irá de **0 a 10** en este caso:

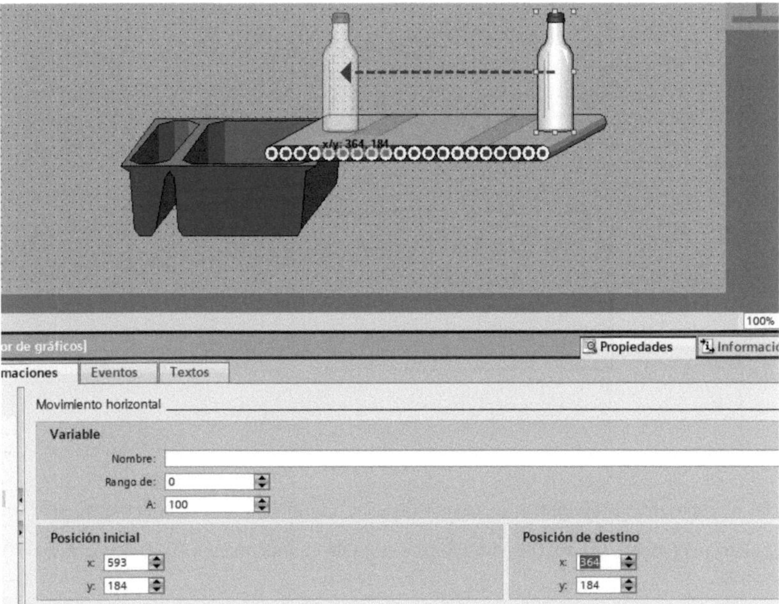


La variable con la que va a desplazarse la vamos a definir en el programa del PLC. Consiste en una variable que irá modificando su valor desde 0 a 10 cada cierto tiempo. Ese tiempo lo definiremos con una **marca de ciclo**, por ejemplo, la MB2. En la primera línea del programa ponemos la variable MW10 a 0 y cuando el programa esté funcionando vamos incrementando la variable MW 10 de 0 a 10, como vemos en los siguientes segmentos que hemos modificado respecto del programa inicial:

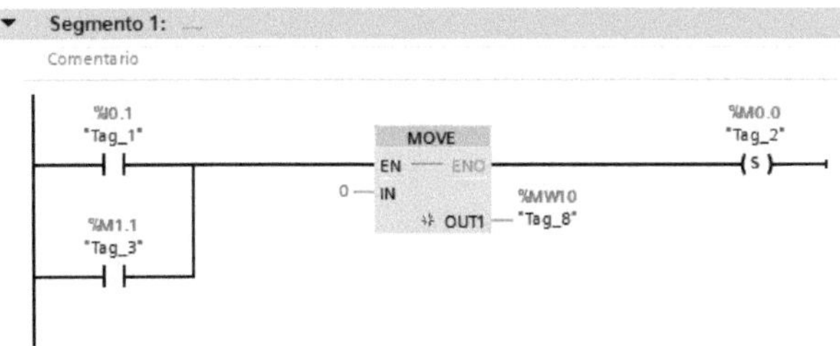

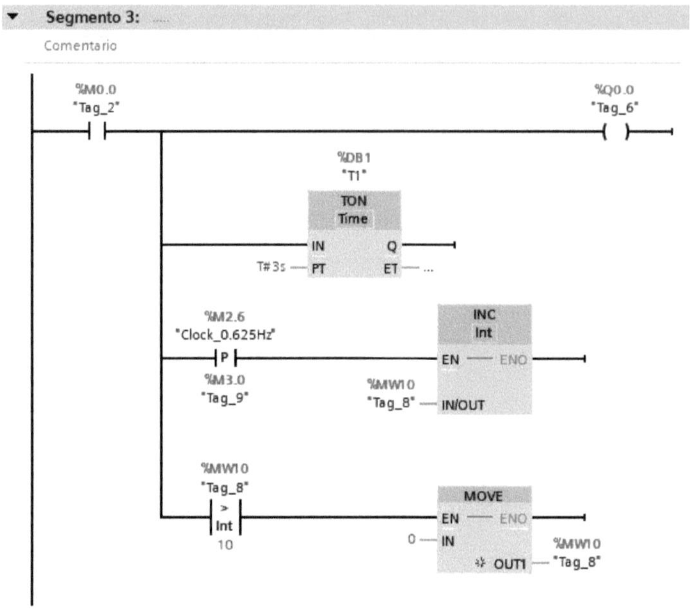


En el segmento 3 añadimos la marca de ciclo como flanco de subida que, en cada pulso, incrementa la variable MW10. Esta variable cuando llega a 10 vuelve a pasar a 0.

En el HMI completamos la configuración del movimiento añadiendo esta variable:

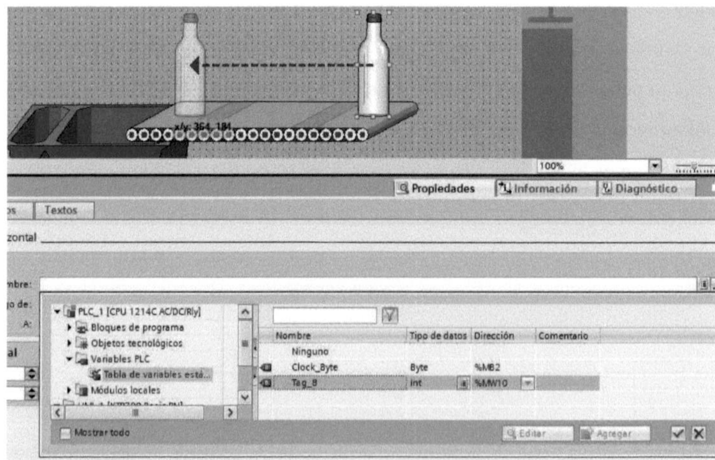

Iniciamos la simulación y el resultado será el siguiente:

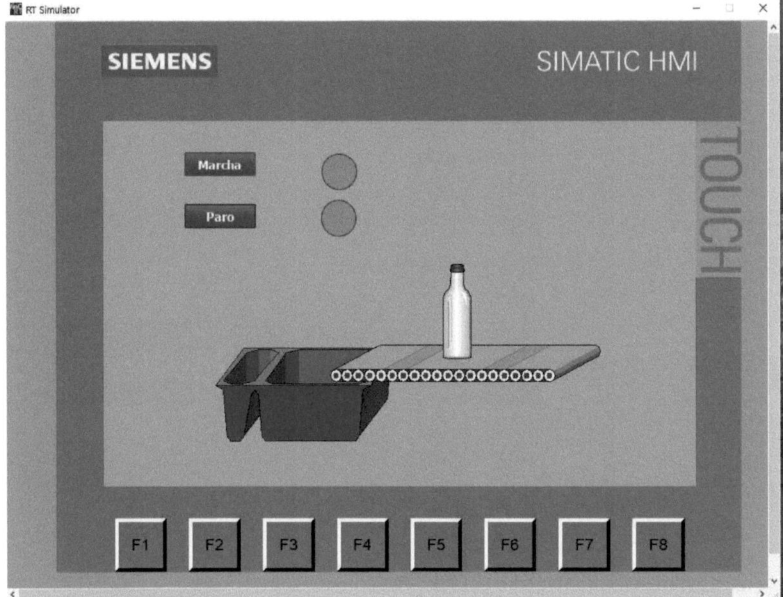


Si la simulación de runtime no arranca debido a errores en el proyecto, aparecerán los avisos correspondientes en la ventana de inspección, en "Información > Compilar".

Haciendo doble clic en un aviso se navega automáticamente hasta el objeto HMI cuya configuración es incorrecta.

La simulación de runtime se finaliza cerrando la ventana o haciendo clic en el botón "Salir de runtime".

# TEMA 8: COMUNICACIONES INDUSTRIALES

## 1. Introducción

En este tema vamos a estudiar los diferentes métodos de conexión que han existido para interconectar los elementos de un sistema automatizado. Se incidirá más en los buses de comunicación, que son los más utilizados en la actualidad.

Existen diferentes tipos de buses de comunicación de los que podemos ver en la siguiente figura los anagramas que los distinguen:

## 2. Comunicaciones industriales

Las comunicaciones industriales son aquellas que permiten el flujo de información del controlador a los diferentes dispositivos a lo largo del proceso de producción: detectores, actuadores, otros controladores, etc. Los procesos a automatizar acostumbran a tener un tamaño importante y este hecho provoca que exista una gran cantidad de cables entre el autómata y los sensores y actuadores.

Existen diferentes maneras de comunicar los diferentes dispositivos dependiendo de la complejidad de la red creada y/o el presupuesto destinado a su creación. A continuación se muestras los métodos de cableado más usuales.

## 3. Sistemas de cableado

Los primeros autómatas se cableaban hilo a hilo directamente a los borneros de los módulos de entrada y salida (cableado clásico). Este método presentaba numerosos inconvenientes que se expondrán a continuación. Actualmente existen diferentes alternativas, debidas principalmente a los avances tecnológicos conseguidos:

- Cableado mediante bases de precableado

• Entradas y salidas distribuidas

• Buses de campo

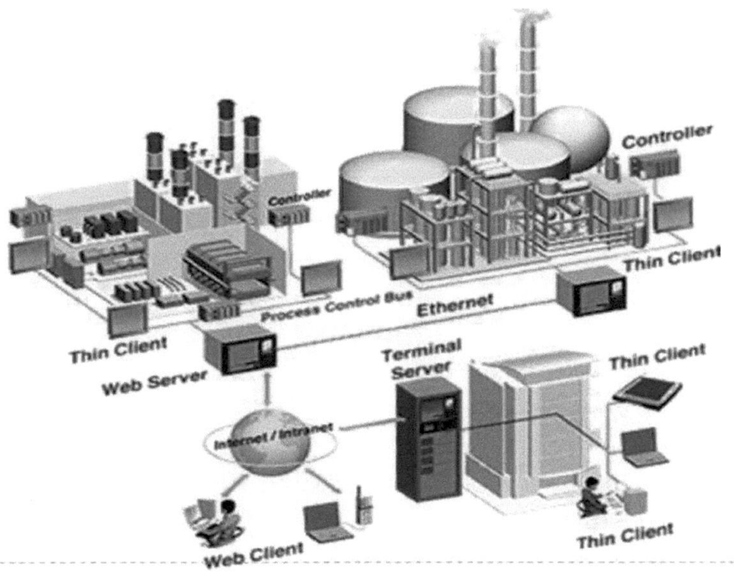


## 3.1. Cableado clásico

Los captadores se cablean hilo a hilo a las entradas del autómata por borneros de tornillos y las salidas s cablean a los preactuadores, normalmente en el propio armario del autómata. De este armario sald también el cableado de potencia para los diversos actuadores.

Este método presenta diferentes problemas debido a: la longitud excesiva del cableado (con l as consiguientes caídas de tensión que provoca) y el ruido producido entre los cables de potencia y de señal

Los cables de sensores y captadores se llevan a cajas de campo donde se cablean en borneros, de dond salen mangueras de cables hacia el armario.

## 3.2. Sistemas de precableado

Existen autómatas de pequeño tamaño que admiten módulos de entrada y salida de alta densidad. Est o módulos tienen una serie de conectores (diferentes a los borneros) donde se enchufan unos cables d conexión que en el otro extremo se conectan a unas bases de precableado a tornillo, donde se pueden conectar los cables de captadores y preaccionadores. Los cables que unen las bases de precableado con los módulos del autómata son realmente una manguera de cables.

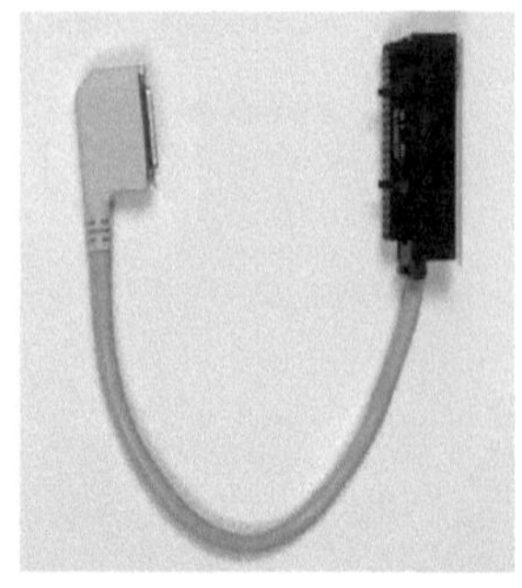

De todas maneras, se sigue teniendo el problema de la existencia de las mangueras de cables que van conectadas a las bases de precableado.

## 3.3. Entradas y salidas distribuidas

Las distancias que existen en una planta industrial entre detectores, actuadores y controladores pueden llegar a ser muy importantes. Por ese motivo se colocan módulos de entradas y salidas distribuidas a lo largo de la instalación, con las que el autómata se comunica mediante un módulo de comunicaciones. Estos módulos se sitúan cerca del proceso a controlar y si es posible en la propia máquina.

De esta manera se consigue que los cables de los sensores sean más cortos y que los preaccionadores estén más cerca de los accionadores. Esto también provoca que los cables de potencia sean más cortos, disminuyendo las posibles perturbaciones en los cables de señal y evitando las caídas de tensión.

De todas maneras, el cableado de captadores y accionadores a nivel local sigue siendo igual de complicado que en el cableado clásico.

## 3.4. Buses de campo

A finales de los 80 y sobre todo en los 90 aparecen en el mercado nuevas opciones de comunicación, los buses de campo. Estos buses permiten conectar los captadores y accionadores al autómata con un solo cable de comunicación. Las modificaciones y ampliaciones de las instalaciones se pueden realizar fácilmente sólo con ampliar el cable del bus y conectar los nuevos componentes.

Este tipo de comunicación permite ir más allá que la simple conexión con actuadores o captadores de tipo "todo o nada" o de tipo analógico, además permite conectar los dispositivos llamados inteligentes. Estos dispositivos pueden ser variadores de velocidad, controladores de robot, arrancadores, reguladores PID, terminales de visualización, ordenadores industriales, etc. El intercambio de información requerido es del orden de Kbytes o Mbytes. Un envío de información de este tipo se realiza en pequeños paquetes por medio de las funciones suministradas por el protocolo de comunicación usado.

Los buses de campo han favorecido las comunicaciones industriales como las conocemos hoy en día. Gracias a estos avances es posible la fabricación flexible y los sistemas de producción integrados como los llamados CIM (Computer Integrated Manufacturing), mediante la cual todo el proceso de fabricación está controlado por sistemas informáticos.

A continuación, se presentan las características propias de los buses de campo, así como sus ventajas respectos los otros sistemas mencionados.

| **Servicios que debe proporcionar** | **Ventajas respecto otros sistemas de comunicación** |
|---|---|
| • Respuesta rápida a mensajes cortos.<br>• Alta fiabilidad del método de señalización y del medio.<br>• Una red mantenible y ampliable por el personal de la planta.<br>• Una red que pueda ser conectada al sistema de comunicaciones principal de la empresa.<br>• Conectabilidad a diferentes componentes de distintas marcas. | • Reducción del cableado.<br>• Mayor precisión.<br>• Diagnosis de instrumentos de campo.<br>• Transmisión digital.<br>• Calibración remota.<br>• Mecanismos fiables de certificación.<br>• Reducción del ciclo de puesta en marcha de un sistema.<br>• Operación en tiempo real. |

## 4. Pirámide CIM

En una red industrial las comunicaciones se suelen agrupar jerárquicamente en función de la información tratada. Cada subsistema debe tener comunicación directa con los subsistemas del mismo nivel y con los niveles inmediatamente superior e inferior. Así aparecen cinco niveles, representados a

continuación por medio de la pirámide CIM:

1) Nivel de Proceso: en este nivel se realiza el control directo de las máquinas y sistemas de producción. Los dispositivos conectados son sensores, actuadores, instrumentos de medida, máquinas de control numérico, etc. Se suele utilizar cableado tradicional o buses de campo: AS-i, IO-Link.

2) Nivel de Campo: se realiza el control individual de cada recurso. Los dispositivos conectados son autómatas de gama baja y media, sistemas de control numérico, transporte automatizado, etc. Se utilizan las medidas proporcionadas por el nivel 0 y se dan las consignas a los actuadores y máquinas de dicho nivel. Se usan buses de campo del tipo: AS-i, Device Net, Profibus DP o Interbus S.

Los niveles de proceso y campo utilizan paquetes de información del orden de los bits o bytes.

2) Nivel de Célula: incluye los sistemas que controlan la secuencia de fabricación y/o producción (dan las consignas al nivel de campo). Se emplean autómatas de gama media y alta, ordenadores industriales, etc. Se usan buses de campo y redes LAN* (Local Area Network) del tipo: Profibus FMS, Profibus PA, Ethernet, CAN, etc.

3) Nivel de Planta: corresponde al órgano de diseño y gestión en el que se estudian las órdenes de fabricación y/o producción que seguirán los niveles inferiores y su supervisión. Suele coincidir con los recursos destinados a la producción de uno o varios productos similares (secciones). Se emplean autómatas, estaciones de trabajo, servidores de bases de datos y backups, etc.Se usan redes LAN del tipo Ethernet TCP/IP.

Los niveles de célula y planta utilizan paquetes de información del orden de los K-bytes.

4) Nivel de Factoría: gestiona la producción completa de la empresa, comunica las distintas plantas, mantiene las relaciones con los proveedores y clientes y proporciona las consignas básicas para el diseño y la producción de la empresa. Se emplean ordenadores, estaciones de trabajo y servidores de distinta índole. Se usan redes del tipo Lan o WAN* (Wide Area Network) usando Ethernet TCP/IP, Modbus plus, etc. La transferencia de datos que realiza son programas completos.

El flujo de información existente en la pirámide CIM debe ser:

- Vertical: incluye las órdenes enviadas por el nivel superior al inferior (descendente) y los informes sobre la ejecución de las órdenes recibidas (ascendente).
- Horizontal: debe existir un intercambio de información entre entidades de un mismo nivel.

# 5. Tipos de buses de campo

A continuación, se expondrán algunos de los tipos de buses de campo más utilizados actualmente en el mercado.

Para unir redes con otras de un nivel superior se usan las llamadas pasarelas.

## 5.1. AS-i (Actuator-Sensor Interface)

AS-i es un bus muy simple para conectar sensores y actuadores binarios con un PLC de manera económica. Típicamente se habla de un ahorro de entre el 15 y 40 % respecto al cableado tradicional. Usa un sistema de comunicación maestro/esclavo y la configuración de los nodos esclavos se realiza desde el maestro, usando el mismo bus, que es de topología libre.

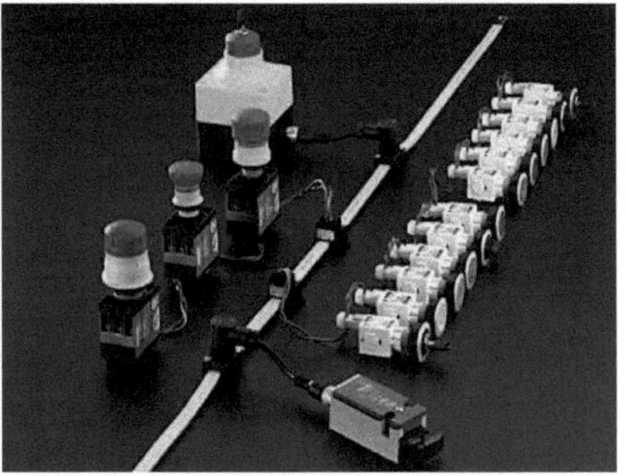

Fue creado por el AS-i Consortium en 1993. Una de sus características principales es el tipo de cableado que utiliza llamado Flat Yellow Cable. Este cable incluye dos hilos que incorpora conjuntamente la señal de alimentación (+30 V.) y la señal de control.

Características principales:

• Longitud máxima 100 m (300 m. con repetidores)

• Comunicaciones maestro-esclavo, con un máximo de 31 esclavos y un solo maestro.

• La velocidad de transferencia (Baudrate) es de 167 Kbit/s.

• Tiempo de ciclo máximo (con 31 esclavos): 5 ms.

• Mensajes: 8 bits (4 de entrada y 4 de salida) por nodo y mensaje, con un formato tipo Strobing. Este consiste en que el maestro vaya preguntando uno por uno a los esclavos si quieren enviar un mensaje y esperando la respuesta.

• Admite cualquier topología de red (anillo, bus, estrella, rama, árbol).

Ventajas: Extrema simplicidad, coste bajo, mundialmente aceptado, alta velocidad, alimentación disponible en la red.

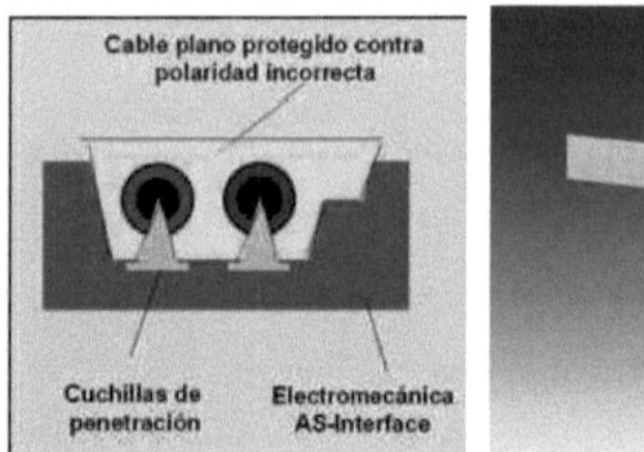


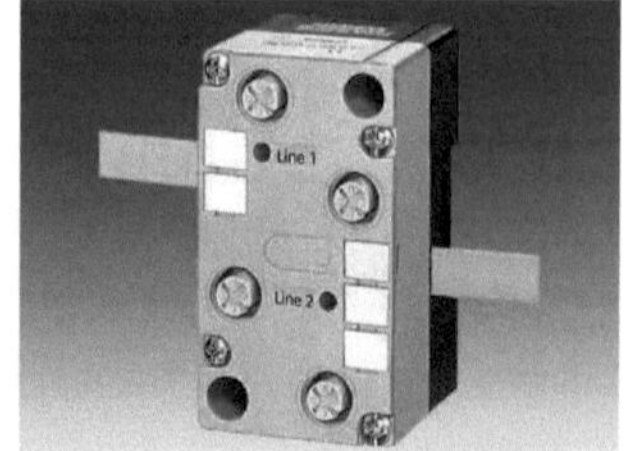

Inconvenientes:
Pobremente equipado para conectar entradas/salidas analógicas, tamaño de la red limitado.

## 5.2. CAN (Control Area Network)

Este sistema fue diseñado originariamente por Bosch (1986) para su uso dentro de los automóviles reduciendo la cantidad de hilos conductores a principios de 1980. Actualmente se usa como bus multi-maestro para conectar dispositivos inteligentes de todo tipo (robots, ascensores, equipamiento médico, etc.).

Esta estandarizado como ISO 11898-1 en 1993. Sólo define el protocolo hasta la capa 2 de enlace. Sobre CAN se han desarrollado otros protocolos como: DeviceNet y CANOpen. Es decir, podríamos comparar el protocolo CAN con una máquina de escribir, en la que tenemos los caracteres definidos pero aún queda definir la gramática, el idioma, las palabras y el vocabulario para comunicar (que son los otros protocolos).

Para la transmisión de datos no se direccionan los nodos, sino que el contenido del mensaje incorpora un identificador que es único en la red. Los mensajes tienen un formato broadcast (productor/consumidor). El identificador define el contenido y la prioridad del mensaje. Así la competición por el acceso al bus se basa en la prioridad dada en el identificador.

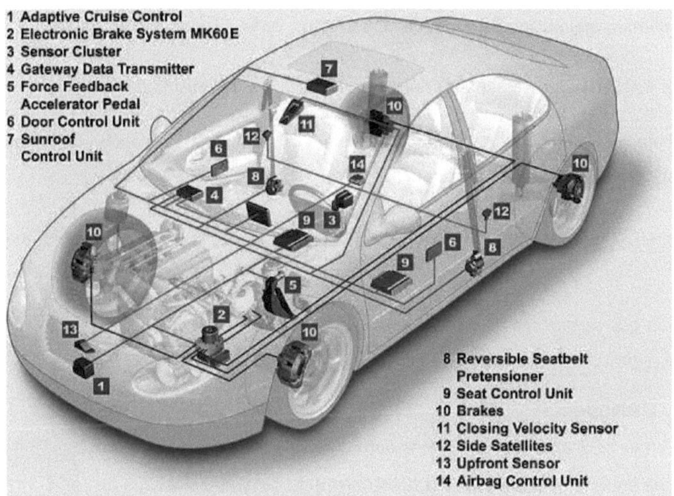


Las velocidades de transmisión van de 50 Kbit/s. (distancia 1m.) a 1Mbit/s. (distancia 40m.) con un volumen de información de 64 bits de datos de usuario.

## 5.3. DeviceNet

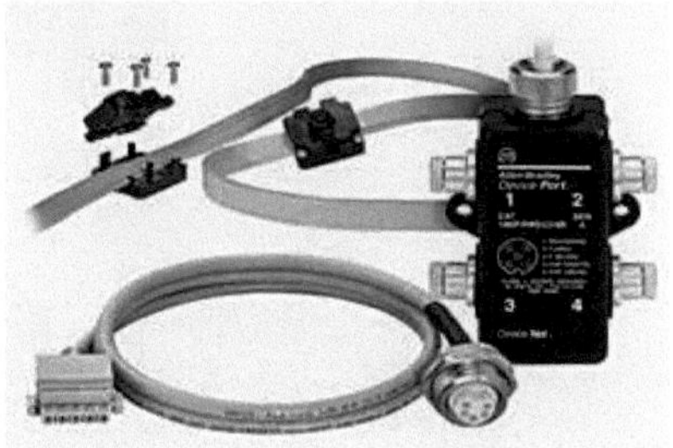

Impulsado por Allen Bradley en 1994 se implementa un protocolo de la capa 7 (aplicación) orientada a la conexión, sobre un protocolo CAN. Se trata de un *link* de comunicaciones de bajo coste que conecta dispositivos industriales a la red y elimina los caros cableados a mano.

Características principales:

- Permite escoger velocidades de transmisión: 125 Kbit/s. (500 m.), 250 Kbit/s. (250 m.) y 500 Kbit/s. (100m.).
- Puede tener hasta 64 nodos
- Tamaño máximo del mensaje: 8 bytes de información por nodo y por mensaje.
- Formato de mensaje: polling, strobing, change-of-state, cyclic, productor/consumidor
- Topología lineal, con datos y alimentación proporcionada para el mismo bus

Ventajas: bajo coste, gran aceptación, alta fiabilidad y uso eficiente del ancho de banda, alimentación disponible en la red. [11]

Inconvenientes: Ancho de banda limitado, así como el tamaño de los mensajes y la longitud de la red. [11]

La asociación que se encarga de dar soporte a este protocolo es la Open Devicenet Vendor Association (ODVA), http://www.odva.org.

## 5.4. CANopen

Se originó en el 1993 para el mundo de la automoción. Es un concepto de red basado en un sistema de bus serie CAN (Controller Area Network) y la capa de aplicación CAL (CAN Application Layer). Sus ventajas principales son su simplicidad, alta fiabilidad de transmisión y tiempos de reacción extremadamente cortos.

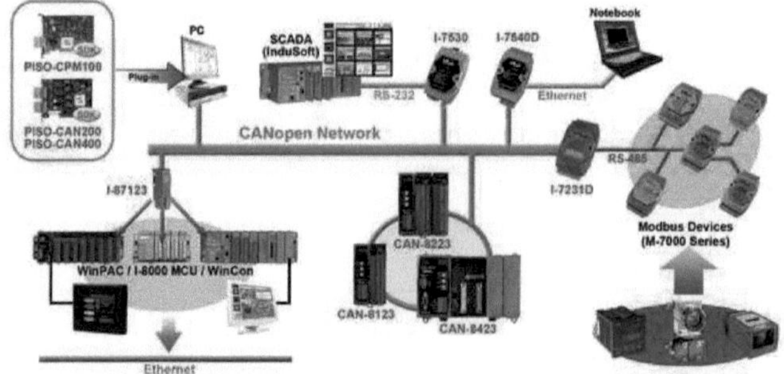

Características principales:

- Distancia: 100 a 500 m.
- Puede tener hasta 64 nodos
- Velocidades de transmisión: 125, 250, 500 y 1000 Kbit/s.
- Puede enviar mensajes de 8 bytes como máximo por nodo y por mensaje.
- Formato de los mensajes: polling, strobing, change-of-state, cyclic y otros.

Ventajas:

- Mejor caracterizado para control de movimiento de alta velocidad así como para lazos de realimentación cerrados que otros buses CAN.
- Alta fiabilidad, uso eficiente del ancho de banda de la red y alimentación disponible en la misma.

Inconvenientes:

- Aceptación limitada fuera de Europa
- Limitación de ancho de banda, tamaño de los mensajes y longitud máxima de la red.

## 5.5. Profibus (Process Field Bus)

Es un estándar abierto, independiente de un vendedor en concreto. Se ha estandarizado en las normas europeas EN 50170 y EN 50254. Fue desarrollado en 1989 por el gobierno alemán junto con empresas del sector de la automatización.

Consta de tres formatos compatibles:

- PROFIBUS DP (Distributed Peripherials). Alta velocidad, precio económico y transferencia de pequeñas cantidades de datos. Estructura maestro-esclavo clásica. Es el más difundido y se usa a nivel de campo o célula. Actúa a nivel de campo.
- PROFIBUS PA (Process Automation). Como DP pero adaptado a zonas intrínsecamente seguras, es decir, para ambientes peligrosos y con riesgo de explosión. También actúa a nivel de campo.

- PROFIBUS FMS (Fieldbus Messages Specifications). De propósito general, supervisión y configuración. Es

multi-maestro (paso de testimonio entre maestros, maestro-esclavo con los demás dispositivos).

Se usa a nivel de planta o célula.

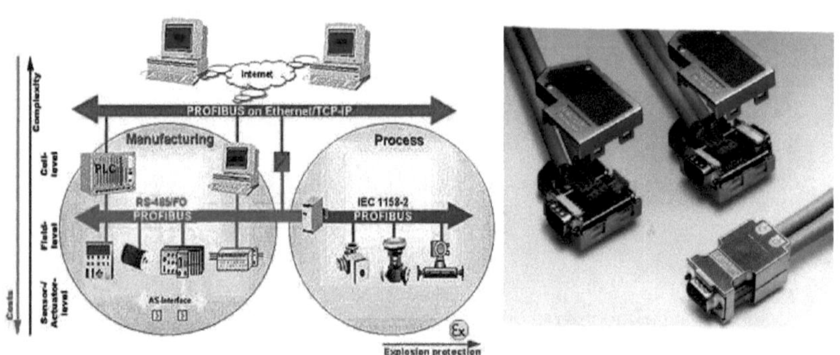


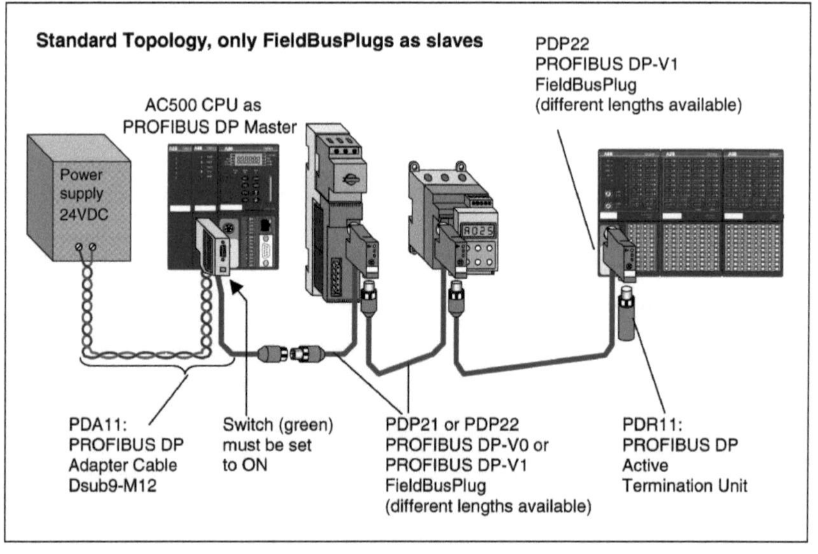

Características principales:

• Longitud máxima: 9 Km. con medio eléctrico, 150 Km. con fibra óptica de vidrio, 150 m. con infrarrojo.

• Puede tener hasta 126 nodos

• Velocidad de transmisión entre 9.6 Kbit/s. y 12 Mbit/s.

• Puede transferir un máximo de 244 bytes de información por nodo y ciclo.

• Topología: estrella, árbol, anillo y anillo redundante

• Formato de los mensajes: polling, peer-to-peer

Ventajas: Es el estándar más aceptado a nivel mundial, sobretodo en Europa pero también utilizado en Norteamérica, Sudamérica, partes de África y Asia. Con las tres versiones DP, FMS y PA quedan cubiertas la casi totalidad de las aplicaciones de la automática.

Inconvenientes: para mensajes cortos es poco efectivo ya que el mensaje lleva una parte muy importante de direccionamiento, no lleva la alimentación incorporada, ligeramente más caro que otros buses.

## 5.6. Interbus

Se originó en Phoenix Contact en 1984. Usa una estructura maestro-esclavo para acceder al medio, más un sistema de "suma de tramas" (summation-frame) que envía todas las respuestas en un solo telegrama. El medio más usado es un anillo sobre cableado RS-485 utilizado para hacer conexiones punto a punto. Interbus tiene el estándar DIN 19258.

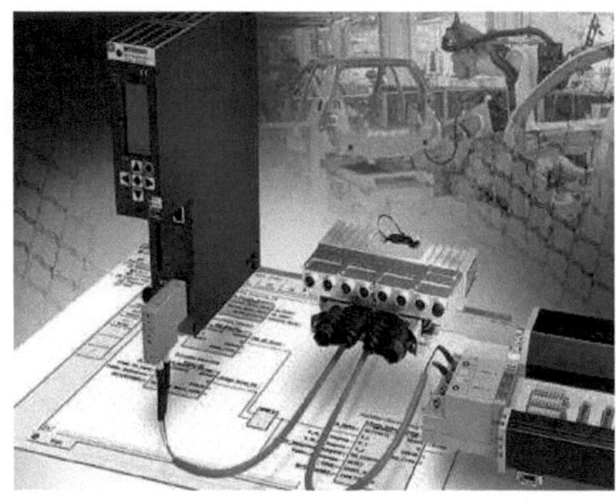

Características principales:

• Distancia: 400 m. por segmento y 12.8 Km. en total.

• Número máximo de nodos: 256

- Velocidad de transmisión: 500 Kbit/s.
- Tamaño del mensaje: 512 bytes de información por nodo.

Ventajas: La capacidad de autodireccionarse hace que las puestas en marcha sean muy fáciles, capacidad de diagnóstico extensivo, aceptación amplia en todo el mundo (especialmente en Europa), respuesta rápida y uso eficiente del ancho de banda, junto con alimentación para dispositivos de entrada.

Inconvenientes: Una conexión fallida incapacita toda la red, capacidad limitada para transferir grandes cantidades de información.

### 5.7. Ethernet

La red Ethernet se originó por Digital Equipment Corporation, Intel y Xerox en 1976. Se basado en el estándar IEEE 802.3.

Como para el protocolo Profibus, también existen diferentes versiones de Ethernet según la velocidad de transmisión: 10Base-T (10 Mbit/s.), Fast Ethernet (100 Mbit/s.), Gigabit Ethernet (1000 Mbit/s., aún en pruebas).

Características principales:

- Distancia: de 100 (para 10Base-T) a 50 Km (usando fibra óptica).
- Número máximo de nodos: 1024, extensible con routers.
- Velocidad de transmisión: 10 Mbit/s. a 100 Mbit/s.
- Tamaño del mensaje: 46 a 1500 bytes.
- Formato del mensaje: peer-to-peer.

Ventajas: es el estándar de red más reconocido internacionalmente. Puede tratar con grandes cantidades de información a una velocidad muy rápida sirviendo para instalaciones muy grandes.

Inconvenientes: Para mensajes con poca información no es eficiente, no lleva la alimentación incorporada, los conectores (RJ45) son vulnerables físicamente. No tiene la propiedad de determinismo por el que los buses de campo pueden asegurar la respuesta de la red para cada carga.

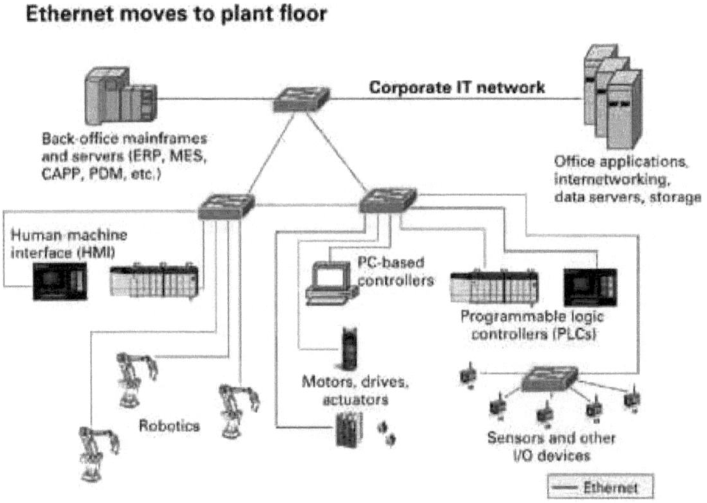

**Ethernet moves to plant floor**



Ethernet y TCP/IP (Transmisión Control Protocol/Internet Protocol) son dos conceptos distintos pero que se suelen utilizar conjuntamente, Internet es una aplicación de TCP/IP, pero es solo un caso y existen muchas otras muy diferentes.

- TCP/IP se desarrollo en la Universidad de Stanford en 1970 y consiste en un conjunto de protocolos que pueden funcionar sobre diversos medios físicos, cubrirían entre el nivel 3 y 7 de la torre OSI (pero no son OSI). Por ejemplo, si estamos bajando un documento en formato pdf podemos ver como la velocidad de transmisión va variando dependiendo de los niveles de tráfico de la red. TCP/IP es el que se encarga de dividir la información en diferentes paquetes durante la transmisión y luego los reúne.

- Ethernet es un estándar de comunicaciones que incluye los niveles OSI 1 y 2. La red Ethernet tiene como aplicación básica la gestión e información global de un sistema automatizado. Se situaría en el nivel más alto y sirve de lazo de comunicación entre los dispositivos de gestión central ("sala de control") con los autómatas principales, que a su vez se conectarán con otros autómatas de más bajo nivel, con lo que se puede obtener datos de la planta.

Montando TCP/IP sobre Ethernet se obtiene un sistema de comunicaciones completo.

Ethernet industrial es la aplicación de la tecnología LANs al campo de la automatización. El objetivo es sustituir los existentes buses de campo por dispositivos de comunicaciones compatibles con Ethernet. De esta manera la misma LAN de la oficina se puede aplicar en otros niveles de la jerarquía de control.

## 6. Introducción a las comunicaciones inalámbricas

Las tendencias para el futuro en el campo de las comunicaciones industriales son las tecnologías inalámbricas (Wireless), es decir aquellas tecnologías que no utilizan el cableado físico y se comunican por ondas a través del aire.

Este tipo de tecnologías se van introduciendo en nuestras vidas de manera muy visible en los últimos años. Desde la telefonía móvil, los router wifi de nuestras casas, hasta la información vía wifi de los aeropuertos españoles. Por tanto, era de esperar que la industria adoptara este sistema de comunicación, aunque de momento no existe una uniformidad entre los diferentes sistemas existentes, hay muchos estándares que están en continua evolución.

Algunos ejemplos de esta tecnología son: Bluetooth, Wi-fi, UWB, etc. Se pueden revisar sus estándares en:

- http://www.bluetooth.org o http://www.bluetooth.com
- http://www.uwb.org

Esta tecnología permite llegar a velocidades mucho más importantes, con un transporte mucho mayor de información y sin los problemas de espacio ni interferencias.

## 7. Estándares en las comunicaciones inalámbricas

### Definición

En redes y telecomunicaciones, se aplica el término inalámbrico (wireless) al tipo de comunicación en la que no se utiliza un medio de propagación física, utilizando ondas electromagnéticas, propagadas por el espacio sin un medio físico, como podría hacerlo un cable en una red local cableada.

Tenemos que tener claro que una red inalámbrica es idéntica en comportamiento a una red cableada, aunque ya hablaremos que cambia la forma de acceder a ésta y la seguridad al acceso. Uno de los principales problemas en el uso de redes inalámbricas es sin duda la seguridad que puede o no ofrecer contra intrusiones.

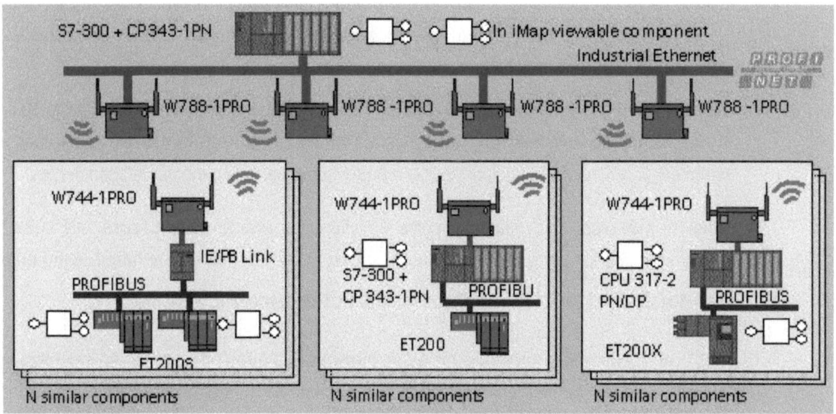


## Estándares

***802.11b:*** Es ratificado por el IEEE el 16 de septiembre de 1999, 802.11b es el protocolo más usado hoy día en redes inalámbricas. Este protocolo usa una modulación tipo espectro ensanchado por secuencia directa en inglés Direct Sequence Spread Spectrum (DSSS), en un rango de frecuencia entre 2.412 y 2.484GHz. Tiene un máximo ancho de banda teórico de 11Mbps, y reales alrededor de 5Mbps.

***802.11g:*** No fue finalizado hasta junio de 2003, 802.11g lo último en el mercado para redes inalámbricas a fecha de hoy. Aunque no tiene ni tres años, este estándar es incluido en dispositivos como PDAs y ordenadores portátiles 802.11g usa el mismo rango de frecuencias que el estándar 802.11b, pero usa una modulación llamada OFDM división de frecuencia por multiplexación ortogonal (Orthogonal Frequency Division Multiplexing). Su máximo teórico sube hasta 54Mbps y el real de unos 25Mbps, por supuesto, el estándar 802.11g es compatible con el estándar 802.11b, reduciendo su velocidad.

***802.11a:*** También ratificado por el IEEE el 16 de septiembre de 1999, 802.11a usa como sistema de modulación OFDM. El máximo ancho de banda teórico es de 54Mbps, con una transferencia real de unos 27Mbps. 802.11a trabaja entre los rangos de frecuencias 5.745 y 5.805GHz, también entre 5.170 y 5.320GHz. Esto hace que no sea compatible con los estándares anteriormente mencionados el 802.11b y el 802.11g. Esta porción del espectro, está menos usada que la de 2,4Ghz, sería una ventaja ante interferencias, pero los equipos que trabajan con este estándar no pueden atravesar tan lejos como los del estándar 802.11b dado que sus ondas son más fácilmente absorbidas.

## Estándar 802.11ac, características y ventajas

El estándar 802.11ac se está implementando desde el comienzo del 2014. Los componentes que lo emplean consumen menos energía, por lo que es ideal para dispositivos portables, además ahora es posible transmitir datos idénticos a usuarios diferentes. Usando la banda de 5 GHz el radio de alcance es menor, pero en la práctica se pueden alcanzar distancias mayores usando la tecnología "Beamforming" que focaliza la señal de radio. 802.11ac es mucho más rápido, la rapidez se debe a dos factores:

1- La posibilidad de usar canales de radio más anchos. En vez de usar 40 MHz de ancho de canal, AC puede funcionar con 80 o hasta 160 MHz. Otra posibilidad es la de usar la característica "Channel Bonding", es decir poder combinar dos canales independientes.

2- Antenas múltiples. Los routers actuales transfieren al mismo tiempo hasta seis flujos de datos (spatial streams) usando tres antenas. Con AC se pueden utilizar hasta cuatro antenas.

## El estándar 802.11ah o Wi-Fi HaLow, caracteristicas y ventajas

IEEE 802.11ah es un nuevo protocolo de redes inalámbricas que comienza a implementarse en el 2016. Surge a causa de los constantes requerimientos de la tecnología, la información y el mercado. Se diferencia de los anteriores por usar frecuencias inferiores a 1 GHz y permite aumentar el rango de alcance de estas redes, hasta alrededor de 1000 metros. Esto facilita en la práctica su distribución en áreas rurales, usando torres de telefonía con sensores para compartir la señal. También ofrece el beneficio de un menor consumo de energía. Este protocolo es un competidor del popular Bluetooth usado en dispositivos pequeños. Wi-Fi alliance anuncio que 802.11ah se conocería con el nombre Wi-Fi HaLow, que se pronuncia "HAY-Low".

## Canales

Como hemos visto antes las frecuencias vienen comprendidas entre 2.412 y 2.484GHz y alrededor de 5Ghz. Estas son divididas en canales (puede variar según legislación de cada país).

Canal 01: 2.412 GHz Canal 02: 2.417 GHz Canal 03: 2.422 GHz Canal 04: 2.427 GHz Canal 05: 2.432 GHz Canal 06: 2.437 GHz Canal 07: 2.442 GHz Canal 08: 2.447 GHz Canal 09: 2.452 GHz Canal 10: 2.457 GHz Canal 11: 2.462 GHz Canal 12: 2.467 GHz Canal 13: 2.472 GHz Canal 14: 2.484 GHz

Para cada canal es necesario un ancho de banda de unos 22 MHz para poder transmitir la información, por lo que se produce un inevitable solapamiento de los canales próximos Si tenemos que poner algunos puntos de acceso cercanos inevitablemente, deberíamos separarlos lo suficiente siendo recomendable usar canales que no se solapen. 2, 7 y 12 otra posibilidad sería 3, 8 y 13 otra 4, 9 y 14 por último 1, 8 y 14.

## Dispositivos inalámbricos

***Punto de Acceso:*** Dispositivo por el cual pueden conectar clientes u otros puntos de acceso por radiofrecuencia, este generalmente también ofrece servicios de red como DHCP o sistemas de encriptación y regulación del acceso. Funciona en el modo máster.

***Cliente:*** Generalmente unidos a un punto de acceso, son las comúnmente llamadas tarjetas wireless, aunque pueden ser dispositivos que soporte el modo Managed en general. Estos clientes pueden también conectarse entre sí sin necesidad de unirse mediante un 'access point' usando el modo Adhoc. En modo monitor la tarjeta actúa como *sniffer* de red capturando todo el tráfico de paquetes que circula por el aire.

***Otros:*** En este grupo acotamos a los repetidores y potenciadores, generalmente no son indispensables en la infraestructura de una red inalámbrica

## Modos y estructura de red

***Managed:*** Modo usado por los clientes inalámbricos de una red para conectar a un punto de acceso. Este es el más usado en redes domésticas, ya que es como usualmente configuramos una red pequeña tipo Cliente-Punto de acceso.

***Ad-hoc:*** Una red "Ad Hoc" consiste en un grupo de ordenadores que se comunican cada uno directamente con los otros a través de las señales de radio sin usar un punto de acceso. Las configuraciones "AdHoc" son comunicaciones de tipo punto-a-punto o cliente-cliente. Los ordenadores de la red inalámbrica que quieren comunicarse entre ellos necesitan configurar el mismo canal y ESSID en modo "Ad Hoc".

***Master:*** Esta es la forma de trabajar de los puntos de acceso. Si queremos conectar nuestra tarjeta a uno de ellos, debemos configurar nuestra tarjeta en este modo de trabajo. Sólo decir que esta forma de funcionamiento es bastante más eficaz que AD HOC, en las que los paquetes "se lanzan al aire, con la esperanza de que lleguen al destino", mientras que Infrastructure gestiona y se encarga de llevar cada paquete a su sitio. Se nota además el incremento de velocidad con respecto a AD HOC.

***Monitor:*** Modo usado en tarjetas de red para snnifar y capturar el tráfico de paquetes que circula por el aire. Se dan en tarjetas con el chip prism y atheros.

# 8. Comunicación Profibus/Mpi

### Características generales

En paralelo al desarrollo del "BMFT- Proyecto Conjunto del bus de campo", en el que participaron 13 compañías, se desarrolló a principios de 1991 la norma DIN 19245, conocida también como" PROFIBUS" (**PRO**cess **FI**eld **BUS**). El objetivo del proyecto era desarrollar un sistema de bus de campo que hiciera posible unir una red de dispositivos de automatización del nivel más bajo de campo (nivel de sensores y actuadores) con el control de procesos del nivel de célula. Esta jerarquización se elaboró en la Norma Europea EN 50170, en 1996.

Con PROFIBUS llegó el estándar de bus de campo, el cual era abierto y transparente a los fabricantes. Dentro de los niveles de comunicación, PROFIBUS es la red destinada a los niveles de célula y de campo. Se utiliza para transmitir pequeñas y medianas cantidades de datos entre los dispositivos que participan en la red.

En el caso de los equipos SIMATIC S7 de SIEMENS pueden conectarse los siguientes sistemas:

- Sistemas de automatización SIMATIC S5/S7/M7
- Sistemas periférico descentralizados ET 200
- SIMATIC PG/PC
- Terminales y sistemas de operación y observación SIMATIC HMI
- SICOMP–IPCs
- Controles CNC SINUMERIK
- Sensor SIMODRIVE
- SIMOVERT Master Drives
- Sistema de regulación digital SIMADYN D
- SIMOREG
- Micro–/Midimaster
- Inversores de potencia. Posicionadores SIPOS
- Reguladores industriales de procesos SIPART
- Sistemas de identificación MOBY
- Aparatos de maniobra de baja tensión SIMOCODE
- Interruptores de potencia
- Estación compacta de automatización SICLIMAT COMPAS
- Sistema de control de procesos TELEPERM M

- Aparatos ajenos con conexión PROFIBUS
- Etc...

La red PROFIBUS cumple la norma PROFIBUS EN 50170 (1996). Esto significa que todos los productos se ajustan a dicha norma.

PROFIBUS se basa en los siguientes estándares, normas y directivas:

- EN 50170–1–2: 1996
  - General Purpose Field Communication System
  - Volume 2: Physical Layer Specification and Service Definition
- Directivas PNO:
  - PROFIBUS–Implementierungshinweise zum Entwurf DIN 19245 Teil 3
  - Version 1.0 vom 14.12.1995
  - (Indicaciones para implementación de PROFIBUS resp. proyecto DIN 19245, parte 3, versión 1.0 del 14.12.1995)
  - Optische Übertragungstechnik für PROFIBUS
  - Version 1.1 von 07.1993 (Técnica de transmisión óptica para PROFIBUS, versión 1.1 de 07.1993)
- EIA RS–485: 1983
  - Standard for Electrical Characteristics of Generators and Receivers for Use in Balanced Digital Multipoint Systems

Físicamente, PROFIBUS es una red eléctrica que puede ejecutarse mediante:

- Cable a dos hilos trenzados y/o apantallados (impedancia característica 150 Ω).
- Fibras ópticas de vidrio y plástico
- Sistemas de transmisión inalámbrica.

La velocidad de la red puede configurarse desde 9,6 Kbit/s a 12 Mbit/s.

Podemos conectar a la red un máximo de 127 equipos. No obstante, el número máximo de equipos que pueden estar activos al mismo tiempo es de 32.

Existen tres perfiles de protocolo en PROFIBUS que pueden operar juntos en un circuito.

- **PROFIBUS-FMS** (Especificación de Mensajes de Campo) está diseñado para la comunicación de autómatas en pequeñas células de red, unos con otros, y para la comunicación con elementos de campo con interface FMS.

- **PROFIBUS-PA** (Automatización de Procesos) es la comunicación compatible, adicional a PROFIBUS-DP, con la tecnología de transmisión, que permite a los usuarios ir a un área EX. La tecnología de transmisión de PROFIBUS-PA se corresponde con el estándar internacional IEC 1158-2.

- **PROFIBUS-DP** (Periferia Distribuida). El protocolo PROFIBUS-DP se ha diseñado para la comunicación rápida con unidades periféricas descentralizadas. Hay numerosos dispositivos PROFIBUS ofrecidos por diversos fabricantes. Dichos dispositivos abarcan desde módulos sencillos de entradas o de salidas hasta controladores de motores y sistemas de automatización.

Por lo general, las redes PROFIBUS-DP incorporan un maestro y varios esclavos. La configuración del maestro le permite reconocer cuáles tipos de esclavos están conectados, así como sus respectivas direcciones. El maestro inicializa la red y verifica si los esclavos coinciden con la configuración. Continuamente, el maestro escribe los datos de salida en los esclavos y lee de allí los datos de entrada. Una vez que un maestro DP haya configurado correctamente a un esclavo, éste último le pertenecerá. Si hay otro maestro en la red, tendrá apenas un acceso muy limitado a los esclavos del primer maestro.

## 8.1. Método de acceso al medio en PROFIBUS

Como método de acceso a una red PROFIBUS hay dos tipos:

- El método "***bus con paso de token" ("Token Bus"),*** definido en la norma EN 50170, volumen 2, que se usa para acceder a estaciones activas.

- El método "***maestro–esclavo" ("Master–Slave")*** por sondeo o "polling" para acceder a estaciones pasivas.

## 8.2. Paso de Testigo (Token bus)

En este método de acceso, las estaciones (maestros en la red) conforman un anillo lógico de paso de testigo que se pasan unas a otras en orden numérico ascendente según la dirección Profibus asignada. El orden lógico es independiente de la disposición física de las estaciones.

La estación que posea el testigo tiene derecho a transmitir información a la red. Dicho testigo se transmite entre las estaciones activas de la red a través de un paquete de datos especial. Para evitar el uso excesivo de la red se establece un tiempo de retención del testigo que es configurable. Trascurrido este tiempo, la estación ya no puede usar la red, y ha de ceder el testigo a otra estación. Si una estación no tiene nada para transmitir, pasa el testigo a la siguiente estación en el anillo lógico.

Para poder cerrar el anillo, la estación activa con la dirección Profibus más alta denominada HSA (Highest Station Address), sólo pasa el testigo a la estación con la dirección profibus más baja.

Los usuarios pasivos del bus no reciben nunca el paquete "token".

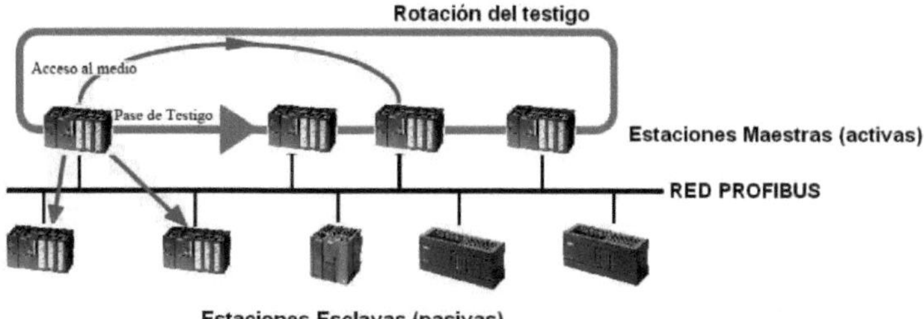


### 8.3. Maestro–esclavo por sondeo o polling

Este método es el utilizado cuando existe solamente una estación activa (estación maestro) y en la red hay varias estaciones pasivas (estaciones esclavas).

Ahora, el maestro que siempre posee el testigo tiene acceso a los esclavos que tiene asignados. Por tanto, el maestro es el que puede enviar mensajes a los esclavos o bien recibirlos de estos.

En la configuración basada en Profibus-DP estándar, la estación activa (maestro DP) intercambia datos de forma cíclica con las estaciones pasivas (esclavos DP).

## 9. Periferia Descentralizada

La comunicación Profibus más sencilla es la **Profibus DP**; DP viene de Periferia Descentralizada porque consiste en descentralizar lo que son las entradas y salidas de la CPU; es común en las instalaciones poner la CPU del PLC en un armario de control y las entradas y salidas en las zonas de la maquina o instalación en que se encuentran los actuadores, los finales de carrera y los sensores. Los módulos que se instalan en estas zonas son las **ETs o estaciones de trabajo** que pueden tener entradas y salidas integradas o tarjetas independientes con entradas y salidas o módulos especiales.

Si la CPU tiene la opción **DP**, simplemente con configurar la CPU como **maestra** de la red y acoplarle estaciones ET con las E/A correspondientes, podremos hacer el programa de usuario como si todas las

E/A estuvieran en el mismo rack (perfil) que la CPU. Para esto, hay que conectar la CPU con las ETs por medio de un cable Profibus y por medio de un selector o microinterruptores, poner en cada ET el nº de estación que le hemos dado al configurarla.

De forma análoga a las ETs se trabaja con las islas de válvulas u otro tipo de elementos que pueden ser de otro fabricante que el del PLC. En este caso, se necesita un archivo denominado **GSD** que hay que instalar para que el PLC reconozca a estas islas de válvulas o elementos para acoplarlas al Maestro.

# 10. PROFINET

PROFINET como estándar de automatización basado en Ethernet de la Organización de Usuarios de PROFIBUS (PNO) define un modelo abierto de comunicación, automatización e ingeniería.

**Objetivos**

Los objetivos de PROFINET son:

- una comunicación homogénea a través del bus de campo y Ethernet
- una automatización abierta y distribuida
- el uso de estándares abiertos

**Arquitectura**

La Organización de Usuarios de PROFIBUS (PROFIBUS International) ha previsto los siguientes aspectos parciales para la arquitectura de PROFINET:

- comunicación entre autómatas programables como componentes en sistemas distribuidos.
- comunicación entre aparatos de campo como p. ej. sistemas de periferia y accionamientos.

La exigencia de una "Comunicación entre autómatas programables en sistemas distribuidos" ha sido convertida en una realidad mediante la "Component based Automation" (CbA). Component based Automation permite crear una solución de automatización distribuida y basada en componentes preparados y soluciones parciales. Como herramienta de configuración se puede utilizar SIMATIC iMap.

Siemens ha convertido en una realidad la exigencia de una "Comunicación entre aparatos de campo" con "PROFINET IO". Al igual que en PROFIBUS DP es posible realizar con STEP 7 toda la configuración y programación de los componentes en cuestión.

En los siguientes apartados se describe cómo configurar la comunicación entre los aparatos de campo con PROFINET IO.

## 11. PROFIBUS DP y PROFINET IO: Confluencias y diferencias

La compatibilidad y la continuidad – y por consiguiente una inversión asegurada - caracterizan el desarrollo de la tecnología de campo de PROFIBUS DP a PROFINET IO. En las próximas páginas le introduciremos en los términos de este nuevo mundo y le proporcionaremos información sobre las confluencias y diferencias entre PROFIBUS DP y PROFINET IO.

Encontrará información más detallada en el resumen técnico "De PROFIBUS DP a PROFINET IO".

### 11.1. Comparativa de los términos utilizados en PROFIBUS DP y PROFINET IO

El gráfico siguiente muestra los términos generales de los dispositivos más importantes de PROFIBUS y PROFINET. En la tabla que figura a continuación encontrará la designación de los distintos componentes en el contexto de PROFINET y en el contexto de PROFIBUS.

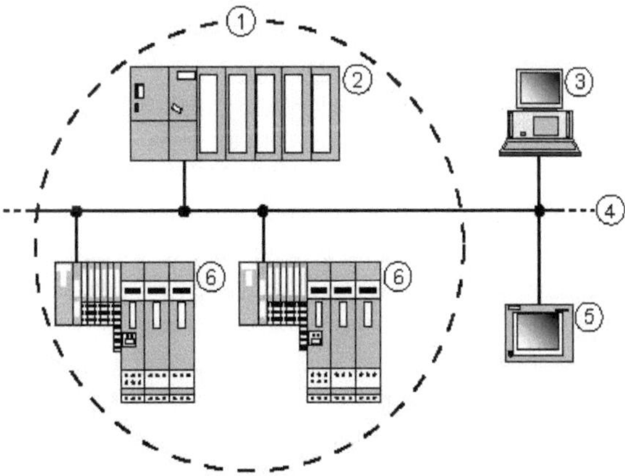


| Cifra | PROFINET | PROFIBUS | Observación |
|---|---|---|---|
| (1) | Sistema IO | Sistema maestro DP | Todos los dispositivos IO (esclavos DP) asignados a un controlador IO |

| (2) | Controlador IO | Maestro DP | Autómata programable en el que se ejecuta el programa de usuario |
|---|---|---|---|
| (3) | Supervisor IO (PG/PC) | PG/PC | Puesta en marcha, HMI y diagnóstico |
| (4) | Industrial Ethernet | PROFIBUS | Tipo de subred |
| (5) | HMI | HMI | Dispositivo de control y supervisión |
| (6) | Dispositivo IO | Esclavo DP | Aparato de campo distribuido que está asignado a un autómata programable (p. ej. E/S remotas, terminales de válvulas, convertidores de frecuencia) |

Al igual que una red Ethernet, Profinet utiliza el conjunto de protocolos TCP/IP para la transferencia de datos en toda la empresa y a todos los niveles. Podría decirse entonces que Profinet es una Ethernet Industrial, no obstante, cabe distinguir algunos aspectos y diferencias entre ellas:

**ETHERNET** (también conocido como estándar IEEE 802.3) es un estándar de transmisión de datos para redes de área local que utiliza los protocolos TCP/IP, bajo el método de control de acceso al medio conocido como CSMA/CD *"Carrier Sense Multiple Access, with Collision Detection"*. CSMA/CD determina cómo y cuándo un paquete de dato es ubicado en el la red. Antes de que un dispositivo Ethernet esté habilitado a transmitir datos, primero tiene que escuchar para asegurarse de que el medio está "libre" y no hay otros dispositivos transmitiendo. Así cuando la red está libre, los dispositivos inician la transmisión. Durante el proceso de transmisión, el dispositivo tendría que continuar escuchando la red para ver si algún otro dispositivo está también transmitiendo. Si no hay ningún otro, entonces el paquete de datos se considera enviado al receptor sin interrupciones. Sin embargo, si durante la transmisión detecta que otro dispositivo también está transmitiendo se puede dar una colisión de datos, así pues, ambos detendrán sus transmisiones y realizaran un proceso conocido como back-off en el que esperaran un tiempo aleatorio antes de intentar volver a transmitir nuevamente.

**ETHERNET INDUSTRIAL** es una potente red de área y célula de acuerdo con los estándares IEEE 802.3 (Ethernet) con la que se pueden crear redes de comunicación eficaces de gran extensión. Es un sistema que ofrece todo el potencial que ofrece Ethernet, pero utiliza medidas de seguridad, incluidas las de control de acceso y autenticación, seguridad en la conectividad y administración, a fin de asegurar y garantizar la confidencialidad e integridad de la red y ofrecer datos libres de interferencias.

Efectivamente, las redes Ethernet Industrial deben ser altamente confiables y seguir en funcionamiento durante duras condiciones ambientales, interrupciones accidentales de red y fallas de los equipos. La caída de una red puede ser peligrosa y cara. Un elemento clave de preocupación es el rendimiento de extremo a extremo. Por esto, el determinismo, es decir, la capacidad de garantizar que un paquete es enviado y recibido en un determinado período de tiempo, es un importante objetivo para el diseño de las redes industriales.

Al objeto de conseguir tal seguridad, las redes industriales utilizan dispositivos Switch y Procesadores de comunicación gestionados que permiten asegurar y garantizar la integridad de los datos y el establecimiento sin errores de la comunicación entre equipos.

**PROFINET** es la evolución del estándar abierto de Ethernet industrial para la automatización. Utiliza Industrial Ethernet y permite la comunicación en tiempo real hasta el nivel de campo, aprovechando plenamente los estándares de las tecnologías de la información existentes. PROFINET tiene determinismo y permite establecer prioridades en la red, evitando así la saturación de la red e incrementando por tanto la seguridad en la comunicación.

**CARACTERÍSTICAS DE PROFINET**

- PROFINET I/O ofrece funcionamiento en "tiempo real" para datos de E/S cíclicos.
- Se pueden utilizar los cables y switches estándar de Ethernet.
- Sistema Maestro-Esclavo, como en Profibus.
- Se configura como una red de campo.
- Los dispositivos ya no se direccionan mediante número de nodo, sino mediante un nombre.
- Comunicación fácil, rápida, flexible y abierta.
- Protocolo abierto, estándar industrial.
- Tan sencillo como un bus de campo.
- Alta velocidad, tiempo de ciclo por dispositivo.
- 100 metros entre dispositivos.
- Utiliza conectores industriales apantallados RJ45.
- Grandes velocidades de transmisión (10-100-1000 Mps).

## 12. Medios de Transmisión

En un sistema de transmisión se denomina medio de transmisión al soporte físico mediante el cual el emisor y el receptor establecen la comunicación. Los medios de transmisión se clasifican en guiados y no guiados. En ambos casos la transmisión se realiza mediante ondas electromagnéticas. En el caso de los medios guiados estas ondas se conducen a través de cables.

La velocidad de transmisión, el alcance y la calidad (ausencia de ruidos e interferencias) son los elementos que caracterizan a los medios guiados. La evolución de la tecnología en lo que respecta a los cables ha estado orientada por la optimización de estas tres variables.

- Velocidad de transmisión, en la actualidad las velocidades alcanzadas difieren notablemente entre los diferentes tipos de cables, siendo la fibra óptica la que permite alcanzar una velocidad mayor.

- Alcance de la señal, está determinado por la atenuación que sufre dicha señal según va circulando por el cable y que es mayor cuanta más distancia debe recorrer, por lo que este factor limita considerablemente la longitud de cable que se puede instalar sin regenerar la señal.

- Calidad de la señal, uno de los principales problemas de la transmisión de un flujo de datos por un cable eléctrico consiste en el campo magnético que se genera por el hecho de la circulación de los electrones. Este fenómeno es conocido como inducción electromagnética. La existencia de un campo magnético alrededor de un cable va a generar interferencias en los cables próximos debido a este mismo fenómeno.

## 12.1. Par Trenzado

Cada uno de estos pares se identifica mediante un color, siendo los colores asignados y las agrupaciones de los pares de la siguiente forma:

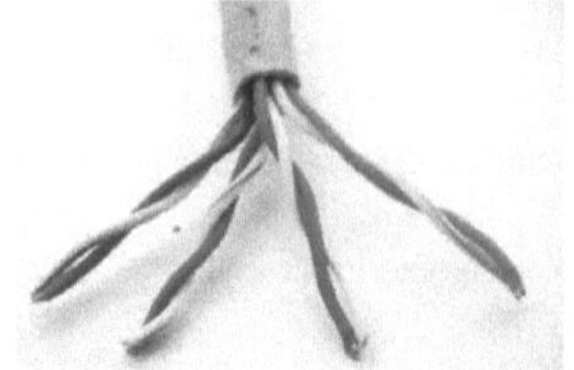

Par 1: Blanco-Azul/Azul

Par 2: Blanco-Naranja/Naranja

Par 3: Blanco-Verde/Verde

Par 4: Blanco-Marrón/Marrón

Las dos normativas de especificación de montaje de cable de par trenzado sobre conectores RJ45 son:

- TIA-568A
- TIA-568B

Estas normativas especifican qué colores corresponden con cada pin del conector

Normativa TIA-568A Normativa TIA-568B

| PIN | COLOR | PIN | COLOR |
|---|---|---|---|
| 1 | Blanco-Verde | 1 | Blanco-Naranja |

| 2 | Verde | 2 | Naranja |
|---|---|---|---|
| 3 | Blanco-Naranja | 3 | Blanco-Verde |
| 4 | Azul | 4 | Azul |
| 5 | Blanco-Azul | 5 | Blanco-Azul |
| 6 | Naranja | 6 | Verde |
| 7 | Blanco-Marrón | 7 | Blanco-Marrón |
| 8 | Marrón | 8 | Marrón |

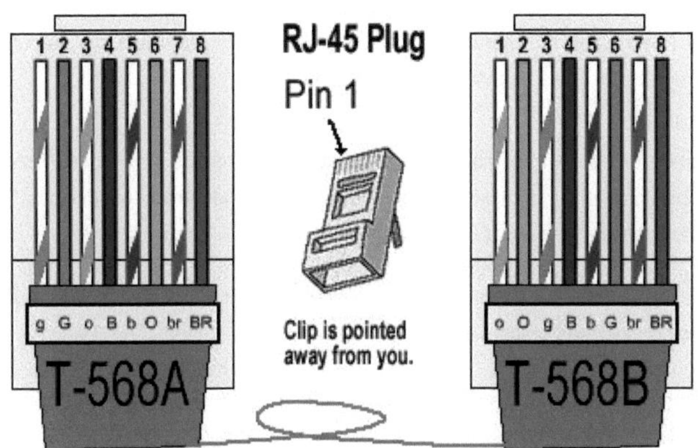


Si usamos un cable paralelo deberemos usar la misma normativa en ambos extremos del cable, ya sea la normativa A o la B. Sin embargo, si el cable es cruzado, usaremos la normativa A en un extremo y la B en el otro. Si nos fijamos, vemos que, en la A, el pin 1 (Blanco-Verde) corresponde con el pin 3 en el otro conector (el mismo color), y así sucesivamente

Los pares trenzados se apantallan. De acuerdo con la forma en que se realiza este apantallamiento podemos distinguir varios tipos de cables de par trenzado, éstos se denominan mediante las siglas UTP, STP y FTP.

Dependiendo del número de pares que tenga el cable, del número de vueltas por metro que posea su trenzado y de los materiales utilizados, los estándares de cableado estructurado clasifican a los cables de pares trenzados por categorías: 1, 2, 3, 4, 5, 5e, 6 y 7. La última está todavía en proceso de definición.

Categoría 5: hasta 100 Mbits/seg. Utilizado para Ethernet 100Base-TX.

Categoría 5e: hasta 622 Mbits/seg. Utilizado para Gigabit Ethernet.

Categoría 6: soporta velocidades hasta 1000 Mbits/seg.

El cable de Par Trenzado debe emplear conectores RJ45 para unirse a los distintos elementos de hardware que componen la red. Actualmente de los ocho cables sólo cuatro se emplean para la transmisión de los datos. Éstos se conectan a los pines del conector RJ45 de la siguiente forma: 1, 2 (para transmitir), 3 y 6 (para recibir).

La Galga o AWG, es un organismo de normalización sobre el cableado. Es importante conocer el significado de estas siglas porque en muchos catálogos aparecen clasificando los tipos de cable. Por ejemplo, se puede encontrar que determinado cable consta de un par de hilos de 22 AWG.

AWG hace referencia al grosor de los hilos. Cuando el grosor de los hilos aumenta el AWG disminuye. El hilo telefónico se utiliza como punto de referencia; tiene un grosor de 22 AWG. Un hilo de grosor 14 AWG es más grueso, y uno de 26 AWG es más delgado.

### 12.2. Cable Coaxial

El cable coaxial es similar al cable utilizado en las antenas de televisión: un hilo de cobre en la parte central rodeado por una malla metálica y separados ambos elementos conductores por un cilindro de plástico, protegidos finalmente por una cubierta exterior.

La denominación de este cable proviene de hecho que los dos conductores comparten un mismo eje de forma que uno de los conductores envuelve al otro.

La malla metálica exterior del cable coaxial proporciona una pantalla para las interferencias. En cuanto a la atenuación, disminuye según aumenta el grosor del hilo de cobre interior, de modo que se consigue un mayor alcance de la señal.

Los tipos de cable coaxial para las redes de área local son:

Thicknet (ethernet grueso): Tiene un grosor de 1,27 cm y capacidad para transportar la señal a más de 500 m. Al ser un cable bastante grueso se hace difícil su instalación por lo que está prácticamente en desuso. Fue el primer cable montado en redes Ethernet. Este cable se corresponde con el estándar RG-8/U, posee un característico color amarillo con marcas cada 2,5 m que designan los lugares en los que se pueden insertar los ordenadores.

Thinnet (ethernet fino): Tiene un grosor de 0,64 cm y capacidad para transportar una señal hasta 185 m. Posee una impedancia de 50 ohmios. Es un cable flexible y de fácil instalación (comparado con el cable coaxial grueso). Se corresponde con el estándar RG58 y puede tener su núcleo constituido por un cable de cobre o una serie de hilos de cobre entrelazados.

El cable coaxial es menos susceptible a interferencias y ruidos que el cable de par trenzado y puede ser usado a mayores distancias que éste. Puede soportar más estaciones en una línea compartida. Es un medio de transmisión muy versátil con un amplio uso. Los más importantes son:

- Redes de área local.
- Transmisión telefónica de larga distancia.
- Distribución de televisión a casas individuales (televisión por cable).

Transmite señales analógicas y digitales, su frecuencia y velocidad son mayores que las del par trenzado.

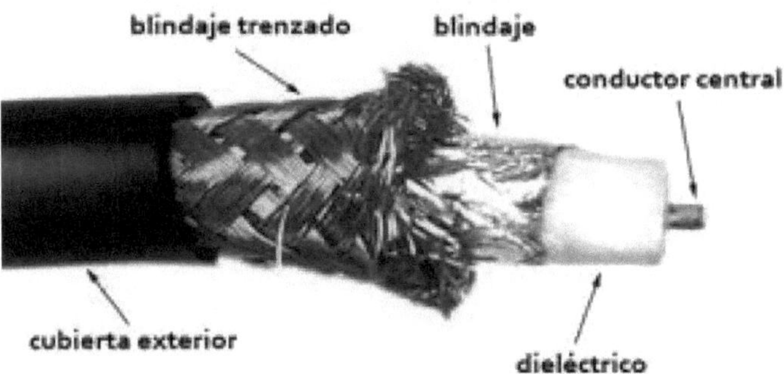


El gran inconveniente de este tipo de cable es su grosor, superior al del cable de par trenzado, lo que dificulta mucho su instalación, encareciendo ostensiblemente el coste por mano de obra. De ahí, que pese a sus ventajas, en cuanto a velocidad de comunicación y longitud permitida, no se presente de forma habitual en las redes de área local.

Los elementos necesarios para la conexión del cable coaxial pertenecen a la familia denominada BNC. Los principales son:

Conector BNC, en forma de T, conecta la tarjeta de red del ordenador con el cable de red.

Terminador, se trata de una resistencia de 50 ohmios que cierra el extremo del cable. Su finalidad es absorber las señales perdidas, y así evitar que reboten indefinidamente.

Conector acoplador, denominado barrel, utilizado para unir dos cables y así alargar su longitud.

### 12.3. Fibra Óptica

La fibra óptica está basada en la utilización de ondas de luz para transmitir información binaria.

Un sistema de transmisión óptico se compone de tres componentes:

- La fuente de luz: convencionalmente, un pulso de luz indica un bit 1 y la ausencia de luz un bit 0.

- El medio de transmisión: fibra de vidrio ultradelgada.
- El detector: genera un impulso eléctrico cuando la luz incide sobre él.

Al agregar una fuente de luz en un extremo de la fibra óptica y un detector en el otro extremo disponemos de un sistema de transmisión de datos unidireccional.

El medio de transmisión consiste básicamente en dos cilindros coaxiales de vidrios transparentes y de diámetros muy pequeños. El cilindro interior se denomina núcleo y el exterior se denomina envoltura, siendo el índice de refracción del núcleo algo mayor que el de la envoltura. En la superficie de separación entre el núcleo y la envoltura se produce un fenómeno de reflexión total de la luz. La envoltura, al poseer un menor índice de refracción mantiene toda la luz en el interior. Finalmente una cubierta plástica delgada impide que cualquier rayo de luz del exterior penetre en la fibra. Varias fibras suelen agruparse en haces protegidos por una funda exterior.

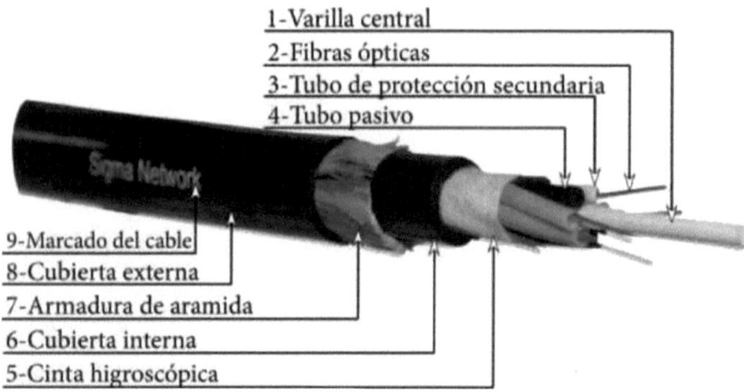


Existen tres formas diferentes de transmisión de la luz:

Monomodo: En este caso la fibra es tan delgada que la luz se transmite en línea recta. El núcleo tiene un radio de 10 µm y la cubierta de 125 µm.

Multimodo: La luz se propaga por el interior del núcleo incidiendo sobre su superficie interna, como si se tratara de un espejo. El núcleo tiene un radio de 100 µm y la cubierta de 140 µm.

Multimodo de índice gradual: La luz se transmite por el interior del núcleo mediante una refracción gradual. Esto es debido a que el núcleo se construye con un índice de refracción que va en aumento desde el centro a los extremos. Suele tener el mismo diámetro que las fibras multimodo.

La velocidad de transmisión es muy alta, pudiendo llegar hasta 1 Gbit/seg. Además, permite que la atenuación sea mínima, con lo que la señal puede transmitirse a longitudes mayores que con cable de par trenzado o coaxial, y no es interferida por ondas electromagnéticas. Sin embargo, su instalación y mantenimiento tiene un coste elevado. Habitualmente se emplea cuando es necesario cubrir largas distancias o la cantidad de información es alta.

Los conectores empleados para los cables de fibra óptica son los SC, siendo el estándar recomendado por ANSI/EIA/TIA el 568SC.

### Emisores del haz de luz

Estos dispositivos se encargan de convertir la señal eléctrica en señal luminosa, emitiendo el haz de luz que permite la transmisión de datos, estos emisores pueden ser de dos tipos:

- **LEDs**. Utilizan una corriente de 50 a 100 mA, su velocidad es lenta, solo se puede usar en fibras multimodo, pero su uso es fácil y su tiempo de vida es muy grande, además de ser económicos.

- **Lasers.** Este tipo de emisor usa una corriente de 5 a 40 mA, son muy rápidos, se puede usar con los dos tipos de fibra, monomodo y multimodo, pero por el contrario su uso es difícil, su tiempo de vida es largo pero menor que el de los LEDs y también son mucho más costosos.

### Conversores luz-corriente eléctrica

Este tipo de dispositivos convierten las señales luminosas que proceden de la fibra óptica en señales eléctricas. Se limitan a obtener una corriente a partir de la luz modulada incidente, esta corriente es proporcional a la potencia recibida, y por tanto, a la forma de onda de la señal moduladora.

Se fundamenta en el fenómeno opuesto a la recombinación que existe en el interior de las uniones PN, como en los diodos, es decir, en la generación de pares electrón-hueco (que genera corriente eléctrica igual que en las células fotovoltaicas) a partir de los fotones.

## 13. Dirección IP

Una **dirección IP** es una etiqueta numérica que identifica, de manera lógica y jerárquica, a un interfaz (elemento de comunicación/conexión) de un dispositivo (habitualmente un ordenador) dentro de una red que utilice el protocolo IP (*Internet Protocol*), que corresponde al nivel de red del Modelo OSI. Dicho número no se ha de confundir con la dirección MAC, que es un identificador de 48 bits para identificar de forma única la tarjeta de red y no depende del protocolo de conexión utilizado ni de la red. La dirección IP puede cambiar muy a menudo por cambios en la red o porque el dispositivo encargado dentro de la red de asignar las direcciones IP decida asignar otra IP (por ejemplo, con el protocolo DHCP). A esta forma de asignación de dirección IP se denomina también *dirección IP dinámica* (normalmente abreviado como *IP dinámica*).

Los sitios de Internet que por su naturaleza necesitan estar permanentemente conectados generalmente tienen una *dirección IP fija* (comúnmente, *IP fija* o *IP estática*). Esta no cambia con el tiempo. Los servidores de correo, DNS, FTP públicos y servidores de páginas web necesariamente deben contar con una dirección IP fija o estática, ya que de esta forma se permite su localización en la red.

Los ordenadores se conectan entre sí mediante sus respectivas direcciones IP. Sin embargo, a los seres humanos nos es más cómodo utilizar otra notación más fácil de recordar, como los nombres de dominio; la traducción entre unos y otros se resuelve mediante los servidores de nombres de dominio DNS, que a su vez facilita el trabajo en caso de cambio de dirección IP, ya que basta con actualizar la información en el servidor DNS y el resto de las personas no se enterarán, ya que seguirán accediendo por el nombre de dominio.

## 13.1. Direcciones IPv4

Las direcciones IPv4 se expresan por un número binario de 32 bits, permitiendo un espacio de direcciones de hasta 4.294.967.296 ($2^{32}$) direcciones posibles. Las *direcciones IP* se pueden expresar como números de notación decimal: se dividen los 32 bits de la dirección en cuatro octetos. El valor decimal de cada octeto está comprendido en el rango de 0 a 255 [el número binario de 8 bits más alto es 11111111 y esos bits, de derecha a izquierda, tienen valores decimales de 1, 2, 4, 8, 16, 32, 64 y 128, lo que suma 255].

En la expresión de direcciones IPv4 en decimal se separa cada octeto por un carácter único ".". Cada uno de estos octetos puede estar comprendido entre 0 y 255, salvo algunas excepciones. Los ceros iniciales, si los hubiera, se pueden obviar.

- Ejemplo de representación de dirección IPv4: 10.128.001.255 o 10.128.1.255

En las primeras etapas del desarrollo del Protocolo de Internet, los administradores de Internet interpretaban las direcciones IP en dos partes, los primeros 8 bits para designar la dirección de red y el resto para individualizar el ordenador dentro de la red.

Este método pronto probó ser inadecuado, cuando se comenzaron a agregar nuevas redes a las ya asignadas. En 1981 el direccionamiento internet fue revisado y se introdujo la arquitectura de clases (classful network architecture).

En esta arquitectura hay tres clases de direcciones IP que una organización puede recibir de parte de la Internet Corporation for Assigned Names and Numbers (ICANN): clase A, clase B y clase C.

- En una red de clase A, se asigna el primer octeto para identificar la red, reservando los tres últimos octetos (24 bits) para que sean asignados a los hosts, de modo que la cantidad máxima de hosts es $2^{24}$ - 2 (se excluyen la dirección reservada para broadcast (últimos octetos en 255) y de red (últimos octetos en 0)), es decir, 16.777.214 hosts.

- En una red de clase B, se asignan los dos primeros octetos para identificar la red, reservando los dos octetos finales (16 bits) para que sean asignados a los hosts, de modo que la cantidad máxima de hosts es $2^{16}$ - 2, o 65.534 hosts.

- En una red de clase C, se asignan los tres primeros octetos para identificar la red, reservando el octeto final (8 bits) para que sea asignado a los hosts, de modo que la cantidad máxima de hosts es $2^8$ - 2, ó 254 hosts.

| Clase | Rango | N° de Redes | N° de Host Por Red | Máscara de Red | Broadcast ID |
|---|---|---|---|---|---|
| A | 1.0.0.0 - 126.255.255.255 | 126 | 16.777.214 | 255.0.0.0 | x.255.255.255 |
| B | 128.0.0.0 - 191.255.255.255 | 16.384 | 65.534 | 255.255.0.0 | x.x.255.255 |
| C | 192.0.0.0 - 223.255.255.255 | 2.097.152 | 254 | 255.255.255.0 | x.x.x.255 |
| (D) | 224.0.0.0 - 239.255.255.255 | histórico | | | |
| (E) | 240.0.0.0 - 255.255.255.255 | histórico | | | |

- La dirección 0.0.0.0 es reservada por la IANA para identificación local.
- La dirección que tiene los bits de host iguales a cero sirve para definir la red en la que se ubica. Se denomina **dirección de red**.
- La dirección que tiene los bits correspondientes a host iguales a 255, sirve para enviar paquetes a todos los hosts de la red en la que se ubica. Se denomina **dirección de broadcast**.
- Las direcciones 127.x.x.x se reservan para designar la propia máquina. Se denomina **dirección de bucle local** o **loopback**.

El diseño de redes de clases (classful) sirvió durante la expansión de internet, sin embargo, este diseño no era escalable y frente a una gran expansión de las redes en la década de los noventa, el sistema de espacio de direcciones de clases fue reemplazado por una arquitectura de redes sin clases Classless Inter-Domain Routing (CIDR) en el año 1993. CIDR está basada en redes de longitud de máscara de subred variable (variable-length subnet masking VLSM) que permite asignar redes de longitud de prefijo arbitrario. Permitiendo una distribución de direcciones más fina y granulada, calculando las direcciones necesarias y "desperdiciando" las mínimas posibles.

## 13.2. Direcciones privadas

Existen ciertas direcciones en cada clase de dirección IP que no están asignadas y que se denominan direcciones privadas. Las direcciones privadas pueden ser utilizadas por los hosts que usan traducción de dirección de red (NAT) para conectarse a una red pública o por los hosts que no se conectan a Internet. En una misma red no pueden existir dos direcciones iguales, pero sí se pueden repetir en dos redes privadas que no tengan conexión entre sí o que se conecten mediante el protocolo NAT. Las direcciones privadas son:

- Clase A: 10.0.0.0 a 10.255.255.255 (8 bits red, 24 bits hosts).
- Clase B: 172.16.0.0 a 172.31.255.255 (12 bits red, 20 bits hosts). 16 redes clase B contiguas, uso en universidades y grandes compañías.
- Clase C: 192.168.0.0 a 192.168.255.255 (16 bits red, 16 bits hosts). 256 redes clase C continuas, uso de compañías medias y pequeñas además de pequeños proveedores de internet (ISP).

Muchas aplicaciones requieren conectividad dentro de una sola red, y no necesitan conectividad externa. En las redes de gran tamaño a menudo se usa TCP/IP. Por ejemplo, los bancos pueden utilizar TCP/IP para conectar los cajeros automáticos que no se conectan a la red pública, de manera que las direcciones privadas son ideales para estas circunstancias. Las direcciones privadas también se pueden utilizar en una red en la que no hay suficientes direcciones públicas disponibles.

Las direcciones privadas se pueden utilizar junto con un servidor de traducción de direcciones de red (NAT) para suministrar conectividad a todos los hosts de una red que tiene relativamente pocas direcciones públicas disponibles. Según lo acordado, cualquier tráfico que posea una dirección destino dentro de uno de los intervalos de direcciones privadas no se enrutará a través de Internet.

### 13.3. Máscara de subred

La máscara permite distinguir los bits que identifican la red y los que identifican el host de una dirección IP. Dada la dirección de clase A 10.2.1.2 sabemos que pertenece a la red 10.0.0.0 y el host al que se refiere es el 2.1.2 dentro de la misma. La máscara se forma poniendo a 1 los bits que identifican la red y a 0 los bits que identifican el host. De esta forma una dirección de clase A tendrá como máscara 255.0.0.0, una de clase B 255.255.0.0 y una de clase C 255.255.255.0. Los dispositivos de red realizan un AND entre la dirección IP y la máscara para obtener la dirección de red a la que pertenece el host identificado por la dirección IP dada. Por ejemplo, un router necesita saber cuál es la red a la que pertenece la dirección IP del datagrama destino para poder consultar la tabla de encaminamiento y poder enviar el datagrama por la interfaz de salida. Para esto se necesita tener cables directos. La máscara también puede ser representada de la siguiente forma 10.2.1.2/8 donde el /8 indica que los 8 bits más significativos de máscara están destinados a redes, es decir /8 = 255.0.0.0. Análogamente (/16 = 255.255.0.0) y (/24 = 255.255.255.0).

## 14. Comunicación vía PROFINET

Los equipos dotados con puerto Profinet soportan la comunicación basada en los protocolos TCP/IP, lo que les permite conexiones y comunicaciones muy diversas para el intercambio de datos a través del programa de usuario con otros interlocutores vía Ethernet.

A continuación se muestran algunas posibilidades de conexión para el S7-1200.

**Ejemplos de conexión PROFINET**

Conexión directa entre PC y una CPU S7-1200

Conexión directa una CPU S7-1200 y HMI

Conexión directa entre dos CPU S7-1200.

Conexión en red Profinet mediante Switch CSM-1277.

# TEMA 9: EJEMPLO ETHERNET

## 1. Comunicación PROFINET con TIA Portal

Vamos a realizar un ejemplo de comunicación entre dos S7-1200 a través de un switch, aunque no es imprescindible disponer de este último.

Realizamos la configuración del hardware de los dos PLC correctamente y comprobamos sus direcciones IP y sus máscaras para que estén en la misma red que nuestro PC haciendo doble clic sobre el PLC:

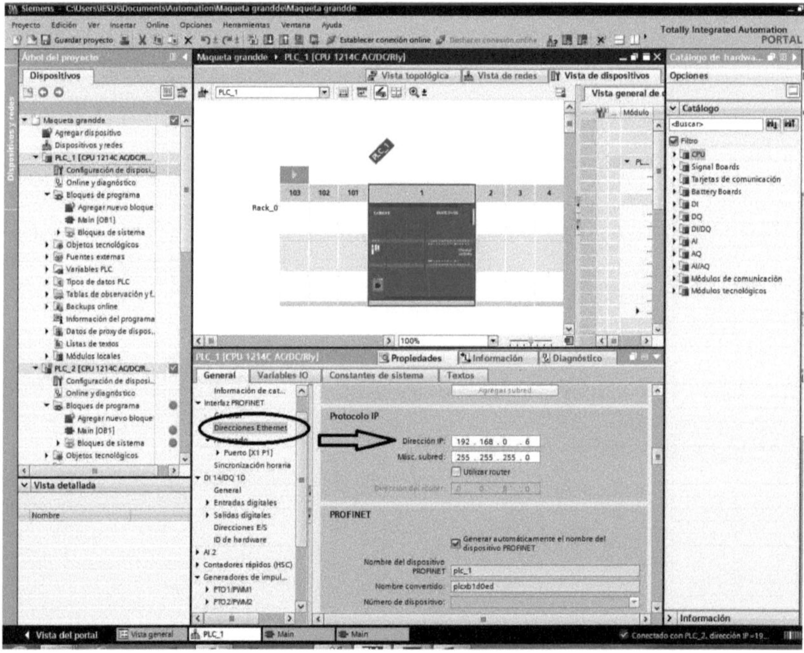


Para realizar comunicaciones vía Ethernet es necesario que todos los equipos de la red estén sincronizados. Para hacer esta configuración debemos activar la “Marca de ciclo” en cada PLC de la siguiente forma:

- Dentro de la ventana “Configuración de equipo” en la que estamos nos desplazamos por la pestaña “General” en “Propiedades” hasta llegar a “Marcas de sistema y ciclo”

- Activamos la casilla "Activar la utilización del byte de marcas de ciclo" (se encuentra más debajo de "Activar la utilización del byte de marcas de sistema" y no es lo mismo)

- Ponemos una dirección de marca que no vayamos a utilizar en el programa, como por ejemplo la dirección MB10:

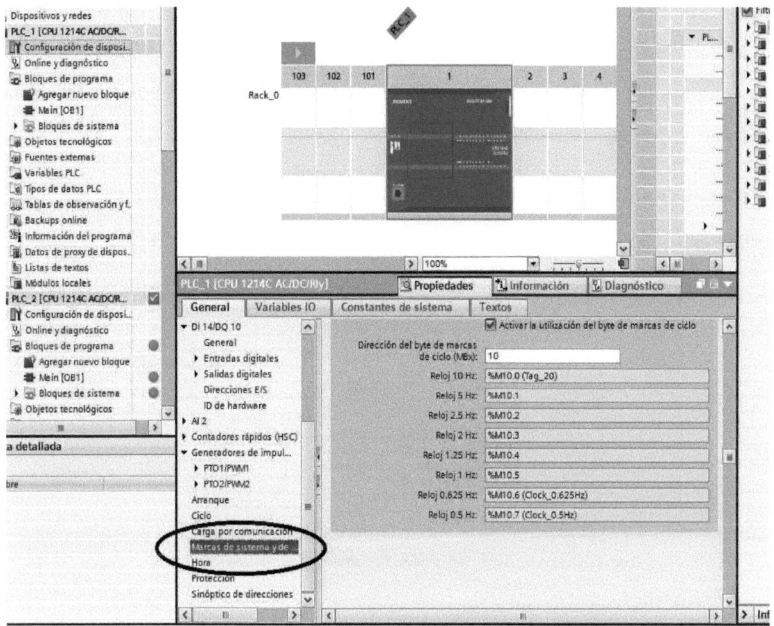


- Esta configuración la repetimos en el otro equipo.

## 1.1. Creación de la red Profinet

Una vez insertadas y configuradas nuestras CPU´s, desde la "Vista de redes" podemos ver cómo queda nuestro proyecto y las direcciones IP asociadas.

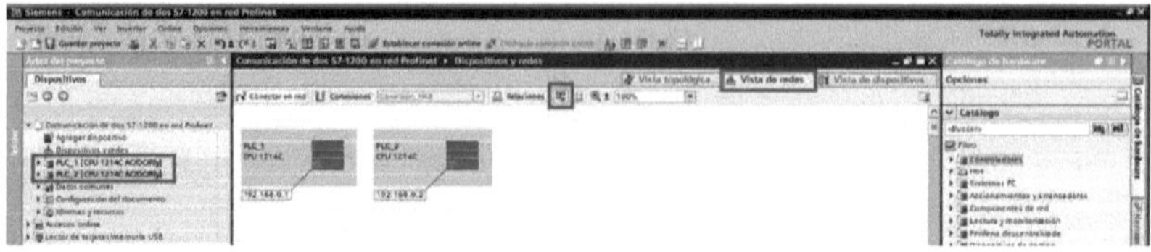

Para conectar los equipos en la red insertaremos el switch en nuestro proyecto. Deberemos hacerlo desde ventana **"Vista Topológica"** y realizar las conexiones entre el switch y los PLC´s. Para ello pincharemos sobre cada uno de los conectores Ethernet de las CPU y arrastraremos la conexión hasta cada uno de los puertos Ethernet del switch. De esta forma quedarán hechas las conexiones de la red.

Si no disponemos de switch hacemos la conexión directamente entre los dos autómatas (figuras siguientes):

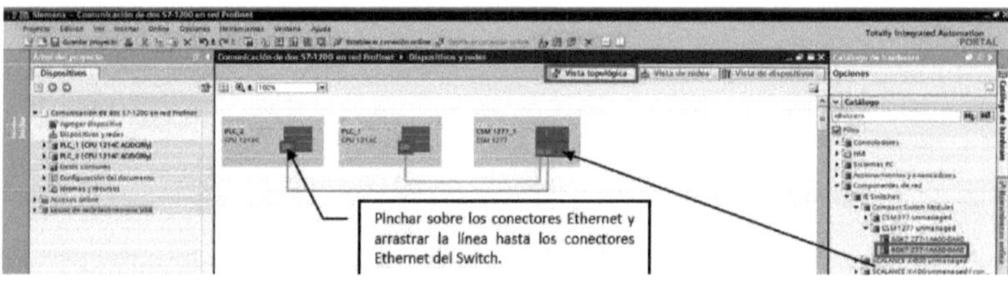


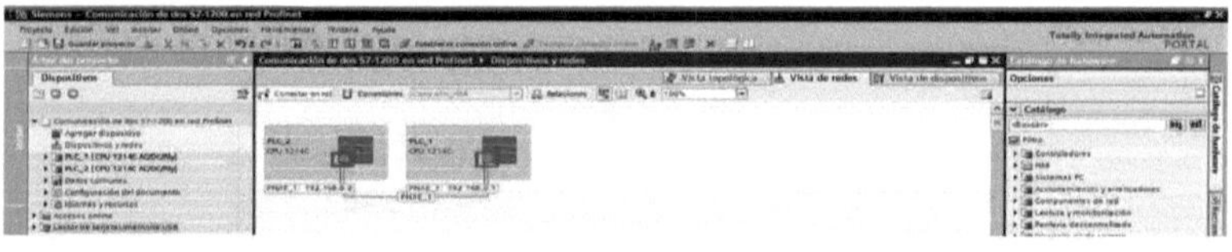

Finalmente, guardaremos nuestro proyecto. Guardar proyecto

Después de guardar el proyecto, procederemos a la carga de la configuración en cada uno de los PLC´s pulsando el **botón de carga.** También disponemos de la opción "**Carga avanzada de dispositivos**" desde el menú "**Online**".

Aquí hemos considerado que las direcciones IP grabadas en los PLC´s son las mismas que las fijadas en el proyecto. Si no se muestra nuestra CPU en la ventana de carga, deberemos activar la pestaña "**Mostrar dispositivos accesibles**" para que el TIA Portal nos muestre las CPU´s accesibles.

Para comprobar que existe conexión entre el PC y las CPU´s pulsaremos la pestaña "**parpadear LED**". Si la conexión es correcta comprobaremos que parpadean los led frontales de cada PLC.

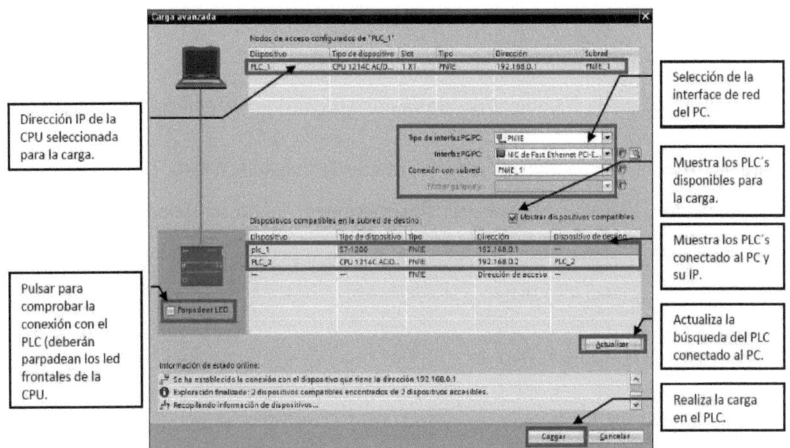


## 2. Programación de la Comunicación entre las CPU´s

Para que las CPUs puedan establecer la comunicación es preciso configurar parámetros para transmitir y recibir mensajes. Estos parámetros determinan cómo deben funcionar las comunicaciones al transmitir o recibir mensajes a/de un dispositivo de destino.

El puerto PROFINET del S7-1200 soporta las siguientes conexiones simultáneas:

- 3 conexiones para la comunicación entre dispositivos HMI y la CPU.
- 1 conexión para la comunicación entre la programadora (PC/PG) y la CPU.
- 8 conexiones para la comunicación del programa del S7-1200 utilizando instrucciones del bloque T (TSEND_C, TRCV_C, TCON, TDISCON, TSEN, TRCV). Una conexión S7-1200 activa sólo es posible con las instrucciones del bloque T. Este tipo de instrucciones sirven para establecer conexiones entre dos CPUs.
- 3 conexiones para la comunicación entre una CPU S7-1200 pasiva y una CPU S7

activa. La CPU S7 activa utiliza las instrucciones GET y PUT (S7-300 y S7-400) o ETHx_XFER(S7-200).

A modo de ejemplo vamos a hacer que el PLC-1 envié el byte (IB0) de sus Entradas Digitales al PLC-2. Dicha información la va a recibir PLC-2 en el byte (QB0) de sus Salidas Digitales. De esta forma cuando activemos un bit de entrada del PLC-1 se deberá activar el bit de salida correspondiente en el PLC-2.

## 2.1. Programación del PLC-1

Abrimos el OB1 del PLC-1 que es donde vamos a programar la función de envío de datos.

Para la transmisión de datos vamos a utilizar la función **TSEND_C.** Dicha función la encontraremos en la ventana de "**Instrucciones**" > "**Instrucciones Avanzadas**" > "**Comunicación**", donde en comunicación abierta tenemos las funciones TSEND_C y la TRECV_C.

- Insertamos la función TSEND_C.

La instrucción **TSEND_C** crea una conexión TCP o ISO on TCP con un interlocutor, envía datos y puede deshacer la conexión. Una vez configurada y establecida la conexión, la CPU la

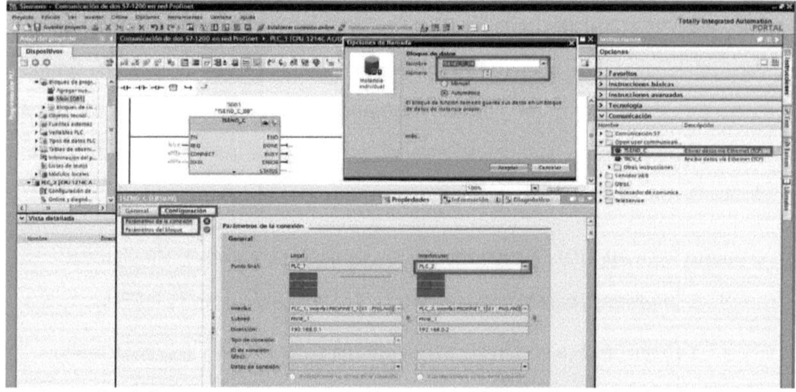

mantiene y la vigila automáticamente. La instrucción TSEND_C combina las funciones de las instrucciones TCON, TDISCON y TSEND. Estas instrucciones del programa controlan el proceso de comunicación:

- TCON sirve para establecer una conexión.
- TSEND y TRCV permiten enviar y recibir datos.
- TDISCON deshace la conexión.

Observaremos que al insertar la instrucción, se crea a través de la ventana de diálogo "**Opciones de llamada**"un bloque de instancia **DB** propio que servirá para almacenar los parámetros de la instrucción TSEND_C.

- Configuración de la instrucción TSEND_C:

Pinchando sobre el bloque **TSEND_C**, en la ventana de "**Configuración**" nos encontramos "**Parámetros de conexión**" y "**Parámetros de bloque**".

Comencemos por los "Parámetros de conexión para PLC-1". Esta ventana se utiliza para indicar cuál será el interlocutor con el que deseamos comunicar nuestra CPU, así como el protocolo Ethernet que vamos a utilizar.

Para nuestro proyecto, la configuración que deberemos utilizar para el PLC-1 es la siguiente:

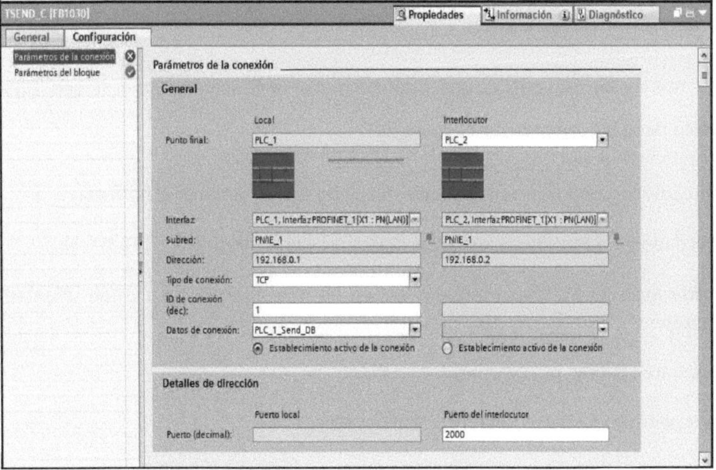


Interlocutor: **PLC-2** Interfaz: **por defecto** Subred: **por defecto** Dirección: **por defecto**

*Tipo de conexión:* **TCP.** Es posible que no podamos seleccionar nada hasta que no hayamos configurado el TRCV_C en el PLC-2

*ID de conexión:* ***por defecto.*** Es posible que no podamos seleccionar nada hasta que no hayamos configurado el TRCV_C en el PLC-2.

*Datos de conexión:* **PLC_1_Send_DB** generado por el PLC-1. Es posible que no podamos seleccionar nada hasta que no hayamos configurado el TRCV_C en el PLC-2.

*Establecimiento activo de la conexión:* **CPU-1**

*Detalles de dirección (puertos):* **por defecto.**

Protocolos soportados por el S7-1200

Los protocolos Ethernet soportados por la CPU S7-1200 se describen en los dos tipos de conexión siguientes:

| Protocolo | Nombre del protocolo | Us |
|---|---|---|
| **RFC 1006** | ISO on TCP | Fragmentación y reensamblado de |
| **TCP** | Transport Control Protocol | Transporte de tramas |

**Protocolo ISO on TCP (RFC 1006)**

ISO on TCP es un mecanismo que permite portar aplicaciones ISO a la red TCP/IP. Este protocolo tiene las características siguientes:

- Protocolo de comunicación eficiente vinculado estrechamente al hardware.
- Adecuado para cantidades de datos medianas y grandes (hasta 8192 bytes).
- A diferencia de TCP, los mensajes tienen un indicador de fin y están orientados a los mensajes.
- Apto para routing; puede utilizarse en WAN.
- Las longitudes de datos dinámicas son posibles.
- Es necesario programar la gestión de datos debido a la interfaz de programación SEND/RECEIVE.
- Utiliza Transport Service Access Points (TSAPs), el protocolo TCP permite establecer

varias conexiones con una sola dirección IP (hasta 64K conexiones). Gracias a RFC 1006, los TSAPs identifican unívocamente estas conexiones de puntos finales de comunicación a una dirección IP.

**Protocolo TCP** (Transport Control Protocol)

El objetivo principal de TCP es ofrecer un servicio de conexión seguro y fiable entre los equipos de procesos. Este protocolo tiene las características siguientes:

- Protocolo de comunicación eficiente puesto que está vinculado estrechamente al hardware.
- Adecuado para cantidades de datos medianas y grandes (hasta 8192 bytes).
- Ofrece numerosas prestaciones más a las aplicaciones, en particular:
  - Recuperación de errores
  - Control de flujo
  - Fiabilidad
- Protocolo orientado a la conexión.
- Puede utilizarse muy flexiblemente con sistemas de terceros que soporten únicamente TCP.
- Apto para routing.
- Son aplicables sólo las longitudes de datos estáticas.
- Los mensajes se acusan.
- Las aplicaciones se direccionan usando números de puerto.
- La mayoría de los protocolos de aplicación (p. ej. TELNET y FTP) utilizan TCP.
- Es necesario programar la gestión de datos debido a la interfaz de programación SEND/RECEIVE.

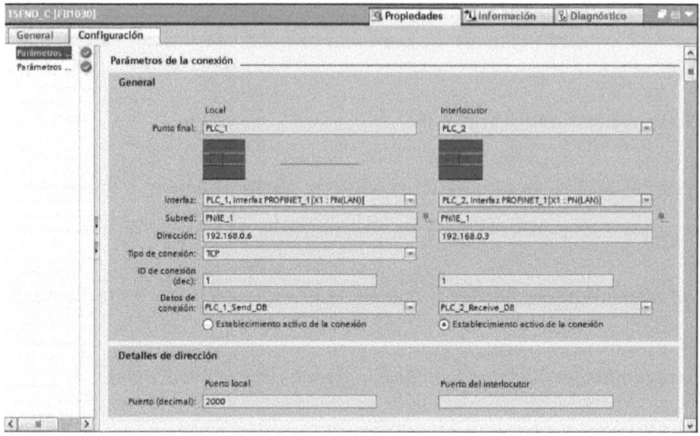


## 2.2. Programación del PLC-2

Abrimos el OB1 del PLC-2 que es donde vamos a programar la función de recepción de datos.

Para la transmisión de datos vamos a utilizar la función **TRECV_C.** Dicha función la encontraremos en la ventana de "**Instrucciones**" > "**Instrucciones Avanzadas**" > "**Comunicación**" donde en comunicación abierta tenemos las funciones TSEND_C y la TRECV_C.

- Insertamos la función TRECV_C.

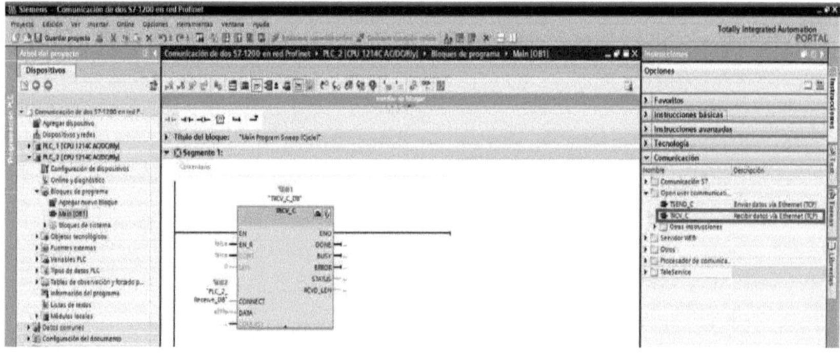

La instrucción **TRCV_C** establece una conexión TCP o ISO on TCP con una CPU interlocutora, recibe datos y puede deshacer la conexión. Una vez configurada y establecida la conexión, la CPU la mantiene y la vigila automáticamente. La instrucción TRCV_C combina las funciones de las instrucciones TCON, TDISCON y TRCV. Estas instrucciones del programa controlan el proceso de comunicación:

- TCON sirve para establecer una conexión.
- TSEND y TRCV permiten enviar y recibir datos.
- TDISCON deshace la conexión.

El tamaño mínimo de los datos que pueden recibirse con la instrucción TRCV_C es un byte.

La instrucción TRCV_C no soporta la transmisión de datos booleanos ni de matrices booleanas.

Al igual y como ocurrió al insertar la función TSEND_C, la función TRCV_C crea a través de la ventana de diálogo "**Opciones de llamada**" un bloque de instancia **DB** propio que servirá para almacenar los parámetros de la instrucción.

**Configuración de la instrucción TRCV_C:**

Pinchando sobre el bloque **TRCV_C**, en la ventana de "**Configuración**" nos encontramos igualmente "**Parámetros de conexión**" y "**Parámetros de bloque**".

La ventana **"Parámetros de conexión"** se utiliza para indicar cuál será el interlocutor con el que deseamos comunicar nuestra CPU, así como el protocolo Ethernet que vamos a utilizar.

Para nuestro proyecto, la configuración que deberemos utilizar para el PLC-2 es la siguiente:

*Interlocutor:* **PLC-1** *Interfaz:* **por defecto** *Subred:* **por defecto** *Dirección:* **por defecto** *Tipo de conexión:* **TCP**

*ID de conexión:* ***por defecto.***

*Datos de conexión:* **PLC_2_Receive_DB** generado por el PLC-2.

*Establecimiento activo de la conexión:* **CPU-1**

*Detalles de dirección (puertos):* **por defecto.**

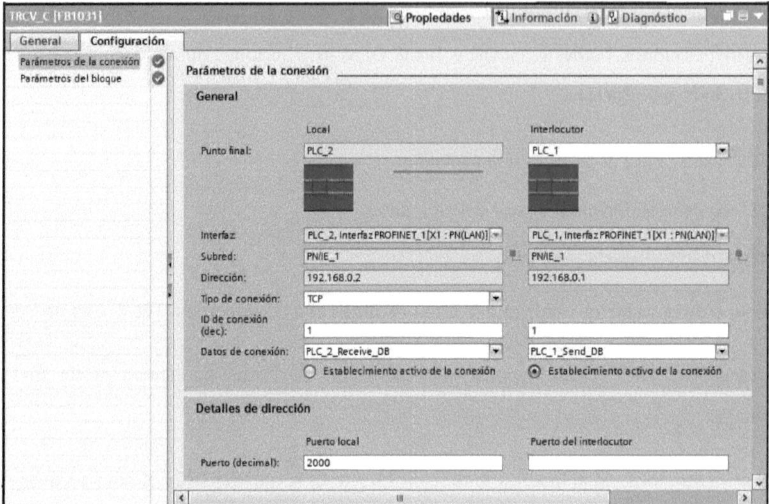


**Parámetros de Bloque para PLC-2**

La ventana "**Parámetros de bloque**" está reservada para configurar los parámetros de entrada/salida la instrucción TRCV_C_DB. En la tabla podemos ver una breve descripción de cada parámetro de E/S.

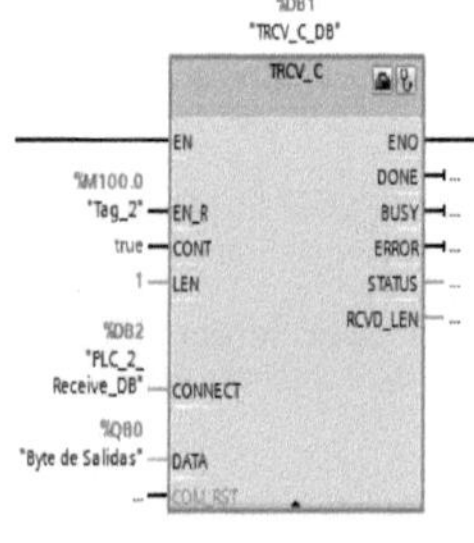


| Parámetro | Tipo de parámetro | Tipo de datos | Descripción |
|---|---|---|---|
| EN_R | IN | Bool | Parámetro de control habilitado para recibir: Si EN_R = 1, TRCV_C está listo para recibir. La tarea de recepción se procesa. |
| CONT | IN | Bool | Parámetro de control CONT:<br>• 0: desconectar<br>• 1: establecer y mantener la conexión |
| LEN | IN | Int | Longitud del área de recepción en bytes. (El ajuste predeterminado es 0, es decir, el parámetro DATA determina la longitud de los datos por enviar). |
| CONNECT | IN_OUT | Parám TCON | Puntero a la descripción de la conexión |
| DATA | IN_OUT | Variante | El área de recepción contiene la dirección inicial y la longitud máxima de los datos recibidos. |
| COM_RST | IN_OUT | Bool | • 1: Reinicio completo del bloque de función; se deshace la conexión existente. |
| DONE | OUT | Bool | • 0: Tarea no iniciada aún o en proceso.<br>• 1: Tarea finalizada sin errores. |
| BUSY | OUT | Bool | • 0: Tarea finalizada.<br>• 1: Tarea no finalizada aún. No se puede iniciar una tarea nueva. |
| ERROR | OUT | Bool | • 1: Ha ocurrido un error durante el procesamiento. STATUS proporciona información detallada sobre el tipo de error. |
| STATUS | OUT | Word | Información de error |
| RCVD_LEN | OUT | Int | Cantidad de datos (en bytes) recibida realmente |

La configuración que deberemos utilizar para el PLC-2 es la siguiente:

*Área de recepción* ***(EN_R):*** ***M10.0***

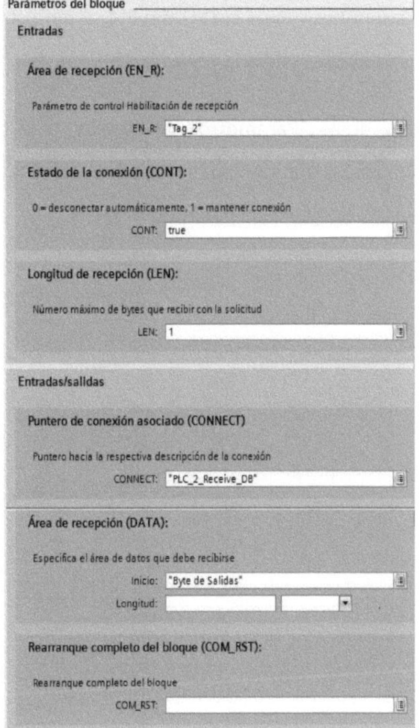


Habilita la recepción. Si EN_R = 1, TRCV_C está listo para recibir y la tarea de recepción se procesa.

*Estado de la conexión* ***(CONT):*** **1**

Determina si mantenemos o no la conexión. Si introducimos el valor "0" la conexión se interrumpirá inmediatamente. Si introducimos un "1" la conexión se mantiene.

*Longitud de recepción* ***(LEN):*** **1**

Establece el número máximo de bytes que deben recivirse. (El ajuste predeterminado es 0, es decir, el parámetro DATA determina la longitud de los datos por enviar).

*Puntero de conexión* ***(CONNECT):*** ***PLC_2_Receive_DB***

Seleccionamos el **DB** que genera la función que es donde irán los parámetros de la conexión.

*Área de transmisión* ***(DATA):*** **QB0**

Es el área de recepción. Determina donde se enviarán los datos recibidos tras el envío por TSEND_C. En nuestro caso recibiremos los datos directamente en el byte de salidas QB0.

*Rearranque completo del bloque* ***(COM_RST):*** ***por defecto***

Los parámetros de salida los dejaremos por defecto, sin rellenar.

**Parámetros de Bloque para PLC-1**

Y ahora nos vamos al OB1 del PLC_1 para completar la configuración de la conexión T_SEND que habíamos dejado por rellenar.

La ventana "**Parámetros de bloque**" está reservada para configurar los parámetros de entrada/salida de la instrucción TSEND_C_DB. En la tabla podemos ver una breve descripción de cada parámetro de E/S.

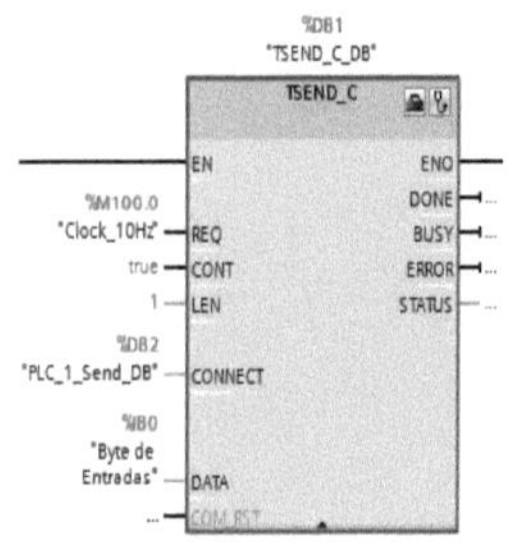


| Parámetro | Tipo de parámetro | Tipo de datos | Descripción |
|---|---|---|---|
| REQ | INPUT | Bool | El parámetro de control REQ inicia la tarea de transmisión con la conexión descrita en CONNECT cuando se detecta un flanco ascendente. |
| CONT | INPUT | Bool | • 0: desconectar<br>• 1: establecer y mantener la conexión |
| LEN | INPUT | Int | Número máximo de bytes que deben enviarse. (El ajuste predeterminado es 0, es decir, el parámetro DATA determina la longitud de los datos por enviar). |
| CONNECT | IN_OUT | Parám TCON | Puntero a la descripción de la conexión |
| DATA | IN_OUT | Variante | Área de emisión; contiene la dirección y la longitud de los datos por enviar. |
| COM_RST | IN_OUT | Bool | • 1: Reinicio completo del bloque de función; se deshace la conexión existente. |
| DONE | OUTPUT | Bool | • 0: Tarea no iniciada aún o en proceso.<br>• 1: Tarea finalizada sin errores. |
| BUSY | OUTPUT | Bool | • 0: Tarea finalizada.<br>• 1: Tarea no finalizada aún. No se puede iniciar una tarea nueva. |
| ERROR | OUTPUT | Bool | • 1: Ha ocurrido un error durante el procesamiento. STATUS proporciona información detallada sobre el tipo de error. |
| STATUS | OUTPUT | Word | Información de error |

*Inicio de la petición* ***(REQ)***: ***M10.0***

Iniciará la petición de la conexión con un flanco ascendente de la señal presente en M100.0 y a una frecuencia de 10 Hz. Tras una operación de envío correcta, TSEND_C activa el parámetro DONE durante un ciclo.

*Estado de la conexión* ***(CONT)***: **1**

Determina si mantenemos o no la conexión. Si introducimos el valor "0" la conexión se interrumpirá inmediatamente. Si introducimos un "1" la conexión se mantiene. Una vez establecida correctamente la conexión, TSEND_C activa el parámetro DONE durante un ciclo.

*Puntero de conexión* ***(CONNECT): PLC_1_Send_DB***

Seleccionamos el **DB** que genera la función que es donde irán los parámetros de la conexión.

*Área de transmisión* ***(DATA):*** **IB0**

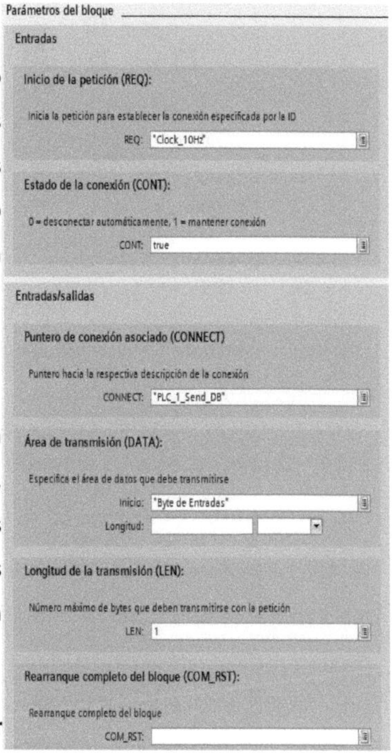

Son los datos que queremos enviar. En este caso vamos a enviar 1 bytes de entradas **IB0**. Debemos asegurarnos de que los datos (DATA) transmitidos por la instrucción TSEND_C tienen el mismo tamaño que el parámetro DATA de la instrucción TRCV_C.

*Longitud de la transmisión* ***(LEN):*** **1**

Establece el número máximo de bytes que deben enviarse. (El ajuste predeterminado es 0, es decir, el parámetro DATA determina la longitud de los datos por enviar). El tamaño mínimo de los datos que pueden transmitirse con la instrucción TSEND_C es un byte.

*Rearranque completo del bloque* ***(COM_RST): por defecto***

Por último, los parámetros de salida los dejaremos por defecto, sin rellenar.

Y con esto, lo único que nos queda es guardar nuestro proyecto, realizar la carga independiente en cada CPU´s y comprobar el funcionamiento de la comunicación.

## 3. Ejercicio: Sistema de transporte y clasificación por cinta controlado vía Ethernet

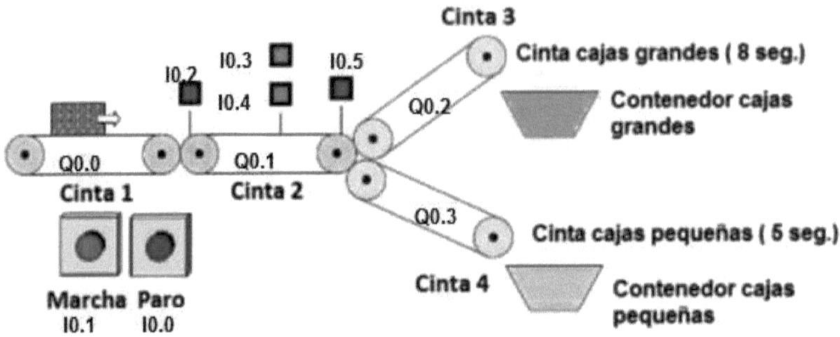


Queremos controlar el sistema mediante 2 PLCs conectados en red Ethernet, bajo las siguientes condiciones:

PLC-1 – Control de todos los sensores.

PLC-2 – Control de los motores de las cintas de transporte.

El funcionamiento es el siguiente: Tras pulsar "marcha", la cinta 1 se pone en funcionamiento para trasladar cajas a la cinta 2. Cuando se activa el sensor I0.2 la cinta 2 se pone en marcha, y la cinta 1 se detiene. Para seleccionar el tamaño de la caja se utilizan los sensores I0.3 e I0.4 colocados en línea. El sensor I0.5 indica que la caja sale de la cinta 2. • Si la caja es grande se activarían los 2 sensores (I0.3 e I0.4) a la vez, y la caja pasaría a la cinta 3 que funcionaría durante 8 segundos. • Si la caja es pequeña sólo se activaría el sensor I0.4 y la caja pasaría a la cinta 4 que funcionaría 5 seg. Una vez que la caja salga de la cinta 2 la cinta 1 se pone en funcionamiento para procesar otra caja. Las cajas van llenando dos contenedores. Cuando hayan pasado 10 cajas por el sensor I0.5 se detiene el proceso para que el operario sustituya los contenedores por otros vacíos. El proceso se inicia nuevamente tras la pulsación de "marcha". Así mismo, todo el proceso de detendrá si se activa el pulsador de "paro".

# TEMA 10: VALORES ANALÓGICOS

## 1. Bytes, Word y DWord

Dado que un autómata es un ordenador, almacena información en forma de condiciones On y Off (1 ó 0), refiriéndose a dígitos binarios (bits). A veces los dígitos binarios se usan individualmente y otras son utilizadas para representar valores numéricos.

### 1.1. Sistema Decimal

En los autómatas se usan varios sistemas numéricos. Todos los sistemas de números tienen las mismas características: dígitos, base, potencia. El sistema decimal, que es de utilización común en la vida diaria, tiene las características siguientes:

Diez dígitos: 0, 1, 2, 3, 4, 5, 6, 7, 8, 9

Base: 10

Potencias: 1, 10, 100, 1000,...

### 1.2. Sistema Binario

El sistema binario se usa en los controladores programables. Tiene las siguientes características:

Dos dígitos: 0 y 1

Base: 2

Potencias de base: 2 (1, 2, 4, 8, 16,...)

En el sistema binario los 1s y 0s se ordenan en columnas. Cada columna tiene un peso. La primera columna tiene un peso binario de $2^0$. Esto equivale al decimal 1. A éste se le denomina bit menos significativo. El peso binario se dobla en cada columna sucesiva. La siguiente columna, por ejemplo, tiene un peso de $2^1$, que equivale al decimal 2. El valor decimal se dobla en cada columna sucesiva. El número más a la izquierda se denomina bit más significativo. En el ejemplo, el bit más significativo tiene un peso binario de $2^7$. Es equivalente al decimal 128.

Bit más significativo ↓ Bit menos significativo ↓

| $2^7$ | $2^6$ | $2^5$ | $2^4$ | $2^3$ | $2^2$ | $2^1$ | $2^0$ |
|---|---|---|---|---|---|---|---|
| 128 | 64 | 32 | 16 | 8 | 4 | 2 | 1 |
| 0 | 0 | 0 | 1 | 1 | 0 | 0 | 0 |

## 1.3. Convertir el binario a decimal

Los siguientes pasos se pueden usar para interpretar un número decimal desde un valor binario:

1. Buscar de derecha a izquierda (de menos significativo a más significativo) los 1s.

2. Escribir la representación decimal de cada columna que contenga un 1.

3. Sumar los valores de esas columnas.

En el ejemplo siguiente, las columnas cuarta y quinta desde la derecha contienen un 1. El valor decimal de la cuarta columna desde la derecha es 8, y el valor decimal de la quinta columna desde la derecha es 16. El decimal equivalente de este número binario es 24. La suma de todas las columnas con peso que contienen un 1 es el número decimal que el autómata ha almacenado.

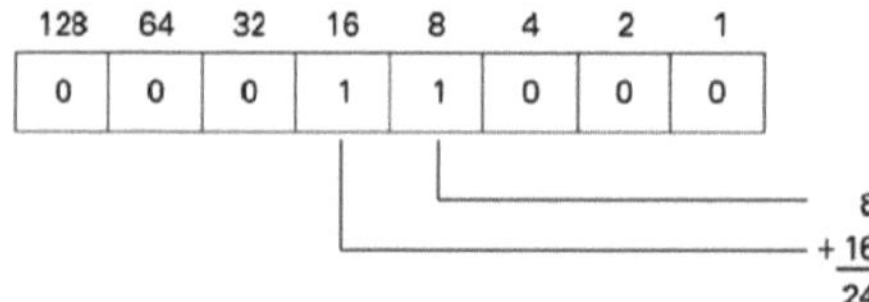


En el siguiente ejemplo las columnas cuarta y quinta desde la derecha contienen un 1. El valor decimal de la cuarta columna desde la derecha es 8, y el valor decimal de la sexta columna desde la derecha es 32. El decimal equivalente de este número binario es 40.

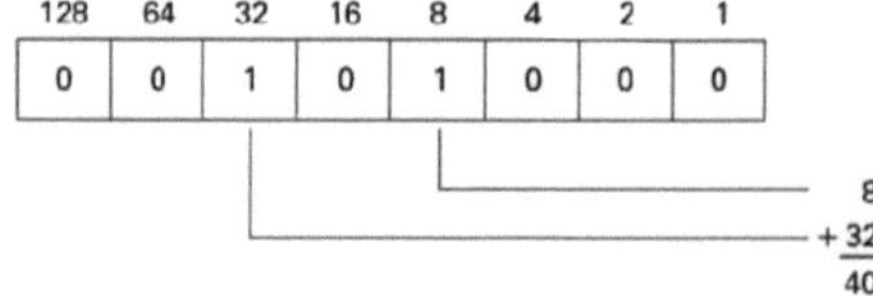

## 1.4. Bits, bytes, y palabras (Word)

Cada unidad binaria de datos es un bit. Cada 8 bits hacen 1 byte. 2 bytes ó 16 bits, hacen 1 palabra.

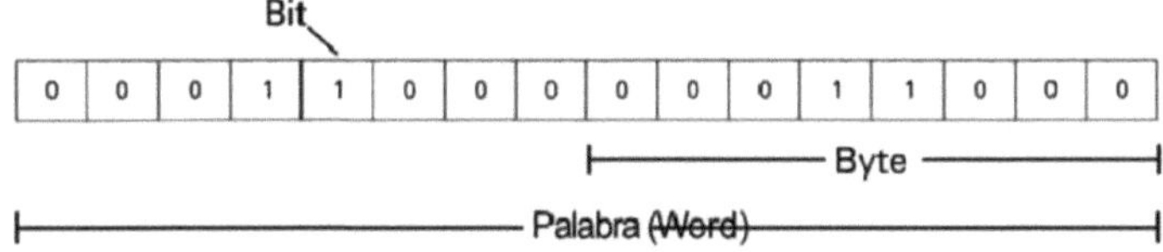


## 1.5. BCD

El código BCD (Binary-Coded Decimal) son números decimales en los que cada dígito está representado por un número binario de 4 bits. Un contador de vueltas es un ejemplo de un dispositivo de entrada de 4 bits. El BCD se usa comúnmente con dispositivos de entrada y salida. Los números binarios se rompen en grupos de 4 bits, cada grupo representa un decimal equivalente. Un contador de vueltas de 4 dígitos, como el que se muestra abajo, podría controlar 16 (4 x 4) entradas al autómata.

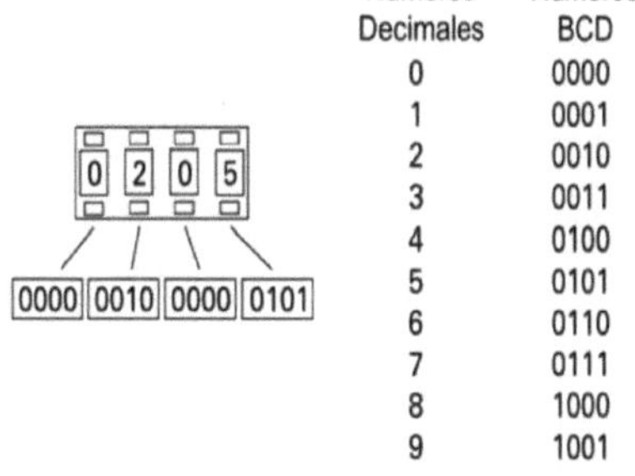


| Números Decimales | Números BCD |
|---|---|
| 0 | 0000 |
| 1 | 0001 |
| 2 | 0010 |
| 3 | 0011 |
| 4 | 0100 |
| 5 | 0101 |
| 6 | 0110 |
| 7 | 0111 |
| 8 | 1000 |
| 9 | 1001 |

## 1.6. Hexadecimal

El hexadecimal es otro sistema usado en los autómatas programables. El sistema hexadecimal tiene las características siguientes:

16 dígitos: 0, 1, 2, 3, 4, 5, 6, 7, 8, 9, A, B, C, D, E, F

Base: 16

Potencias de base: 16 (1, 16, 256, 4096...)

Se utilizan los diez dígitos del sistema decimal para los primeros diez dígitos del sistema hexadecimal. Se usan las primeras seis letras del alfabeto para los seis dígitos restantes.

A = 10 D = 13

B = 11 E = 14

C = 12 F = 15

El sistema hexadecimal se utiliza en los autómatas programables porque permite representar el estado de un gran número de bits binarios en un pequeño espacio como es la pantalla de un ordenador o un visualizador de programación. Cada dígito hexadecimal representa el estado exacto de 4 bits binarios.

Para convertir un número decimal a un número hexadecimal el número decimal se dividirá por base16. Por ejemplo, para convertir el decimal 28 a hexadecimal:

1 r 12
16 ) 28

El decimal 28 dividido entre 16 es 1 con un resto de 12. Doce es equivalente a C en hexadecimal. El hexadecimal equivalente del decimal 28 será pues 1C.

El valor decimal de un número hexadecimal se obtiene multiplicando individualmente los dígitos hexadecimales por el peso de base 16 y después sumando los resultados. En el siguiente ejemplo el número hexadecimal 2B se convierte a su decimal equivalente que es 43.

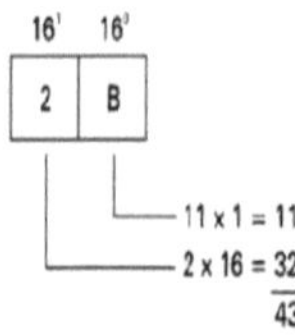

| Decimal | Binario | BCD | Hexadecimal |
|---:|---:|---:|---:|
| 0 | 0 | 0000 | 0 |
| 1 | 1 | 0001 | 1 |
| 2 | 1 | 0010 | 2 |
| 3 | 11 | 0011 | 3 |
| 4 | 100 | 0100 | 4 |
| 5 | 101 | 0101 | 5 |
| 6 | 110 | 0110 | 6 |
| 7 | 111 | 0111 | 7 |
| 8 | 1000 | 1000 | 8 |
| 9 | 1001 | 1001 | 9 |
| 10 | 1010 | 0001 0000 | A |
| 11 | 1011 | 0001 0001 | B |
| 12 | 1100 | 0001 0010 | C |
| 13 | 1101 | 0001 0011 | D |
| 14 | 1110 | 0001 0100 | E |
| 15 | 1111 | 0001 0101 | F |
| 16 | 1 0000 | 0001 0110 | 10 |
| 17 | 1 0001 | 0001 0111 | 11 |
| 18 | 1 0010 | 0001 1000 | 12 |
| 19 | 1 0011 | 0001 1001 | 13 |
| 20 | 1 0100 | 0010 0000 | 14 |
| . | . | . | . |
| . | . | . | . |
| 126 | 111 1110 | 0001 0010 0110 | 7E |
| 127 | 111 1111 | 0001 0010 0111 | 7F |
| 128 | 1000 1000 | 0001 0010 1000 | 80 |
| . | . | . | . |
| . | . | . | . |
| 510 | 1 1111 1110 | 0101 0001 000 | 1FE |
| 511 | 1 1111 1111 | 0101 0001 0001 | 2FF |
| 512 | 10 0000 0000 | 0101 0001 0010 | 200 |

## 2. ¿Por qué valores analógicos?

Cuando necesitamos activar máquinas lo hacemos mediante una única señal para cada máquina, es decir, un bit por máquina. Por ejemplo, si queremos arrancar tres motores utilizaremos tres bits, uno por motor.

Lo mismo, para maniobrar esas máquinas nos servimos de bits: uno de marcha, otro de paro, etc.

Sin embargo, cuando la máquina tiene distintos modos de funcionamiento: velocidad de un motor, temperatura de un horno, etc., no es posible realizar el control con el bit de marcha; necesitamos más datos.

Si unimos 8 bits para formar un byte resulta que las distintas combinaciones de ceros y unos que forman esos 8 bits nos da 256 posibles estados de funcionamiento de la máquina.

Para obtener más valores o más precisión podemos recurrir a unir 16 bits, o sea, 2 bytes. De esta forma tenemos 65535 combinaciones posibles. A estos 2 bytes les denominamos Word.

De forma similar, dos Word unidos formarán un DWord y tendrá 32 bits y $2^{32}$ combinaciones posibles.

En la práctica los PLC utilizan el bits 16 como bits de signo: cero positivo, uno negativo. Por lo tanto las combinaciones máximas para un Word serán desde -32767 hasta 32767.

## 3. Carga de bytes analógicos

Para poder cargar los valores analógicos en el PLC vamos a recurrir a sistemas electrónicos que nos entreguen a la entrada valores de 4-20 mA o 0-10 V, estos valores se convertirán en Bytes, Word o doble Word para poder visualizar y operar con estos ellos.

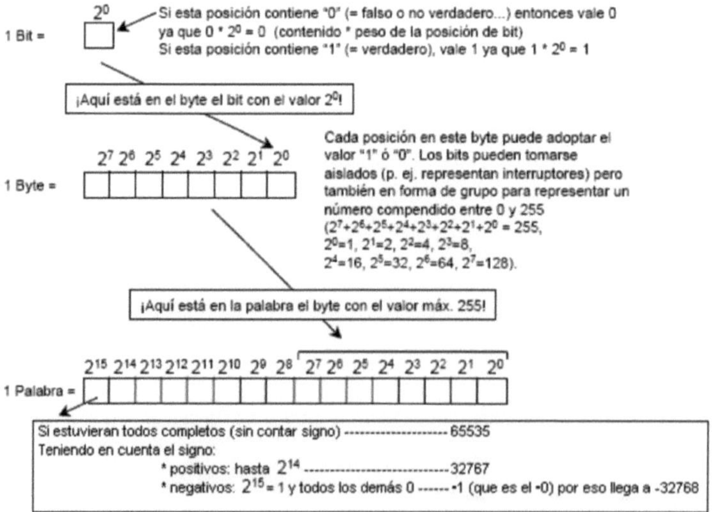

Si trabajamos con una entrada analógica de corriente al cargar un byte (8 bits, es decir de 0 a 255), el valor de la corriente de entrada pasará al byte que designemos, de forma que cuando la corriente es de 4 mA el valor del byte será el menor, esto es, 0 y cuando sea de 20 mA pasará al mayor admisible, es decir, 255. Algo similar ocurre al trabajar con tensión: 0 V será 0 y 10 V el valor 255. Los valores intermedios de tensión o corriente tomarán valores intermedios de bytes. Operando debidamente conseguiremos visualizar el valor real de la medida. Realicemos un ejemplo.

Supongamos que queremos visualizar una temperatura que puede variar entre 0 y 100 grados. La visualización será mediante un byte, por lo tanto el valor 0 corresponderá a 0º y el 255 a 100º. Si dividimos el valor del byte de entrada entre 2,55 obtenemos el valor real de la temperatura:

Para 0 / 2,55 = 0º C

10 / 2.55 = 3,9º C

80 / 2,55 = 31,4º C

190 / 2.55 = 74,5º C

Por supuesto, estos valores son independientes del tipo de conversión que se haya utilizado (tensión o corriente).

Si en lugar de utilizar un byte utilizamos una palabra (Word) se conseguiría más exactitud en la medida ya que la variación sería entre 0 y 32767.

Cada modelo de autómata utiliza una forma diferente de direccionar sus entradas analógicas, por lo que es conveniente leer las indicaciones del fabricante.

El autómata S7-1200 dispone de dos entradas analógicas en el módulo básico. Estas entradas se encuentran a la derecha de las entradas digitales (ver cableado del PLC en el tema 4) y son del tipo tensión 0-10 Vcc con una resolución de 10 bits y un rango total de 0 a 27648.

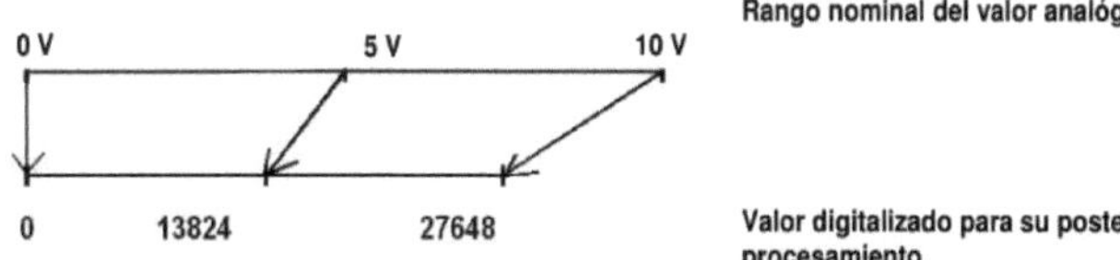


Rango nominal del valor analógico

Valor digitalizado para su posterior procesamiento

Las direcciones de trabajo para estas entradas son desde la 64 a la 67, divididas en dos palabras (Word) de 16 bits. La primera utilizaría los bytes 64 y 65 y la segunda los bytes 66 y 67.

Desde la configuración del PLC en el TIA Portal podemos ver esta configuración:

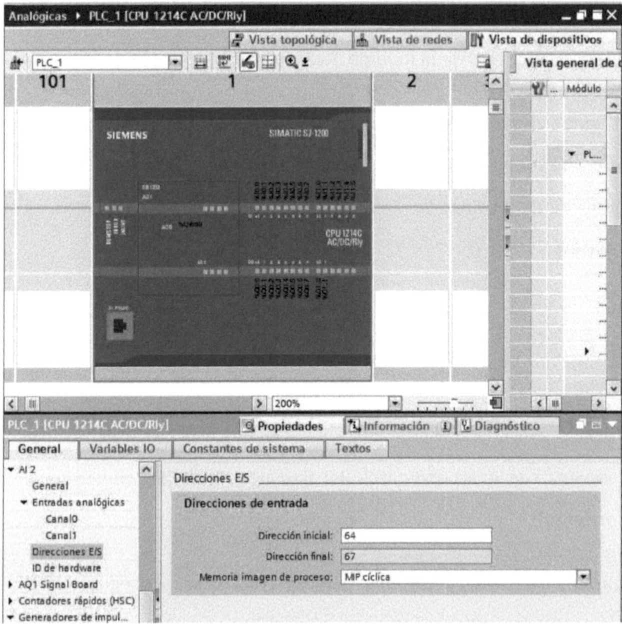


Para leer el valor de la primera entrada analógica utilizaremos la variable %IW64 y la variable %IW66 para la segunda. Admite entrada en tensión de 0 a 10 Vcc.

Las entradas analógicas se encuentran en la zona de las entradas a la derecha de las entradas digitales como podemos ver en la figura siguiente.

Para hacer una prueba de conexión utilizaremos una conexión como la de la figura siguiente en la que utilizaremos un potenciómetro de unos 10 K en serie con una resistencia de un valor un poco superior, por ejemplo, 12 K conectados en serie a la alimentación del 24 Vcc del PLC con lo que conseguiremos variar la tensión de 0 hasta los 10 Vcc aproximadamente.

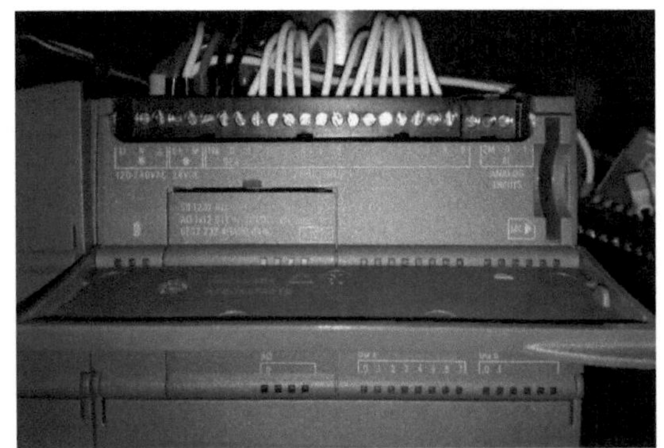

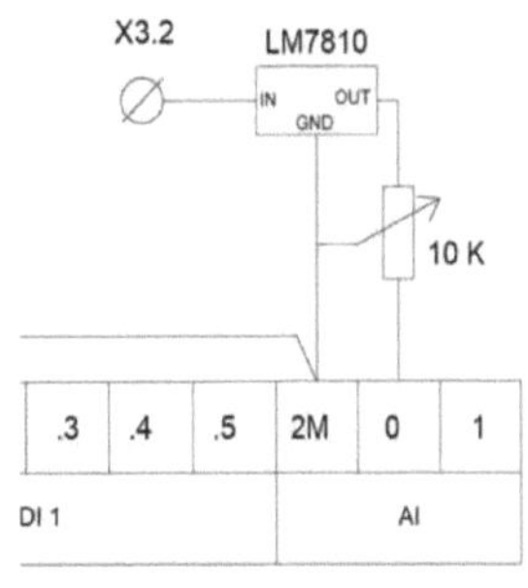


## 4. Operaciones básicas con señales analógicas

Como se comentó en el punto anterior, la señal de entrada analógica se debe tratar para adaptarla al rango de valores que queramos utilizar. Vamos a ver qué instrucciones principales utilizaremos para este fin.

### 4.1. Operaciones aritméticas (1200)

Las operaciones que podemos realizar son: sumar, restar, multiplicar, dividir, etc. Los valores de entrada pueden ser números enteros de 16 bits (Word) y el resultado un número entero de 16 bits o entero doble de 32 bits. Además, pueden ser números reales de 32 bits, en este caso el resultado siempre será un real de 32 bits.

En el cuadro de la figura vemos las instrucciones de estas operaciones.

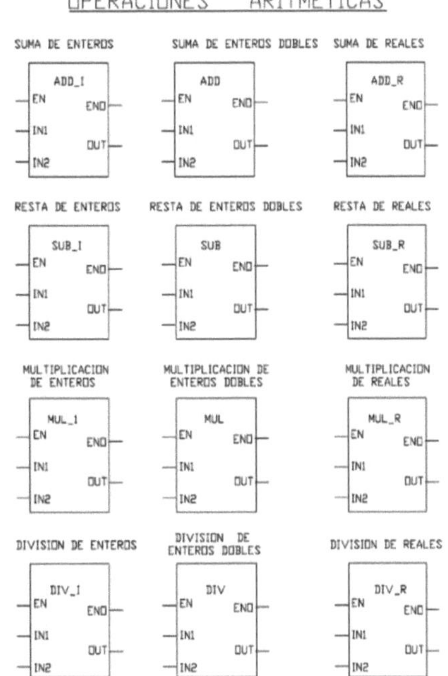

En estas instrucciones colocaremos la señal de activación en el casillero de entrada denominado "EN". Los operandos se situarán en IN1 e IN2 y el resultado en OUT.

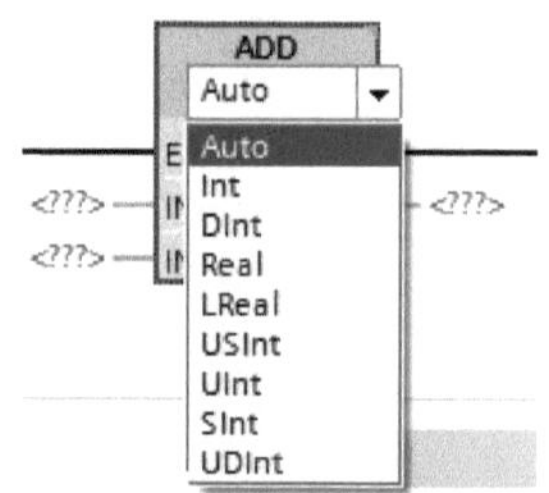


Al situar la operación en el segmento elegiremos el tipo de número que vamos a utilizar o dejaremos en Auto. La estrella de la parte inferior permite introducir más operandos.

## 4.2. Operaciones de comparación

Una vez realizadas las operaciones aritméticas necesarias debemos comparar el valor de entrada con los valores que deseemos en el proceso para el correcto funcionamiento, activación de elementos de salida, marcas, avisos, etc.

En la siguiente figura vemos las principales operaciones de comparación en la figura vemos las operaciones de comparación:

| Tipo de Relación | Nombre | Instrucción | La comparación se cumple si: |
|---|---|---|---|
| == | Igual a | %MW1 "Entrada1" == Int %MW2 "Entrada2" | **ENTRADA1** es igual a **ENTRADA2** |
| <> | Diferente a | %MW1 "Entrada1" <> Int %MW2 "Entrada2" | **ENTRADA1** es diferente a **ENTRADA2** |
| >= | Mayor o Igual a | %MW1 "Entrada1" >= Int %MW2 "Entrada2" | **ENTRADA1** es mayor o igual a **ENTRADA2** |
| <= | Menor o Igual a | %MW1 "Entrada1" <= Int %MW2 "Entrada2" | **ENTRADA1** es menor o igual a **ENTRADA2** |
| > | Mayor que | %MW1 "Entrada1" > Int %MW2 "Entrada2" | **ENTRADA1** es mayor que **ENTRADA2** |
| < | Menor que | %MW1 "Entrada1" < Int %MW2 "Entrada2" | **ENTRADA1** es menor que **ENTRADA2** |

Para realizar las comparaciones colocaremos en primer número en la parte superior de la instrucción y lo compararemos con el que situemos en la parte inferior. En este caso debemos elegir obligatoriamente el tipo de datos numéricos que estamos utilizando.

**Ejemplo 1:** Se desea comparar una entrada analógica con el valor 150, si es igual se activará la salida Q0.0. El valor analógico lo leemos por la entrada analógica primera (IW64), para adaptarlo a la medida real debe ser dividido entre 5 y el resultado obtenido será depositado en la variable de marca 10

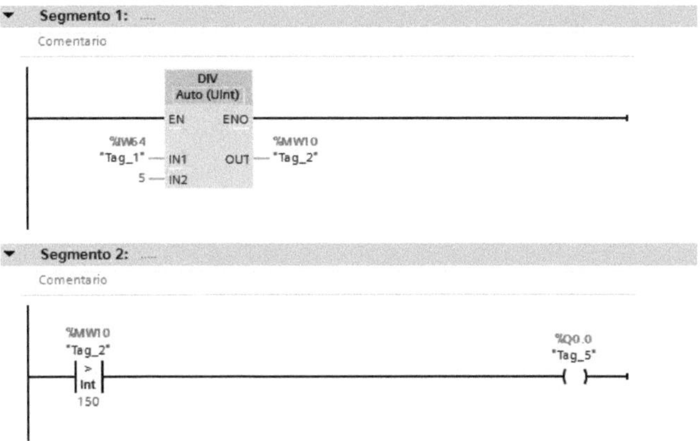


Ejemplo 2: Las dos entradas analógicas se desean restar y comparar su valor con 100. Si es mayor o igual a 100 se activará la salida Q0.0.

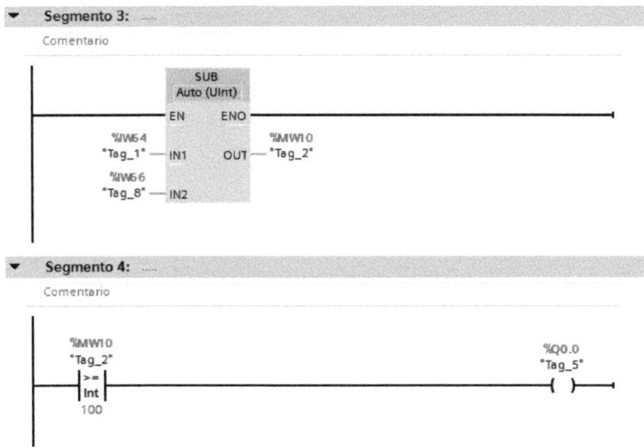

## 4.3. Operaciones de transferencia

En muchas ocasiones nos interesa transferir el resultado de una operación u otro lugar de la memoria diferente, por ejemplo, a una variable de datos o a una marca concreta, para ello se utilizan las operaciones transferencia.

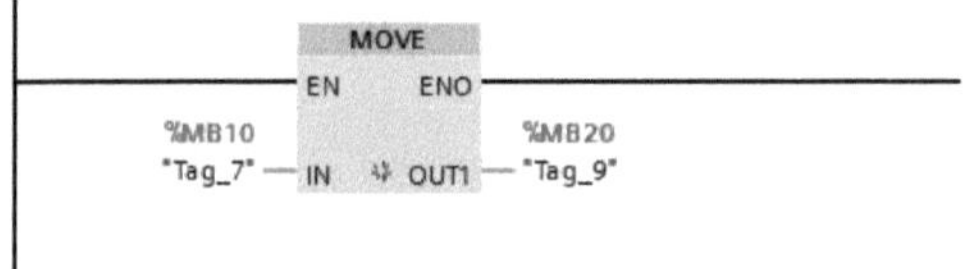


En estas instrucciones, simplemente, se pone en IN la dirección origen y en OUT la dirección destino de la transferencia.

## 4.4. Escalado en S7-1200

Utilizando el software TIA Portal disponemos de instrucciones para realizar el escalado y normalización de los valores de entradas y salidas analógicas y adecuarlas a nuestro proceso. Dentro de las "Instrucciones básicas" en la sección de "Conversión" nos encontramos con este tipo de instrucciones:

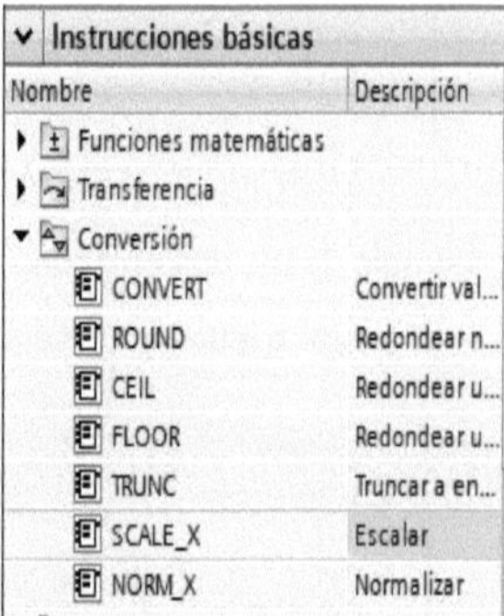


Las dos instrucciones que vamos a utilizar son SCALE_X y NORM_X.

La instrucción "NORM_X" (Normalizar) normaliza el valor de la variable de la entrada VALUE representándolo en una escala lineal. Los parámetros MIN y MAX sirven para definir los límites de un rango de valores que se refleja en la escala. En función de la posición del valor que se debe normalizar en este rango de valores, se calcula el resultado y se deposita como número en coma flotante en la salida OUT. Si el valor que se debe normalizar es igual al valor de la entrada MIN, la salida OUT devuelve el valor "0.0". Si el valor que se debe normalizar es igual al valor de la entrada MAX, la salida OUT devuelve el valor "1.0".

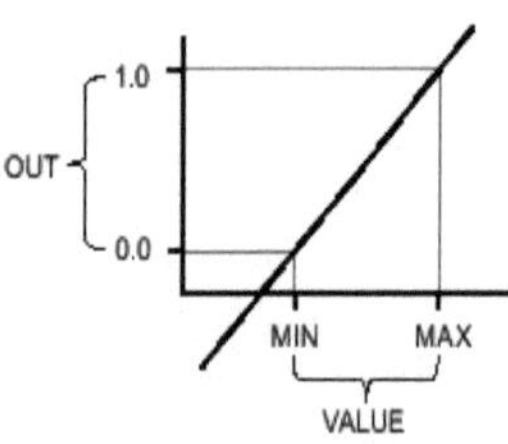

La figura siguiente muestra un ejemplo de cómo pueden normalizarse los valores:

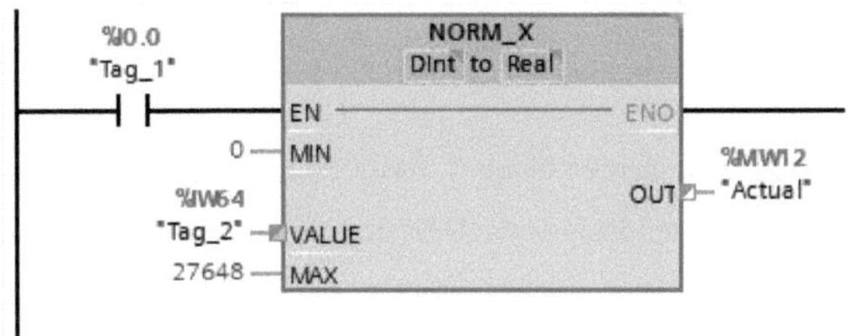


La instrucción "SCALE_X" (Escalar) escala el valor de la entrada VALUE mapeándolo en un determinado rango de valores. Al ejecutar la instrucción "Escalar", el número en coma flotante de la entrada VALUE se escala al rango de valores definido por los parámetros MIN y MAX. El resultado de la escala es un número entero que se deposita en la salida OUT.

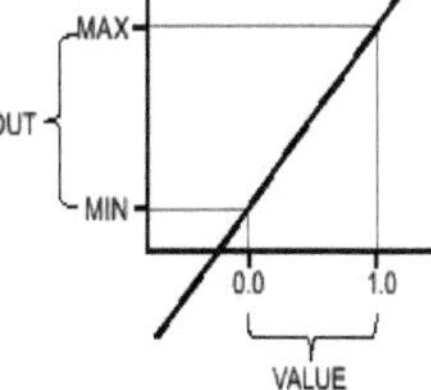


La figura siguiente muestra un ejemplo de cómo pueden escalarse los valores:

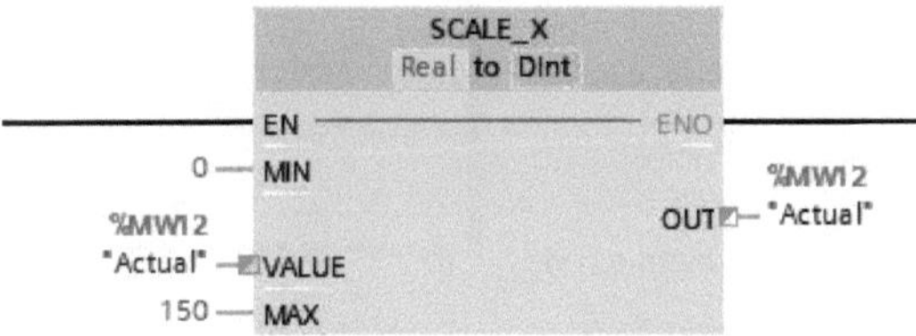

# TEMA 11: FUNCIONES AVANZADAS EN TIA PORTAL

## 1. Introducción

En el PLC S7-1200 los programas se escriben en bloques. Hasta este momento hemos estado trabajando con el bloque de organización Main [OB1] que representa la interfaz del sistema operativo de la CPU, esta abre el OB1 automáticamente y ejecuta sus instrucciones en el orden en el que se han guardado en la memoria de programa. Al llegar al fin del programa (fin de bloque), vuelve a comenzar la ejecución del programa desde el principio.

Esto se denomina ejecución cíclica.

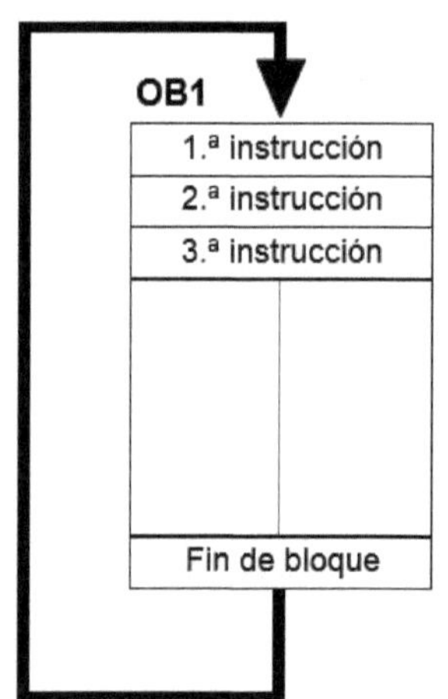


Tareas de control sencillas se pueden implementar en un único bloque de organización (OB), pero cuando se necesitan resolver problemas más complejos la mejor forma de hacerlo es subdividiendo el programa en bloques más pequeños y ordenados por funciones, que permitan la comprobación de las partes del programa de forma independiente y ejecutarse como una función global durante el funcionamiento.

Estos bloques son llamados desde los bloques de organización. Cuando se finaliza el bloque llamado se retorna al bloque de organización que lo llamó, específicamente a la fila situada detrás de la llamada.

## 2. Bloques para la programación del S7-1200

Para la programación estructurada en el S7-1200 existen los siguientes bloques:

**Bloques de Organización (OB's)**

- Los bloques de organización (OB's) constituyen la interfase entre el sistema operativo del PLC y el programa de usuario. El programa completo puede almacenarse en el OB, que es ejecutado cíclicamente por el sistema operativo (programa lineal) o puede dividirse y almacenarse en distintos bloques (programa estructurado). En este segundo caso desde el programa OB iremos llamando a los distintos bloques de programa.

**Funciones FC**

- Una función (FC) contiene el programa de trabajo, éste puede dividirse en diversas funciones que realizan tareas distintas. Los FC se numeran para cada función distinta: FC1, FC2, FC3, etc. La ejecución se hará desde las llamadas del programa OB. Los bloques FC no tienen un área de memoria asignada para su ejecución; los datos locales del FC se pierden después de cada ejecución.

**Bloques de función FB**

- Básicamente, los bloques de función ofrecen la misma funcionalidad que las funciones FC. La diferencia radica en que los bloques de función necesitan un área de memoria que se llamará a través de un bloque de datos (DB). Estos bloques son parametrizables, es decir, las variables con las que van a realizar la función (entradas, salidas, temporizadores, ...) varían en cada llamada. Como resultado, los bloques de función están concebidos para tareas muy repetitivas o funcionalidades complejas, como tareas de control en lazo cerrado.

**Bloques de datos DB**

- Los bloques de datos (DB) son áreas de datos del programa de usuario en las que los datos son distribuidos de forma estructurada y pueden ser utilizados para almacenar cualquier variable que pueda ser utilizada en un programa.

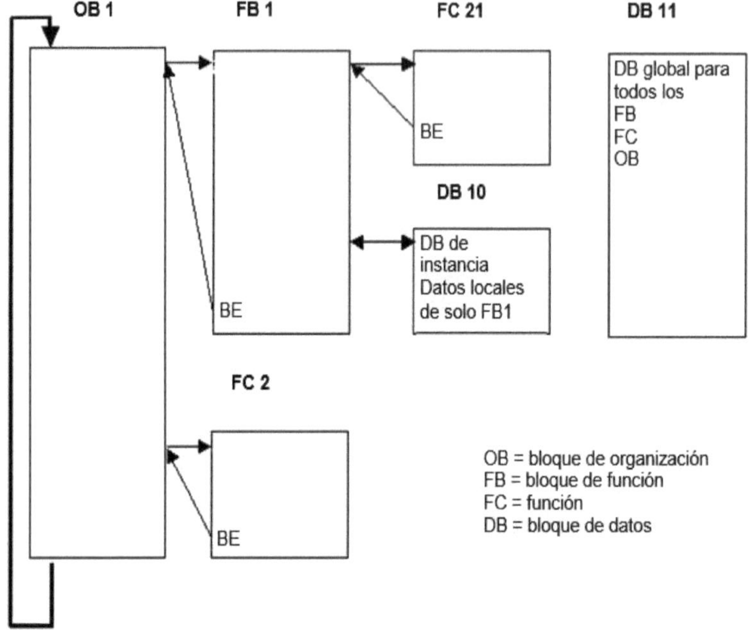


# 3. Bloque de arranque de autómata OB100

El OB100 es un bloque de organización que se ejecuta cuando alimentamos o cuando pasamos de STOP --> RUN el autómata (arranque completo en caliente).

Este bloque se ejecuta un ciclo de SCAN cuando arranca la CPU del autómata lo que nos va a permitir realizar acciones de programa al arranque como, por ejemplo:

- Cargar valores de inicialización de variable.
- Poner a cero el estado de una secuencia Grafcet.
- Indicar el número de pantalla del HMI.

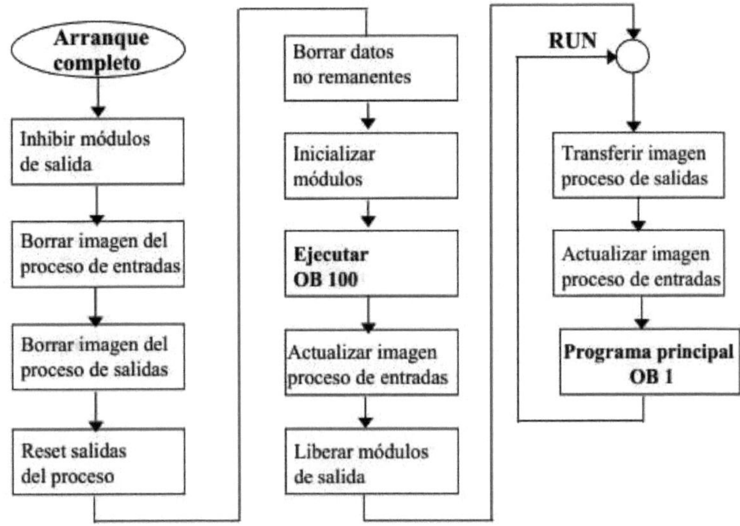


### 3.1. Programar un OB100 en TIA Portal

Para programar el bloque de arranque OB100 utilizando TIA Porta debemos ir a "Bloque de programa - Agregar nuevo bloque"

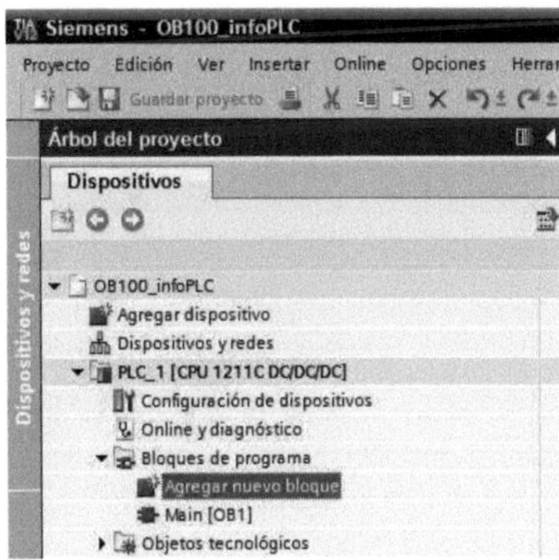


En la ventana que se despega seleccionamos que el nuevo bloque sea una OB y del tipo "Starup" con el número 100

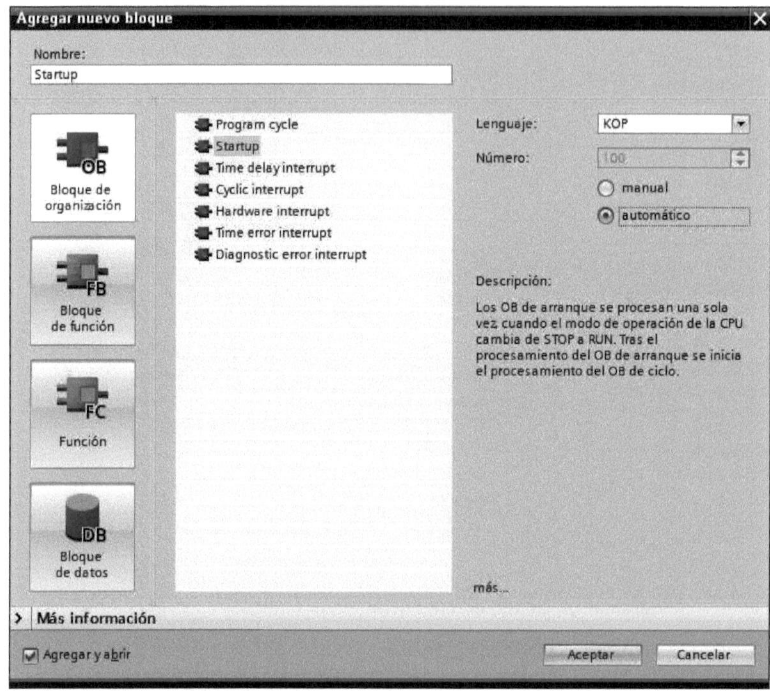


Esto nos va a crear un nuevo bloque OB100 en donde podemos programar todas las tareas necesarias cuando el PLC se reinicie, en el ejemplo iniciamos la variable %MW0 con el valor +100

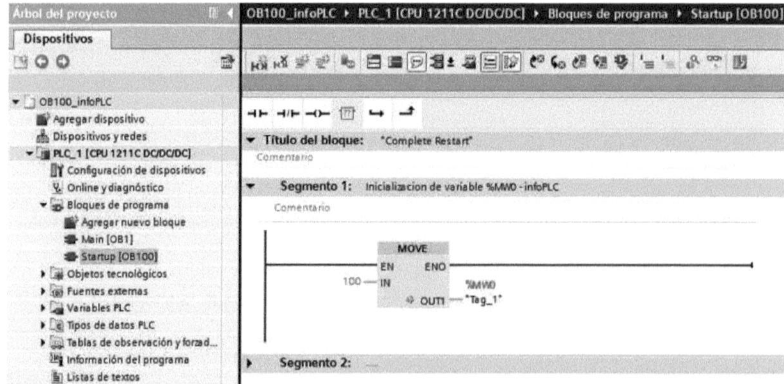

# 4. Ejemplo de bloque de función

A continuación, vemos un ejemplo de creación de bloques de función para un sencillo programa de control:

- Se realizará una llamada incondicional a una función FB1 para la activación de una salida desde una marca.
- La segunda llamada a otro bloque FB2 se realizará a partir de la condición que una entrada esté activa.

Una vez creado el proyecto con el autómata correspondiente nos ubicamos en el "Árbol del proyecto", luego en la carpeta del PLC y finalmente en la carpeta Bloques de programa, de doble clic en la opción "Agregar nuevo bloque" (Ver Figura)

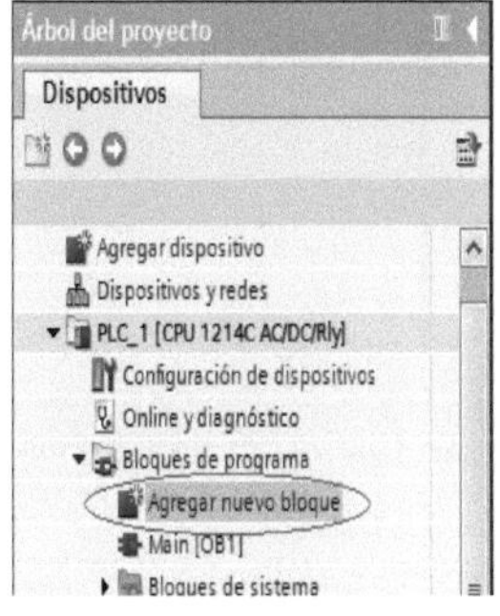


1. Se desplegará la ventana mostrada en la figura, seleccionamos la opción "Bloque de función", en "Nombre" podemos dejar "*Bloque_1*" o poner un nombre que relacione con el bloque que vamos a crear, seleccionamos Lenguaje "KOP" y como número "Automático" y hacemos clic en "Aceptar". Debajo del bloque Main [OB1] en el "Árbol de proyecto" aparecerá el nuevo bloque: Bloque_1 [FB1].

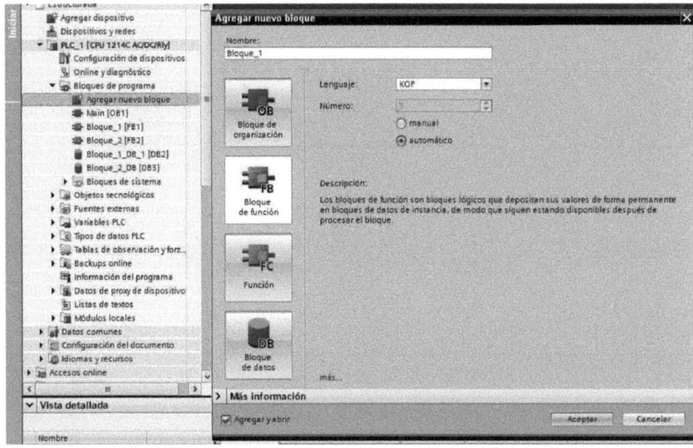

2. El bloque se abre automáticamente. En la ventana de "Interfaz" (esta interfaz se abre desplazando la zona de programación) deben declararse las variables locales que serán reconocidas sólo en este bloque, estas pueden ser de entrada, salida, entrada/salida, variables intermedias temporales o estáticas (solo disponibles en bloque de función FB), creamos las variables que se muestran en la figura siguiente:

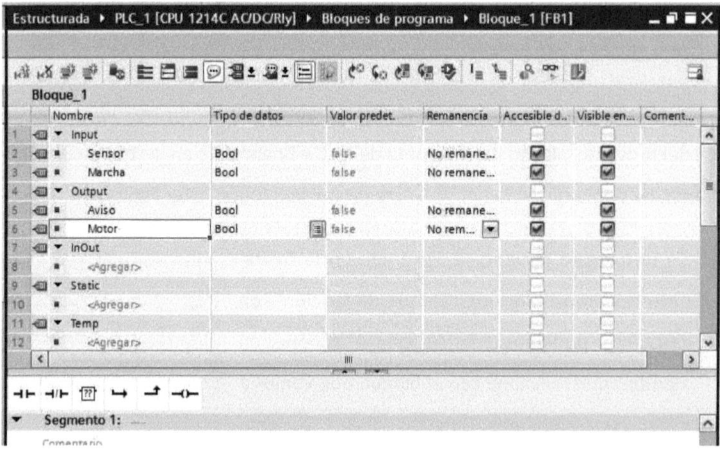


3. Una vez declaradas las variables locales introducimos el programa para el bloque:

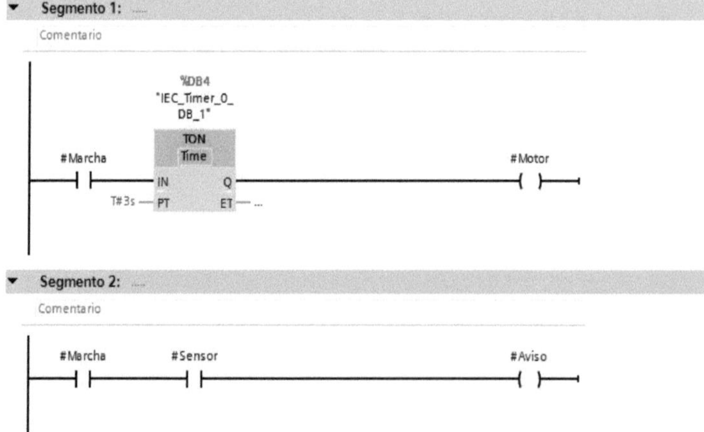

4. Ahora vamos el programa principal en Main [OB1]. Agregamos al programa principal el bloque de función FB creado, para ello del "Árbol del Proyecto" arrastramos el bloque hasta el segmento y luego lo soltamos. Por último, rellenamos los espacios reservados para entradas y salidas con las variables que queramos utilizar:

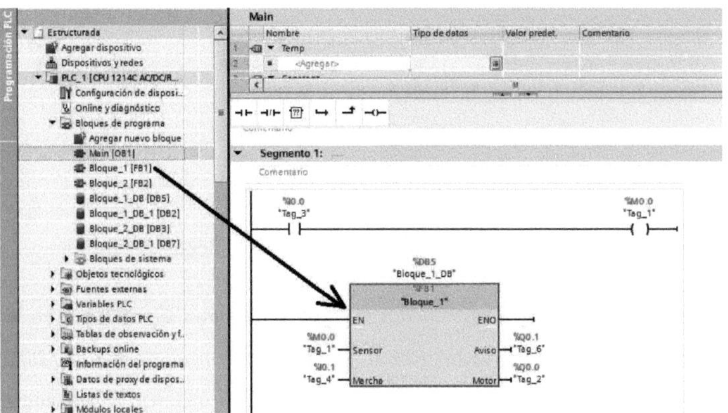


5. Repetimos los pasos para crear un nuevo bloque que será el FB2:

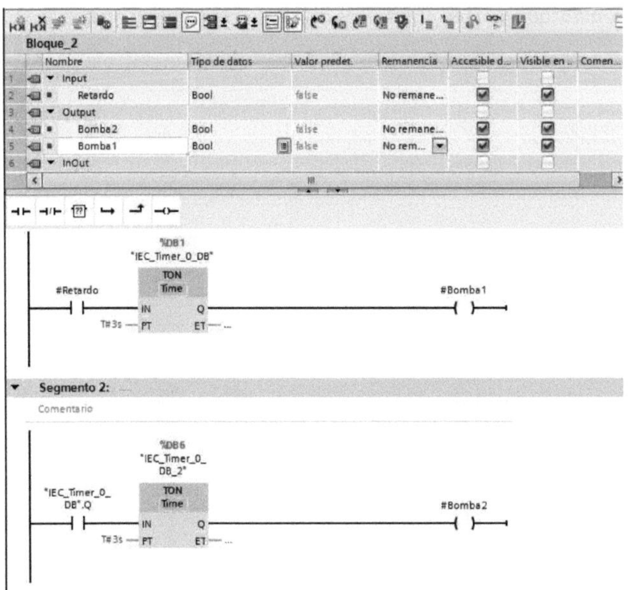

6. Realizamos el programa en OB1:

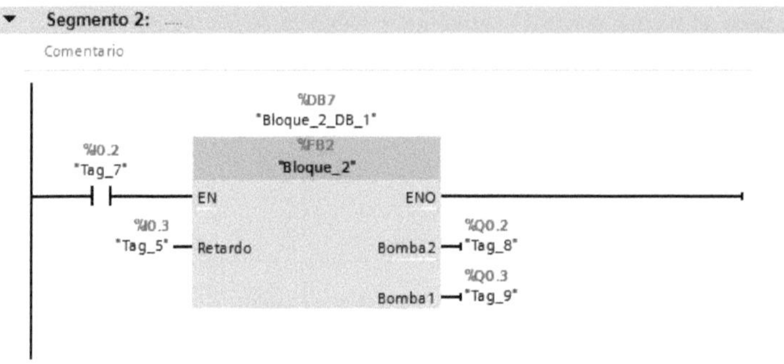


**Ejemplo propuesto:** Resuelve el siguiente ejercicio utilizando bloques de función:

Se necesita hacer el control de un mezclador de repostería como el mostrado en la figura. Hay una válvula para introducir leche (Q0.0) y otra para introducir harina (Q0.1), esta mezcla es agitada por medio de una paleta accionada por un motor (Q0.2). Dependiendo de los tiempos de introducción de los ingredientes y del funcionamiento de la paleta, pueden elaborarse tres diferentes postres tal como se muestra en la tabla. El sistema también posee un paro que detiene el sistema y es necesario empezar de nuevo.

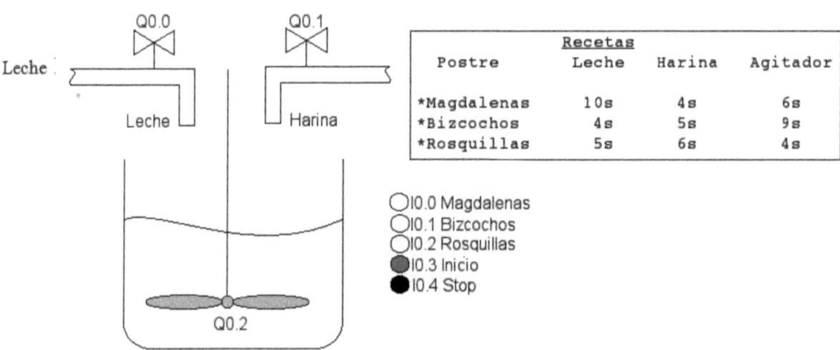


Recetas

| Postre | Leche | Harina | Agitador |
|---|---|---|---|
| *Magdalenas | 10s | 4s | 6s |
| *Bizcochos | 4s | 5s | 9s |
| *Rosquillas | 5s | 6s | 4s |

## 4.1. Agregar función

De forma similar procederíamos si lo que vamos a añadir es una función (FC), con la diferencia que los programas de tipo función no tienen memoria, es decir, las variables del subprograma se pierden cuando finalizan.

En este caso agregamos un nuevo bloque y lo asignamos a una función FC:

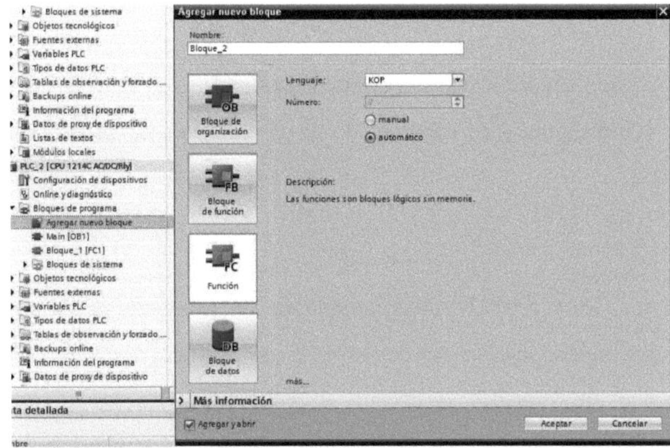


El subprograma que vamos a crear en FC puede escribirse directamente sin necesidad de declarar las variables locales. Al finalizar lo incorporaríamos directamente al OB1 como en el caso anterior:

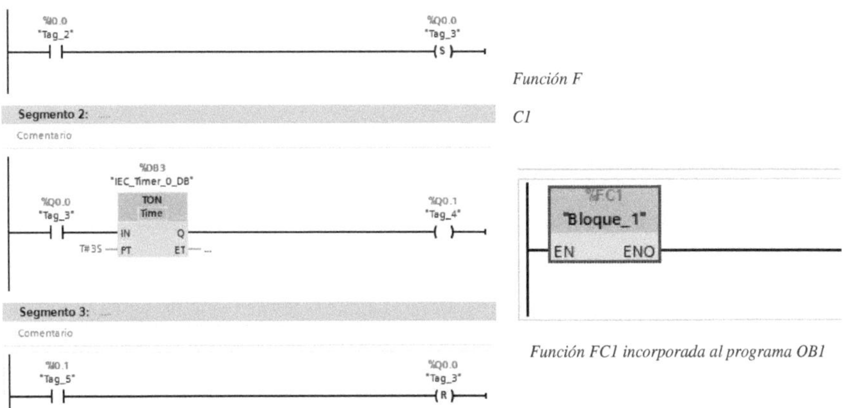


*Función F C1*

*Función FC1 incorporada al programa OB1*

# 5. Programación de paradas de emergencia y mantenimiento

Para la gestión de las emergencias de un sistema, así como el mantenimiento de la instalación debemos realizar los grafcet de estas situaciones de forma separada del grafcet principal del trabajo normal y programar cada situación en FCs separados.

Existen diversas formas de gestionar estas situaciones, voy a simplificar con un único método, pero, por supuesto, cada programador puede gestionarlo como mejor lo entienda, siempre que las paradas se realicen con la seguridad necesaria.

Realizaremos un grafcet por cada situación que deseemos programar. Cada uno de estos grafcet se programará en FCs distintos y se llamarán desde el OB1 con las condiciones necesarias para cada situación.

### 5.1. Ejemplo completo:

En un proceso industrial se deben dosificar unas cantidades de producto desde dos tolvas. Mediante una maneta seleccionamos funcionamiento automático o manual. En automático después de pulsar en "marcha" se iniciará el proceso y arrancará la cinta de transporte de producto inferior (las tolvas deben tener cerrada la compuerta de salida de producto). A continuación, se abrirá la primera compuerta accionando el primer cilindro neumático y, tras recibir la señal de peso correcto, se cerrará la primera compuerta y se abrirá la segunda. Tras recibir la señal de peso correcto se cerrará la segunda compuerta y se detendrá la cinta transportadora después de 5 segundos.

Si la maneta está en posición de "manual" pulsando sucesivamente en el botón "marcha" se accionarán cada una de las salidas.

Disponemos de una seta de emergencia que detendrá todo el proceso.

En este ejemplo vamos a realizar un grafcet para el funcionamiento normal en automático, otro para el funcionamiento manual y un tercer grafcet para la parada de emergencia. Con lo que se realizarán tres programas: FC1, FC2 y FC3 que serán llamadas de forma condicional desde OB1.

Realizamos la asignación de entradas y salidas:

| **Señal de Entrada** | **Entrada PLC** | **Señal de Salida** | **Salida PLC** |
|---|---|---|---|
| Manual/automático | I0.0 | Motor cinta | Q 0.0 |
| Inicio del proceso | I 0.1 | Cilindro 1 | Q 0.1 |
| Peso 1 | I 0.2 | Cilindro 2 | Q 0.2 |
| Peso 2 | I 0.3 | | |
| Seta emergencia | I 0.4 | | |

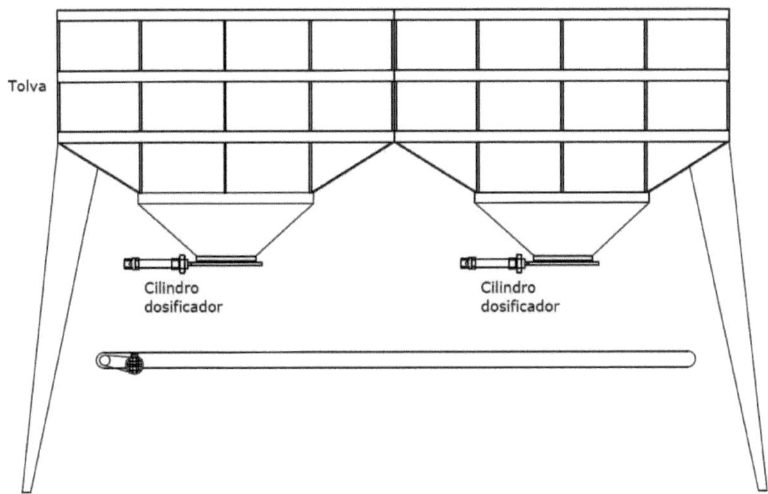


Los grafcet para el funcionamiento manual y automático serán:

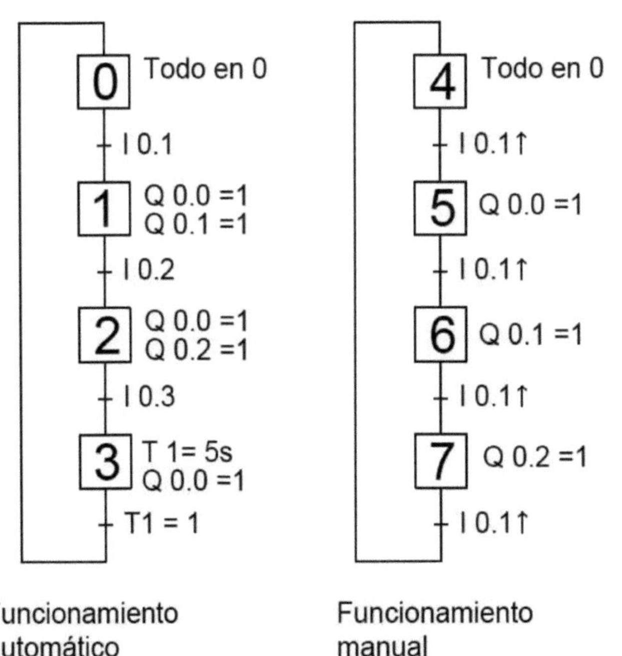

**Programa automático (FC1):**

▼ Segmento 1:

Comentario

%M0.1 "Etapa 1" —|/|— %M0.2 "Etapa 2" —|/|— %M0.3 "Etapa 3" —|/|— %M0.0 "Etapa 0" —( )—

▼ Segmento 2:

Comentario

%M0.0 "Etapa 0" —| |— %I0.1 "Inicio" —| |— %M0.1 "Etapa 1" —(S)—

▼ Segmento 3:

Comentario

%M0.1 "Etapa 1" —| |— %Q0.0 "Motor cinta" —(S)—

%Q0.1 "Cilindro 1" —( )—

▼ Segmento 4:

Comentario

%M0.1 "Etapa 1" —| |— %I0.2 "Peso 1" —| |— %M0.1 "Etapa 1" —(R)—

%M0.2 "Etapa 2" —(S)—

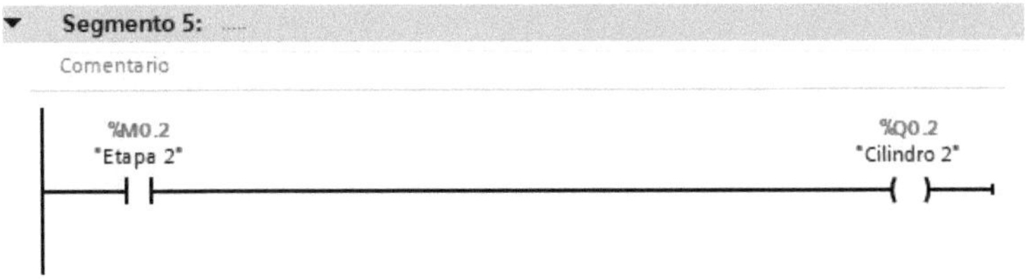

▼ **Segmento 5:** .....

Comentario

%M0.2
"Etapa 2"

%Q0.2
"Cilindro 2"

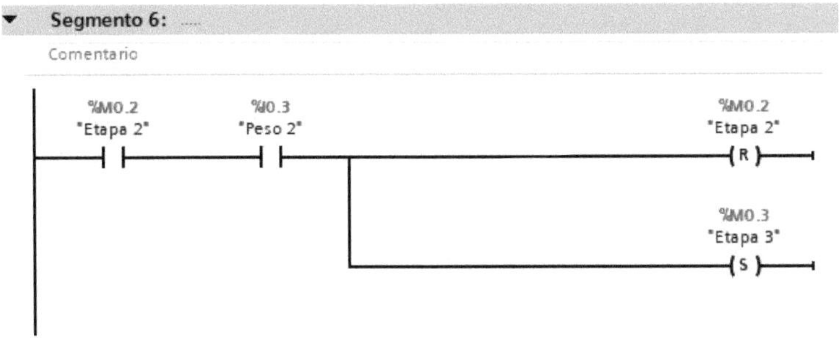

▼ **Segmento 6:** .....

Comentario

%M0.2
"Etapa 2"

%I0.3
"Peso 2"

%M0.2
"Etapa 2"
R

%M0.3
"Etapa 3"
S

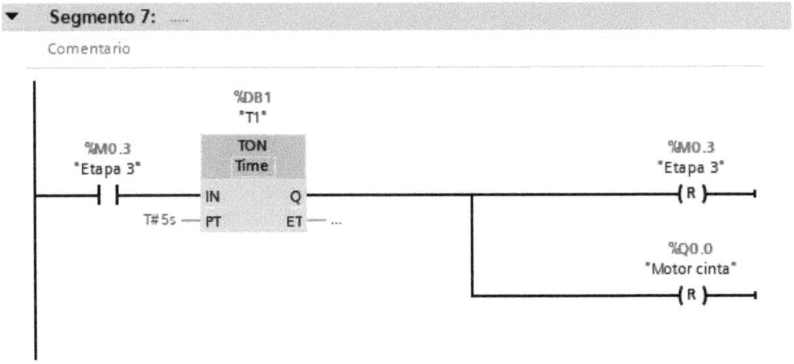

▼ **Segmento 7:** .....

Comentario

%DB1
"T1"

TON
Time

%M0.3
"Etapa 3"

IN Q
T#5s — PT ET — ...

%M0.3
"Etapa 3"
R

%Q0.0
"Motor cinta"
R

# 6. Niveles y flancos

Para el funcionamiento "manual" disponemos solo del pulsador de "marcha" que se irá pulsando sucesivamente para que se active cada una de las salidas.

Según vemos en el grafcet la condición para pasar de una etapa a otra es pulsar en "marcha" (I 0.1). Esta condición es la misma para todas las transiciones, de forma que, si hacemos el programa como hemos hecho hasta ahora, con la primera pulsación en "marcha" recorrería todas las etapas y volvería a inicio y así sucesivamente.

Para solucionar este problema se utiliza la entrada comprobando el flanco de subida de "0" a

"1" del pulsador.

Veamos qué diferencia existe entre control de entradas por "**niveles**" y por "**flancos**".

Las entradas que hemos visto hasta ahora son del tipo de control por niveles. Esto es que el autómata reconoce el nivel alto (1 lógico) o el nivel bajo (0 lógico).

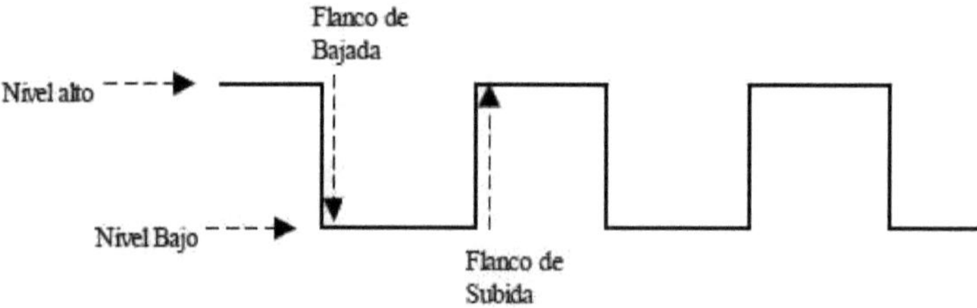


Sin embargo, en un control por flancos, el autómata solo reconoce el paso de nivel bajo a alto, que denominaríamos "flanco de subida" y el paso de nivel alto a bajo "flanco de bajada".

Si controlamos el pulsador por flanco de subida, la transición de una etapa a otra se produciría al detectar el autómata del paso de nivel bajo a alto. Para pasar a la siguiente etapa se debe producir un paso de nivel alto a bajo (soltamos el pulsador) y un nuevo flanco de subida (volvemos a pulsar).

En Step 7 la programación de flancos se realiza con la instrucción -/P/- para flanco se subida y -/N/- para el flanco de bajada:

En la imagen anterior, la salida Q0.0 se activa con el flanco de subida de la entrada I0.0. Cada instrucción de flanco lleva asociada una marca auxiliar que no se utiliza en el programa, por ejemplo, M0.0, en el ejemplo anterior.

El programa de **funcionamiento manual (FC2)** será el siguiente:

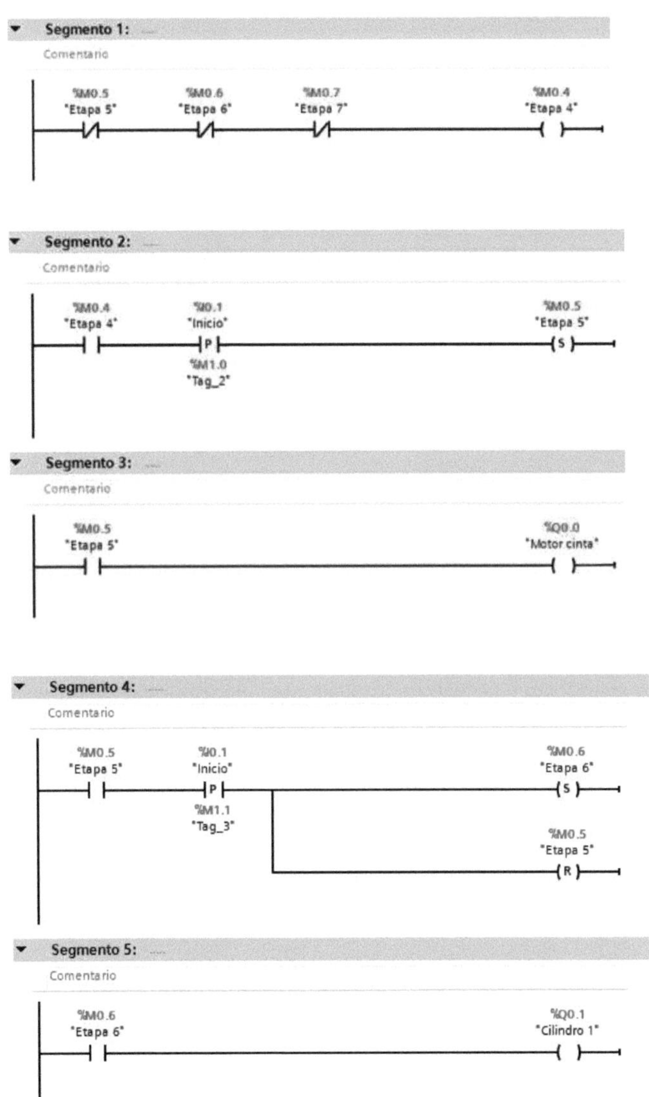

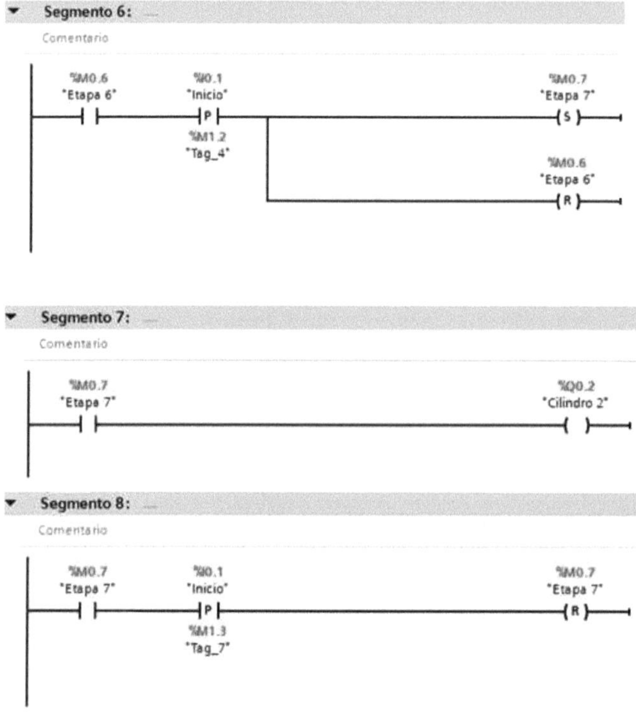


# 7. Setas de emergencia en sistemas en movimiento

En los sistemas que tienen movimiento durante el proceso de funcionamiento normal, por ejemplo, con cilindros neumáticos o hidráulicos accionados por electroválvulas, al accionar una seta de emergencia no siempre la posición de seguridad consiste en detener el proceso. En estos casos es necesario realizar una secuencia de movimientos para situar la máquina o el proceso en la posición de seguridad para el personal.

La realización de este programa es particular para cada caso y necesita un estudio detallado del funcionamiento del proceso.

En el caso que estamos estudiando la seta de emergencia detiene todo el proceso poniéndolo a 0, por lo que el programa en esa situación se limitará en enviar un byte 0 a las marcas y a las salidas activas el programa **FC3** para la emergencia será:

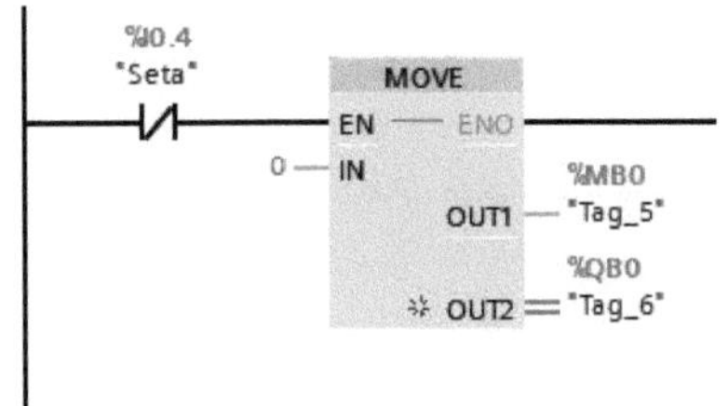


Ahora hacemos el programa OB1. En el primer segmento arrastraremos el módulo FC1 (automático). Para que funcione en automático la maneta I0.0 de selección debe está en 1, es decir, activada y la seta de emergencia sin pulsar (debemos tener en cuenta que la seta de emergencia está cerrada en reposo, por lo que si no la estamos accionando está en 1 lógico para el PLC).

En el segundo segmento arrastramos el módulo FC2 (manual), las condiciones para este módulo son similares al anterior con la diferencia que la maneta I0.0 está en 0.

Por último, en el segmento 3 arrastraremos el módulo FC3 (emergencia), con la condición de seta de emergencia pulsada (pasa a 0 lógico en el PLC):

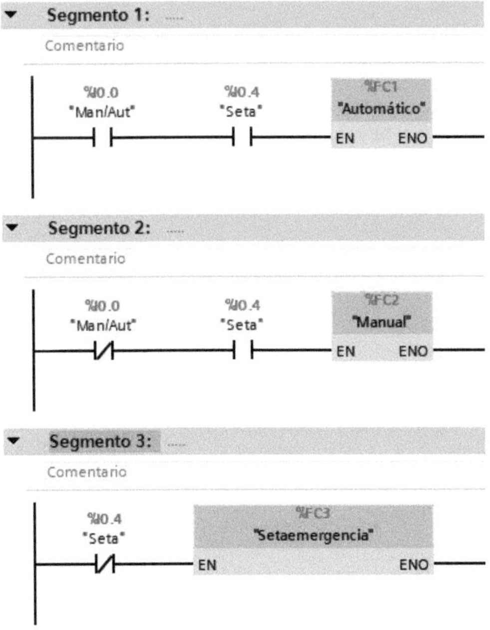

# 8. Bloques de datos

## 8.1. Introducción

Un bloque de datos es una tabla en la que almacenamos datos. Aquí no vamos a programar nada. Los datos los podemos almacenar en distintos formatos.

Para guardar un dato, tenemos que poner nombre a la variable, definir el formato en el que lo queremos, y el valor inicial.

Cuando el valor inicial cambie, se almacenará en otra columna que es el valor actual. Aunque al abrir el DB no veamos esta columna, tenemos que tener en cuenta que también existe.

## 8.2. Módulos de datos IEC

Las instrucciones de temporización, contadores y otros tipos de instrucciones utilizan una estructura de bloque de datos (BD) en la que guardan la información relativa a la instrucción.

Estos bloques de datos se crean de forma automática y no se pueden acceder a ellos, siguen la norma IEC 61131.

La finalidad de esta Norma IEC 61131 es:

•Definir e identificar las características principales que se refieren a la selección y aplicación de los PLC´s y sus periféricos.

•Especificar los requisitos mínimos para las características funcionales, las condiciones de servicio, los aspectos constructivos, la seguridad general y los ensayos aplicables a los PLC´s y sus periféricos.

•Definir los lenguajes de programación de uso más corriente, las reglas sintácticas y semánticas, el juego de instrucciones fundamental, los ensayos y los medios de ampliación y adaptación de los equipos.

•Dar a los usuarios una información de carácter general y unas directrices de aplicación.

•Definir las comunicaciones entre los PLC´s y otros sistemas.

## 8.3. Crear bloques de datos

Desde el TIA Portal hacemos clic en **Agregar nuevo bloque** y en la ventana emergente marcamos en **Bloque de datos (DB)** a continuación, le ponemos el **nombre** que queramos y ya tenemos creado el bloque de datos:

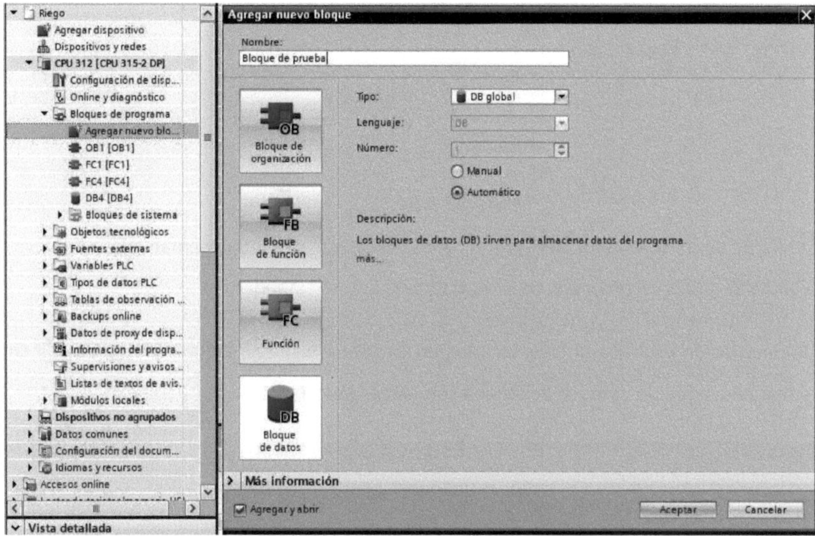


En el DB creado vamos definiendo las variables que queramos almacenar y el tipo de éstas:

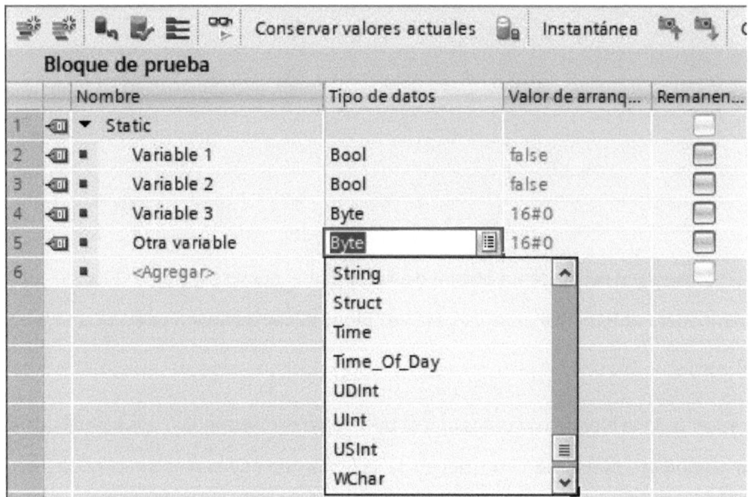

Si queremos que el valor inicial (Valor de arranque) sea distinto del que aparece por omisión, lo definimos en este momento:

**Bloque de prueba**

| | Nombre | Tipo de datos | Valor de arranq... | Remanen |
|---|---|---|---|---|
| 1 | ▼ Static | | | ☐ |
| 2 | Variable 1 | Bool | false | ☐ |
| 3 | Variable 2 | Bool | false | ☐ |
| 4 | Variable 3 | Byte | 16#0 | ☐ |
| 5 | Otra variable | Byte | 16#2E | ☐ |
| 6 | <Agregar> | | | ☐ |

## 8.4. Tipos de acceso a bloque de datos

Este bloque de datos es para un PLC S7-1200. Si se inserta un bloque de datos global nuevo para el S7-300/S7-400 en el proyecto, se le da el tipo de acceso "Standard".

En la declaración de estos últimos bloques de datos aparece una columna denominada **Offset**. Este tipo de bloque de datos se denomina con "Acceso estándar":

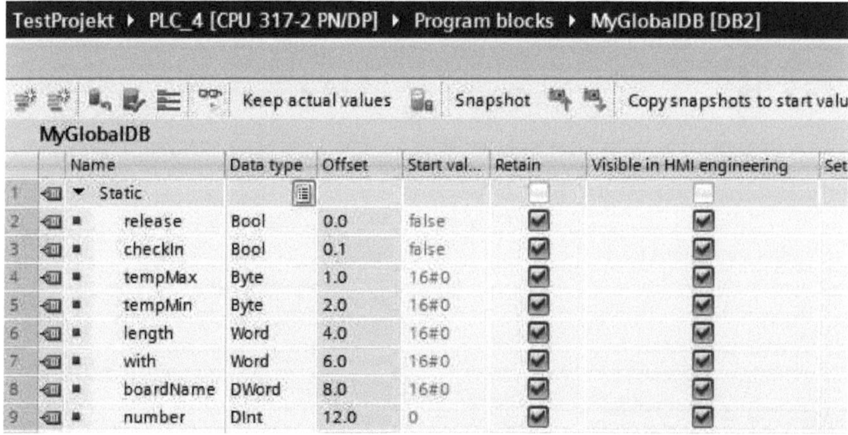

TestProjekt ▸ PLC_4 [CPU 317-2 PN/DP] ▸ Program blocks ▸ MyGlobalDB [DB2]

Keep actual values | Snapshot | Copy snapshots to start valu

**MyGlobalDB**

| | Name | Data type | Offset | Start val... | Retain | Visible in HMI engineering | Set |
|---|---|---|---|---|---|---|---|
| 1 | ▼ Static | | | | ☐ | ☐ | |
| 2 | release | Bool | 0.0 | false | ☑ | ☑ | |
| 3 | checkIn | Bool | 0.1 | false | ☑ | ☑ | |
| 4 | tempMax | Byte | 1.0 | 16#0 | ☑ | ☑ | |
| 5 | tempMin | Byte | 2.0 | 16#0 | ☑ | ☑ | |
| 6 | length | Word | 4.0 | 16#0 | ☑ | ☑ | |
| 7 | with | Word | 6.0 | 16#0 | ☑ | ☑ | |
| 8 | boardName | DWord | 8.0 | 16#0 | ☑ | ☑ | |
| 9 | number | DInt | 12.0 | 0 | ☑ | ☑ | |

En STEP 7 (TIA Portal), si se añade un bloque de datos global nuevo para el S7-1200/S7-1500, se almacena de manera automática en la carpeta de "Bloques del programa" con "acceso a bloque optimizado".

En comparación con los bloques de datos con el tipo de acceso "estándar", los bloques de datos con acceso a bloque "optimizado" no tienen la columna de "Offset" porque no tienen una estructura definida.

Esta diferencia es la siguiente: En los S7-300/S7-400 para cada dato se reserva una zona de memoria en función del tipo de daos. En la figura anterior el primer dato es de tipo Bool luego ocupará un bit, en este caso el 0.0; lo mismo ocurre con el segundo dato.

El tercer dato es de tipo Byte ocupa 8 bits y comenzará en el primer byte libre que es el 1.0. La estructura final la podemos ver en la figura siguiente, a la izquierda:

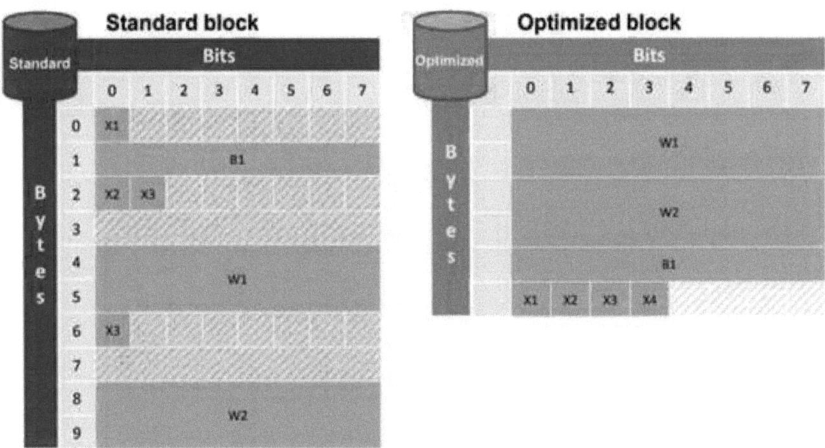


En los PLCs S7-1200/S7-1500 los bloques de datos se definen como **Acceso a bloque optimizado** (figura anterior, lado derecho).

Este es un tipo de acceso optimizado propia del TIA Portal exclusivamente para estos autómatas. La principal ventaja es la optimización de la memoria, ya no existen huecos de memoria como en el caso anterior. Se aumenta la velocidad de procesamiento.

En este tipo de autómatas accederemos siempre a los datos de **forma simbólica**, es decir, con el nombre que le hemos puesto en la definición del dato, sin preocuparnos de la zona de memoria en la que se encuentre el dato. La programación es mucho más sencilla y más ágil. Es más fácil recordar los nombres simbólicos que hemos puesto a las variables que el lugar que ocupan en la memoria del PLC.

## 8.5. Columnas de la tabla de declaración "Mostrar / Ocultar"

Se pueden mostrar y ocultar columnas en las tablas según sea necesario. El número de columnas mostrado varía en función de la familia de la CPU.

Para mostrar / ocultar columnas proceder de la siguiente manera en el bloque de datos global:

1. Pulsar con el botón derecho del ratón sobre una cabecera de columna.
2. En el menú emergente, seleccionar el comando de menú "Mostrar/Ocultar".
3. En el menú desplegable que se abre habilitar o deshabilitar las columnas enumeradas activando o desactivando la marca correspondiente en cada una de las columnas.

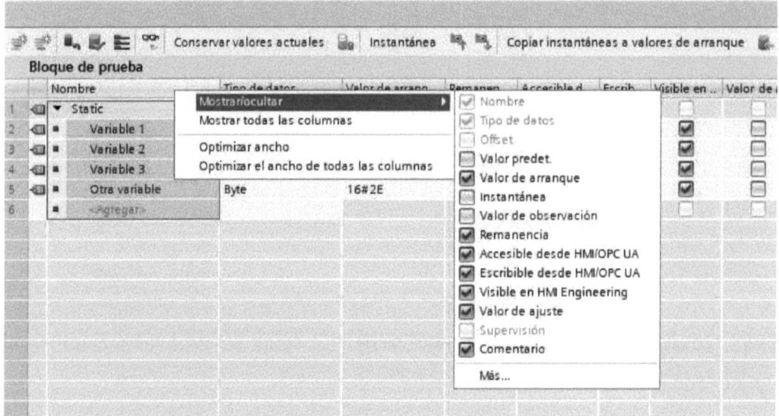


También se puede guardar el ajuste de columna modificado en la tabla de declaración. Para ello, en la parte derecha pulsar sobre el botón "Anotar disposición". Cuando se abra el bloque de datos de nuevo se utilizará esta disposición de columnas.

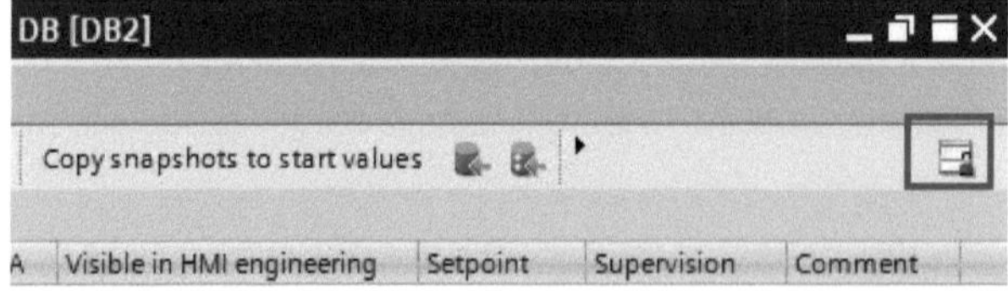

## 8.6. Diferencia entre los bloques de datos globales y los bloques de datos de instancia

La definición que hemos visto de bloques de datos son los que se denominan bloques de **datos global** en los que todos los bloques (FBs, FCs y OBs) pueden leer y escribir los datos contenidos en el bloque de datos. Existe otra definición de bloque de datos denominado de **instancia**. Este tipo de DB se asigna a un bloque de función (FB) específico y contiene datos locales para dicho FB asignado. Por supuesto, antes de crear el DB de instancia debe existir el FB para el que se va a crear.

En la siguiente tabla se pueden ver las diferencias entre ambos tipos de bloques:

| **Bloques de datos globales** | **Bloques de datos de instancia** |
|---|---|
| Todos los bloques (FBs, FCs y OBs) pueden acceder al DB global en el programa. | El DB de instancia se asigna a un FB. |
| Se puede crear un DB global con independencia de otros bloques en el programa. | El DB de instancia sólo se puede crear cuando el FB al que está asociado se encuentra disponible en el programa. |
| No se puede declarar una local estática. | Se pueden declarar en el FB datos locales estáticos. Los datos locales estáticos guardados no se pierden cuando el bloque ha concluido y se mantienen a lo largo de varios ciclos hasta que se vuelven a escribir. |
| La inserción, borrado y cambio de variables se realiza en el bloque de datos. | La inserción, borrado y cambio de variables se realiza en el bloque de función asociado. |
| Los valores inicial y actual pueden modificar en el DB global. | Los valores inicial y actual no se pueden modificar en el DB de instancia. |
| La estructura en el DB global se puede especificar en sí misma. | La estructura en el DB de instancia está predefinida por medio de la declaración de variables que haya en el FB asociado. |

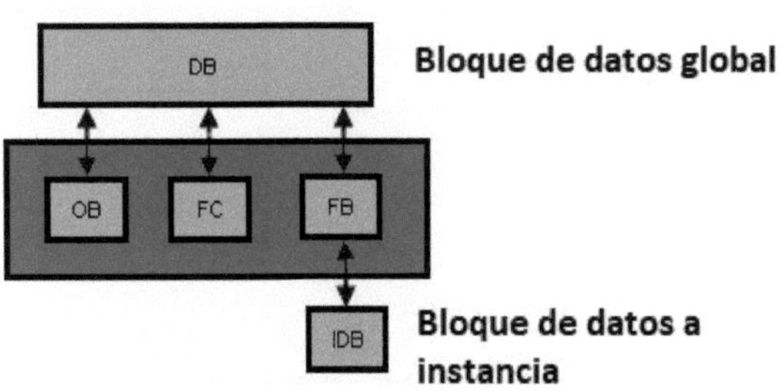

Los datos de diferentes FBs también se pueden guardar en un DB de instancia individual, en este caso se denominaría multi-instancia. La figura siguiente muestra un ejemplo de cómo los dos bloques de función FB5 y FB6 se llaman como multi-instancias en el FB1. Los dos FBs llamados depositan sus datos en el bloque de datos de instancia DB1 del bloque llamado FB1. En la declaración del FB1, las llamadas al bloque multi-instancia se guardan como variables estáticas.

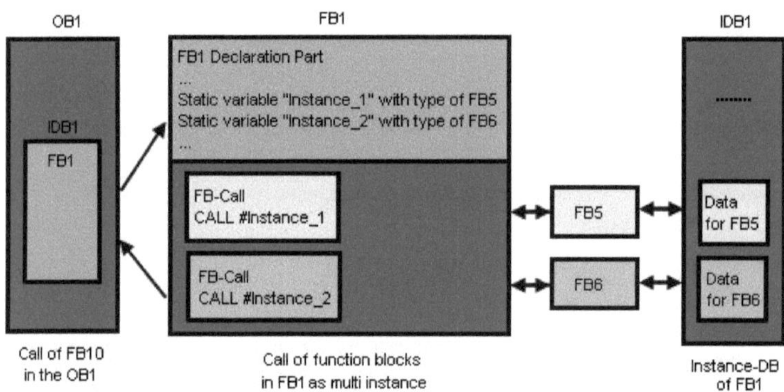


## 9. Configurar un equipo nuevo

Desde el TIA Portal en "Vista de proyecto". Buscamos el dispositivo que vamos a configurar y abrimos en el árbol de dispositivos (menú de la izquierda) "online y diagnóstico".

En Funciones pinchamos en "Dispositivas accesibles":

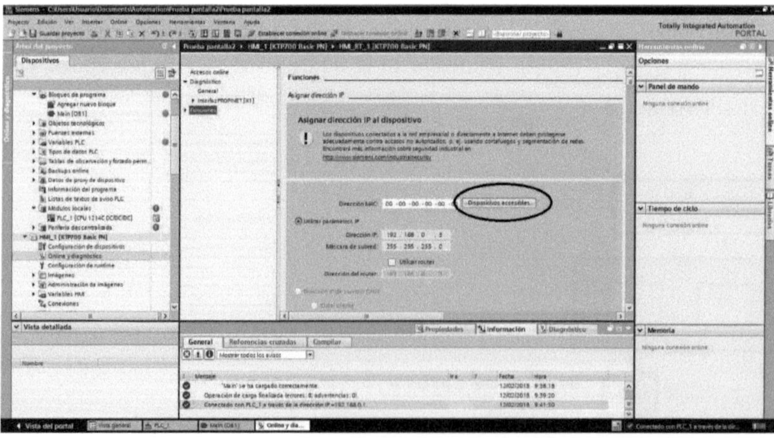

Iniciamos búsqueda de todos los dispositivos conectados a la red:

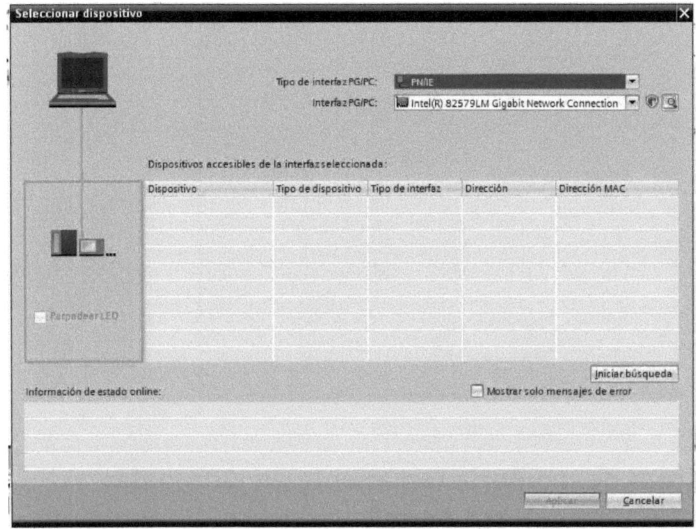


El dispositivo nuevo, en nuestro caso, es el denominado: "hmipuesto2" que corresponde con una pantalla encontrada. Pulsamos en "Aplicar" para asignarle una nueva dirección IP:

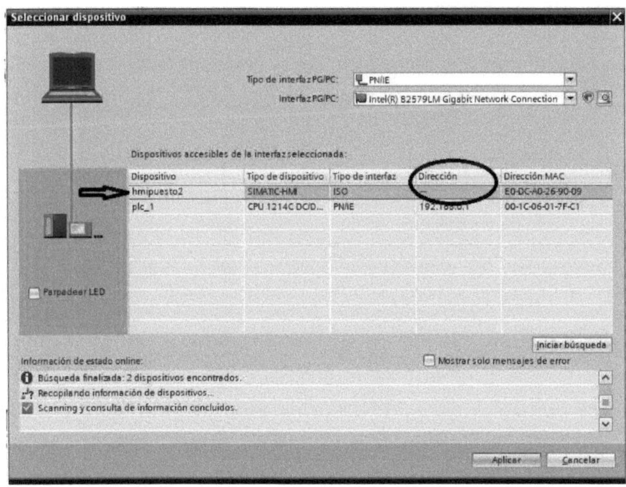


Para asegurarnos que el equipo corresponde con el que queremos configurar:

- Comprobamos la dirección MAC.
- Verificamos la IP nueva que vamos a asignarle.
- Pinchamos en Asignar dirección IP

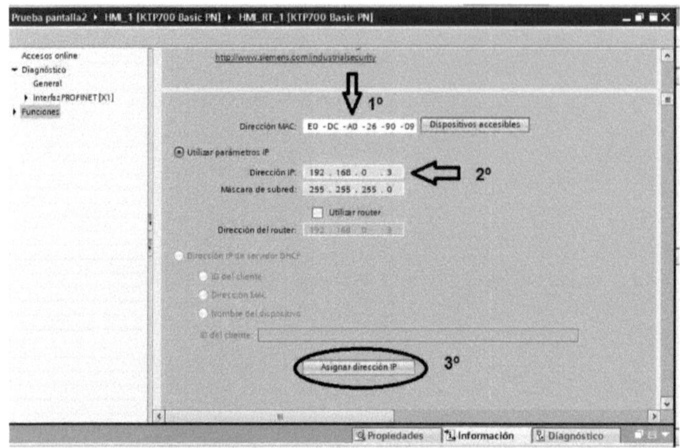


## 10. Áreas de memoria remanente en autómatas S7-1200/1500 con TIA Portal

EL área remante de un autómata es el área que tras quitar tensión del autómata mantiene el valor, es decir si tenemos una marca por ejemplo M0.0 que está a ON y quitamos la tensión del PLC, al volver a darle tensión esa marca continuará en su estado de ON

Dependiendo del modelo de autómata podremos tener áreas remantes de diferentes zonas de memoria:

| Tipo de CPU | Marcas remanentes | Temporizadores SIMATIC remanentes | Contadores SIMATIC remanentes |
|---|---|---|---|
| Serie S7-300/400 | ✓ | - | - |
| Serie S7-1200 | ✓ | - | - |
| Serie S7-1500 | ✓ | ✓ | ✓ |

EL área remanente (Si nos centramos en un S7-1200) no está pre-establecida y debemos configurar el rango de área de memoria que queremos que sea remante.

Esta configuración se realiza en la "Tabla de Variables " desde su icono

Se abre una ventana donde le indicamos a partir del MB0 cuando Bytes queremos que sean remantes. La opción de remanencia de temporizadores (T) y contadores (C) no están habilitados porque estamos trabajando con un autómata S7-1200

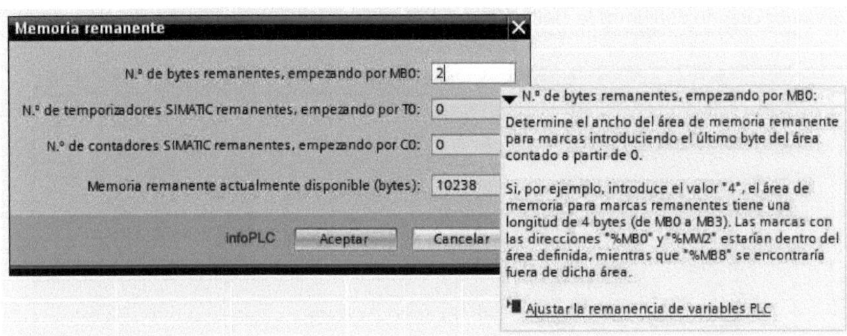


En nuestro caso hemos marcado que sean 2 Bytes es decir MB0 y MB1. Como se puede ver en la tabla estas áreas ya nos aparecen como remantes y las inmediatamente siguientes no.

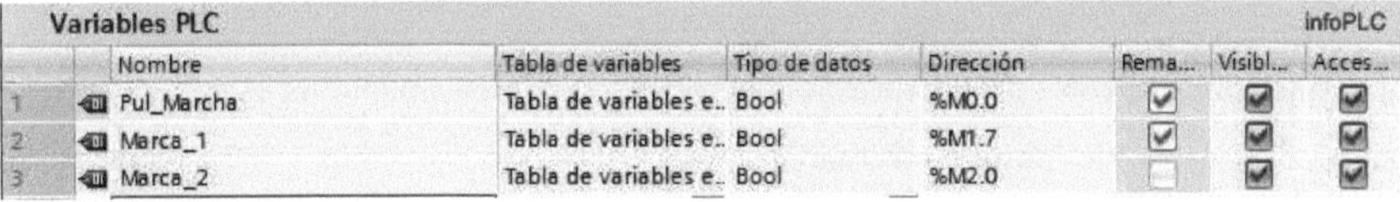

Variables PLC — infoPLC

| | Nombre | Tabla de variables | Tipo de datos | Dirección | Rema... | Visibl... | Acces... |
|---|---|---|---|---|---|---|---|
| 1 | Pul_Marcha | Tabla de variables e.. | Bool | %M0.0 | ☑ | ☑ | ☑ |
| 2 | Marca_1 | Tabla de variables e.. | Bool | %M1.7 | ☑ | ☑ | ☑ |
| 3 | Marca_2 | Tabla de variables e.. | Bool | %M2.0 | ☐ | ☑ | ☑ |

## 11. Reloj 'fecha y hora' del autómata S7-1200

Seguramente en muchas aplicaciones deseamos saber la hora o fecha en la que vivimos, o incluso las dos las dos. Como por ejemplo, para un control de hora, que en función de esta se active o desactive un proceso.

RD_LOC_T
DTL
EN ENO
%MW12
RET_VAL "Tag_6"
"Bloque de datos_1".hora_y_fecha
OUT

Una de las instrucciones o funciones de la que dispone la CPU 1200 para saber dichos parámetros es la siguiente: "**RD_LOC_T**"

La descripción que viene en el manual es la siguiente:

"RD_LOC_T (leer hora local) proporciona la hora local actual de la CPU como tipo de datos DTL. Este valor de tiempo refleja la zona horaria local ajustada correctamente según el cambio de horario de verano/invierno (si está configurado)"

Es necesario configurar en el TIA Portal comprobándolo mediante la opción "online" y después de introducir las instrucciones en el programa

Por otra parte, esta instrucción permite acceder de manera separada a los datos que maneja, lo observamos cuando definimos la variable como "DTL":

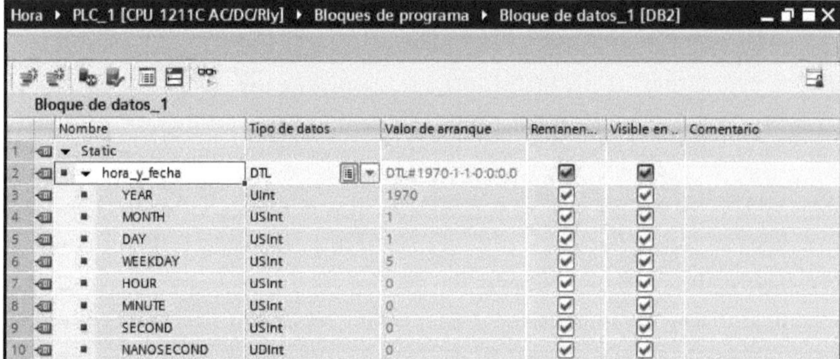

Hora ▸ PLC_1 [CPU 1211C AC/DC/Rly] ▸ Bloques de programa ▸ Bloque de datos_1 [DB2]

Bloque de datos_1

| | Nombre | Tipo de datos | Valor de arranque | Remanen... | Visible en ... | Comentario |
|---|---|---|---|---|---|---|
| 1 | ▾ Static | | | | | |
| 2 | ▾ hora_y_fecha | DTL | DTL#1970-1-1-0:0:0.0 | ☑ | ☑ | |
| 3 | YEAR | UInt | 1970 | ☑ | ☑ | |
| 4 | MONTH | USInt | 1 | ☑ | ☑ | |
| 5 | DAY | USInt | 1 | ☑ | ☑ | |
| 6 | WEEKDAY | USInt | 5 | ☑ | ☑ | |
| 7 | HOUR | USInt | 0 | ☑ | ☑ | |
| 8 | MINUTE | USInt | 0 | ☑ | ☑ | |
| 9 | SECOND | USInt | 0 | ☑ | ☑ | |
| 10 | NANOSECOND | UDInt | 0 | ☑ | ☑ | |

## 11.1. Pasos a previos para la programación de la instrucción

Para poder trabajar con esta instrucción deberemos crear previamente un bloque de datos, a continuación, explico los pasos para crearlo:

1. En "Árbol del proyecto" realizamos 'doble click' en "Agregar nuevo bloque de programa".

2. Se nos abre una ventana llamada "Agregar nuevo bloque". En ella, elegiremos "Bloque de datos", denominando de nombre 'Bloque de datos_hora'. A continuación, daremos a aceptar:

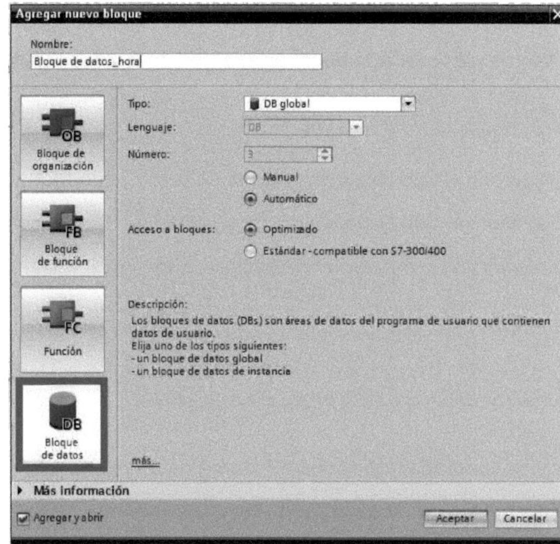


Una vez creado el bloque de datos, deberemos definir en él el tipo de datos que se van a introducir, en este caso de tipo DTL, eligiendo además el nombre de la variable.

3. Situándonos en la "Barra de editores", seleccionaremos "Bloque de datos_hora". Se observa que cuando seleccionamos dicho bloque, éste se vuelve de un color más blanquecino. En este ejemplo, se sitúa al lado del 'OB1'.

4. Una vez seleccionado el bloque, en el área de trabajo definiremos el tipo de variable y daremos el nombre a la variable. En mi caso 'fecha_hora':

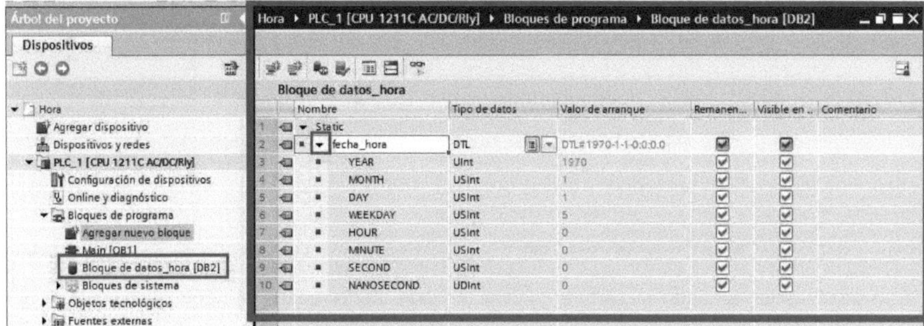

En esta figura anterior observamos cómo tengo seleccionado 'Remanencia'. En el caso de que algún proceso se vea afectado por un apagado de luz, dichos valores quedarán memorizados.

## 11.2. Trabajar con el bloque de datos DTL

Una vez creado el tipo de datos y bloque de datos, podremos trabajar de manera independiente con cada elemento de dicho bloque. Si quisiéramos trabajar con el elemento hora o 'HOUR', por ejemplo, para una comparación de igualdad, deberemos realizar lo siguiente:

1. En la 'Task Card' seleccionamos 'Instrucciones básicas'>'Comparadores'.

2. Realizamos doble clic en la instrucción de 'igual'.

3. Hacemos la comparación con un 5, como si fuese la hora 5. Y en el otro operando deberemos seleccionar el bloque de datos, hasta llegar al parámetro 'HOUR'.

Quedando finalmente:

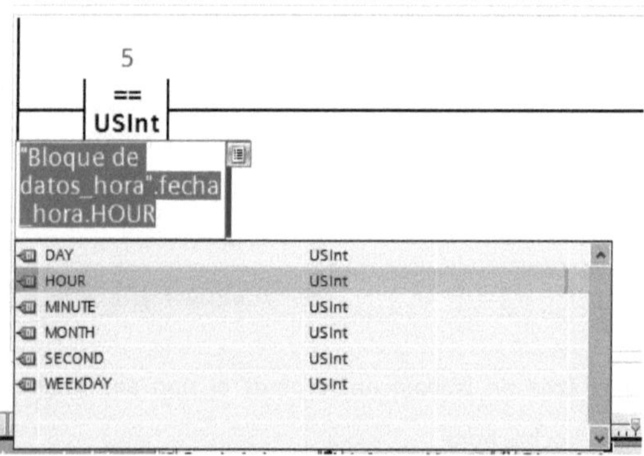


## 11.3. La instrucción 'RD_LOC T' y 'T_CONV'

Creado el bloque de datos, podremos trabajar con los datos de manera independiente (como hemos visto en el punto anterior) o podremos separar la fecha y la hora mediante la instrucción 'T_CONV'.

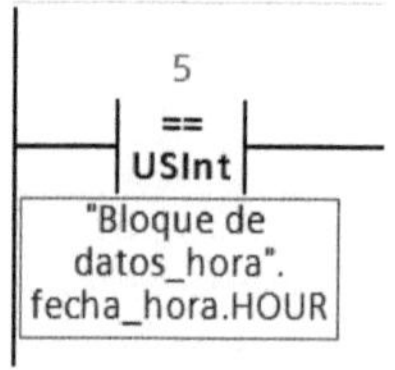


Para seleccionar la instrucción 'RD_LOC_T', deberemos ir a la 'Task Card' en 'Instrucciones avanzadas'; seleccionando la carpeta "Fecha y hora" podremos seleccionar dicha instrucción además de 'T_CONV'.

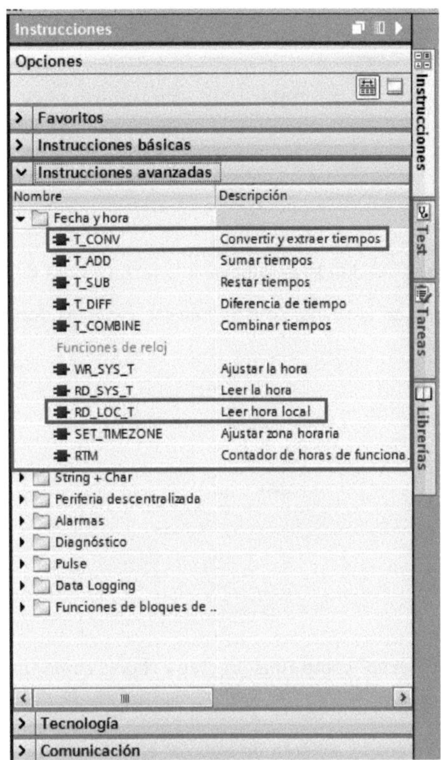


Sólo nos queda operar con las instrucciones 'RD_LOC_T' y 'T_CONV'. Para obtener la hora y la fecha de la CPU efectuaremos lo siguiente:

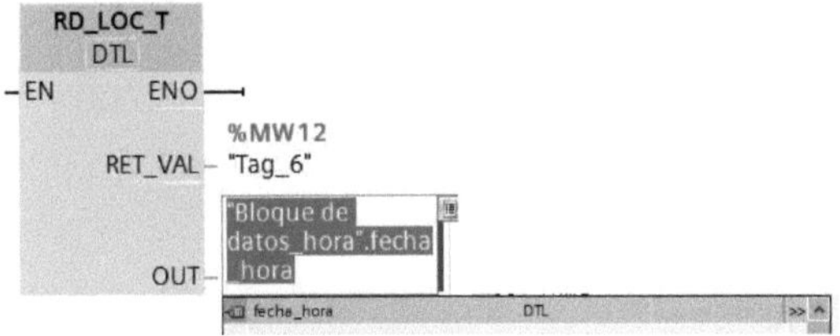


Una vez seleccionado el bloque de datos, los datos de la hora y fecha de la CPU serán guardados en dicho bloque pudiendo así poder trabajar con ellos.

Para poder seleccionar la fecha y la hora de manera independiente deberemos utilizar la función 'T_CONV'.

Como variable de entrada será el bloque de datos, en donde se almacena la fecha y hora de la CPU, observando el tipo de datos que queremos en la salida, se definirán las variables donde serán guardadas.

A continuación, expongo la imagen de cómo queda:

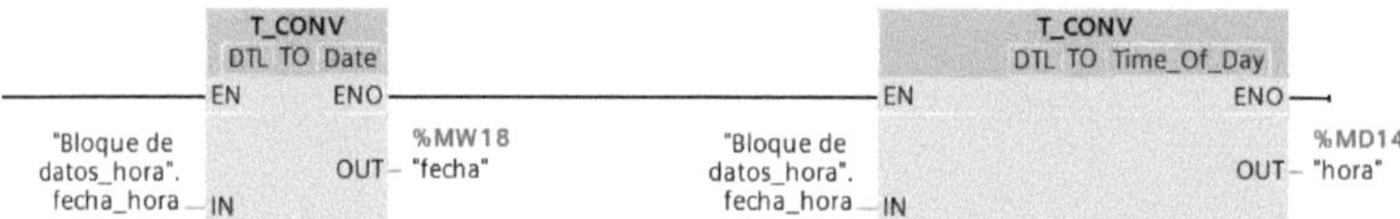


Como nota final, deberemos definir las variables "fecha" como Time_of_Day y "hora" como Date para ello iremos a "Árbol del proyecto", desplegando la pestaña 'Variables PLC' y clicando dos veces en "Mostrar todas las variables" visualizaremos en el 'área de trabajo' el conjunto de las variables que estamos utilizando en el proyecto.

A continuación, expongo la imagen para una mejor compresión:

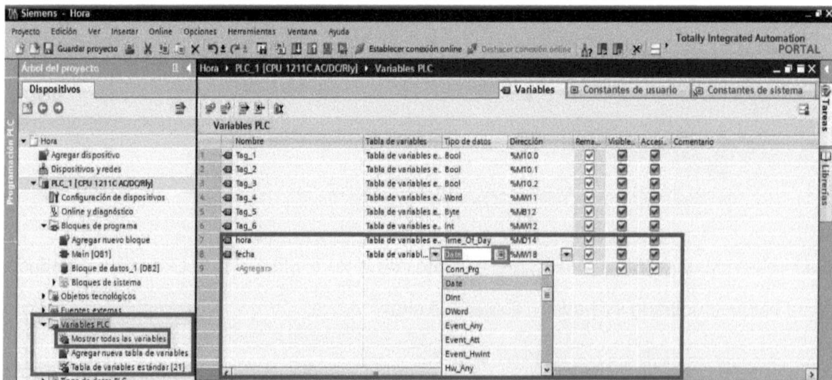

# 12. Leer proyecto Online

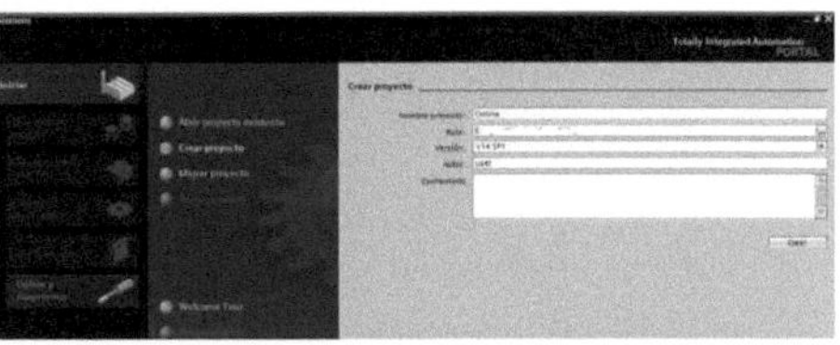

Abrimos el TIA Portal y creamos un proyecto nuevo:

Una vez creado agregamos un nuevo dispositivo que será un S7-1200 **sin especificar sus características** (no es imprescindible, podemos determinar el tipo de PLC que tenemos, pero así verificamos que la referencia del equipo es la que tenemos online).

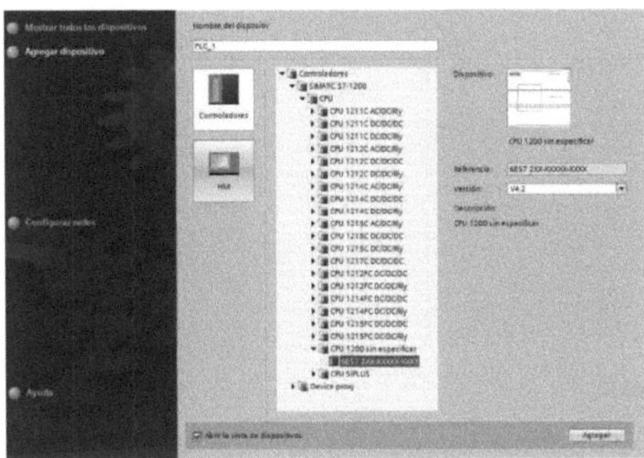

En "Vista de Proyecto" pinchamos con el ratón en "determinar" la configuración del equipo y comenzamos la conexión online:

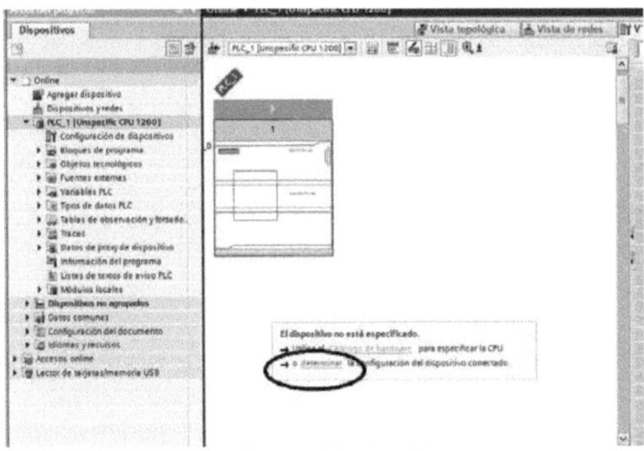

Pinchamos en "Detección" y ya tenemos el equipo configurado. Establecemos conexión online:

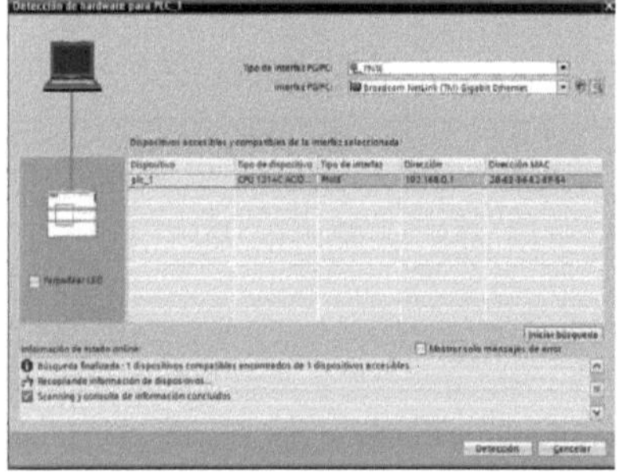

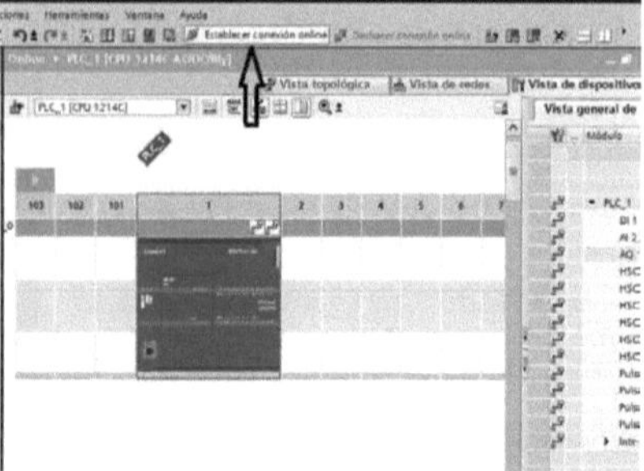

En este momento se activa el icono de “Cargar en dispositivo”:

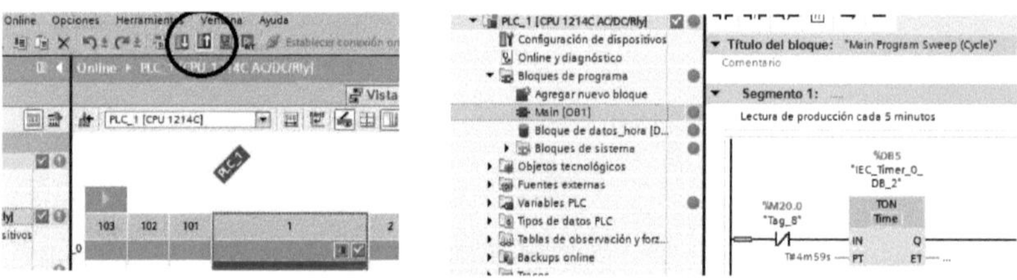

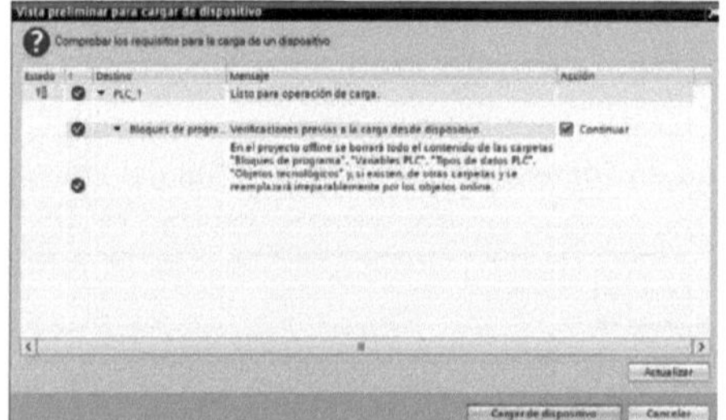

Ahora ya se descarga el programa desde el PLC al ordenador:

# 13. Introducción a la programación en SCL

El lenguaje de programación Step 7 en SCL es un lenguaje estructurado de alto nivel con una estructura sintáctica similar al Pascal o al C.

Su estructura es relativamente simple y, conociendo el lenguaje KOP, nos puede resultar bastante asequible. Vamos a ver algunos comandos de este lenguaje a partir de ejemplo simples. Estos ejemplos pueden ser programados y probados en los autómatas S7-1200 de Siemens (Firmware 2.0 o superior) a través del STEP 7 Basic.

Veamos cómo realizamos un programa utilizando el lenguaje SCL:

**1.** Lo primero que debemos hacer es crear una tabla con las variables de entradas y salidas que se van a utilizar en la programación.

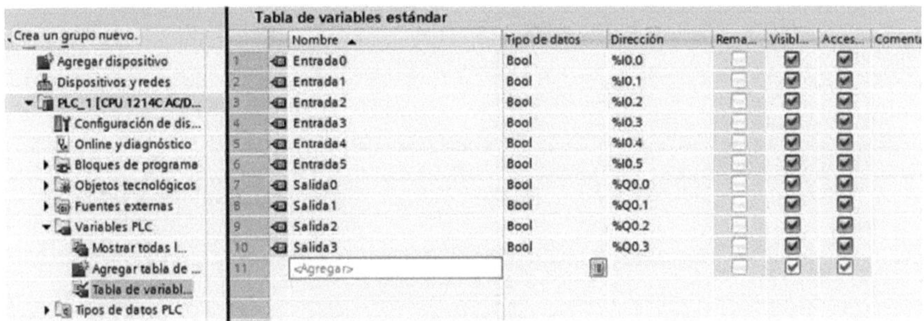


Tabla de variables estándar

| | Nombre | Tipo de datos | Dirección | Rema... | Visibl... | Acces... | Coment |
|---|---|---|---|---|---|---|---|
| 1 | Entrada0 | Bool | %I0.0 | | | | |
| 2 | Entrada1 | Bool | %I0.1 | | | | |
| 3 | Entrada2 | Bool | %I0.2 | | | | |
| 4 | Entrada3 | Bool | %I0.3 | | | | |
| 5 | Entrada4 | Bool | %I0.4 | | | | |
| 6 | Entrada5 | Bool | %I0.5 | | | | |
| 7 | Salida0 | Bool | %Q0.0 | | | | |
| 8 | Salida1 | Bool | %Q0.1 | | | | |
| 9 | Salida2 | Bool | %Q0.2 | | | | |
| 10 | Salida3 | Bool | %Q0.3 | | | | |
| 11 | <Agregar> | | | | | | |

**2.** Se crea una función (FC) y se elige el lenguaje SCL.

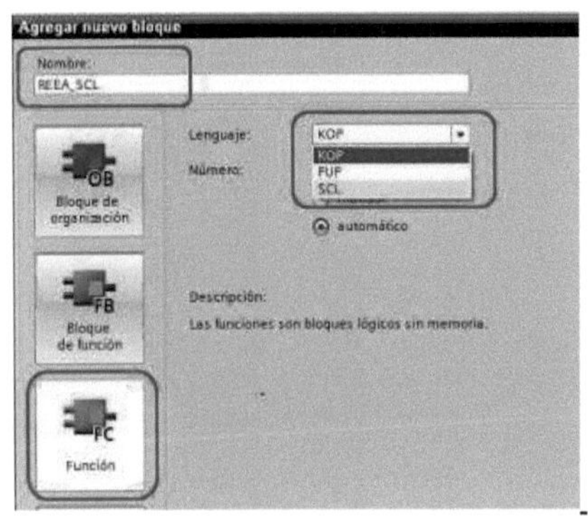


**3.** Desde el OB1 se llama a dicha función de forma incondicional.

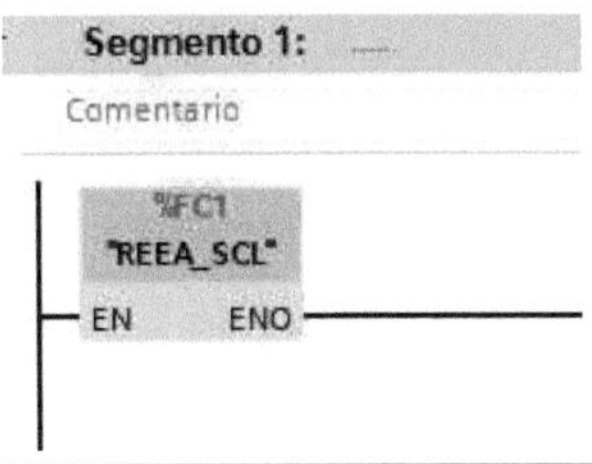


4. El código SCL debe escribirse en el bloque FC.

## Ejemplos de programación SCL

### Ejemplo 1: Control de una salida a través de una entrada.

Código SCL:

```
//Ejemplos SCL (C) REEA 2013
//Activar_Desactivar una salida con una entrada
IF "Entrada0"=1 THEN
    "Salida0":=1;
ELSE
  "Salida0":=0;
END_IF;
```

Circuito equivalente en KOP:

Segmento 1:

Comentario

%I0.0 "Entrada0" — %Q0.0 "Salida0"

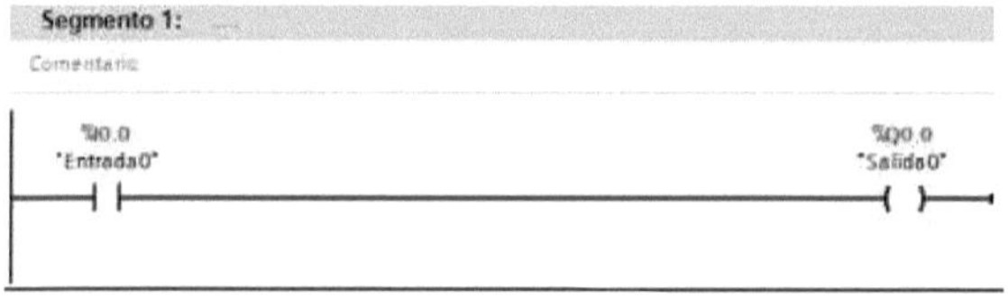

### Ejemplo 2: Control de una salida mediante Set/Reset.

Código SCL:

```
//Ejemplos SCL (C) REEA 2013
//Activar una salida (Set)
IF "Entrada1"=true THEN
  "Salida1":=true;
END_IF;
//Desactivar una salida (Reset)
IF "Entrada2"=true THEN
  "Salida1":=false;
END_IF;
```

Circuito equivalente en KOP:

Segmento 2:

Comentario

%I0.1 "Entrada1" — %Q0.1 "Salida1" (S)

Segmento 3:

Comentario

%I0.2 "Entrada2" — %Q0.1 "Salida1" (R)

**Ejemplo 3: Asociación serie (AND) de dos variables de entrada.**

Código SCL:

```
//Ejemplos SCL (C) REEA 2013
//Activación de una salida mediante dos entradas en serie.
IF "Entrada3" AND "Entrada4"=true THEN
    "Salida3":=true;
ELSE
    "Salida3":=FALSE;
END_IF;
```

Circuito equivalente en KOP:

Segmento 1:

Comentario

%I0.3 "Entrada3"  %I0.4 "Entrada4"  %Q0.3 "Salida3"

**Ejemplo 4: Activación de una temporización a la conexión (TON).**

Código SCL:

```
//Ejemplos SCL (C) REEA 2013
//Temporizador a la conexión
"Tmp1".TON(IN:="Entrada2", //Si la señal IN es verdadera, comieza la temporización
           PT:=T#5s,
           Q=>"Salida2");    //La salida Q se pone a 1 cuando se ha llegado al tiempo PT
```

Circuito equivalente en KOP:

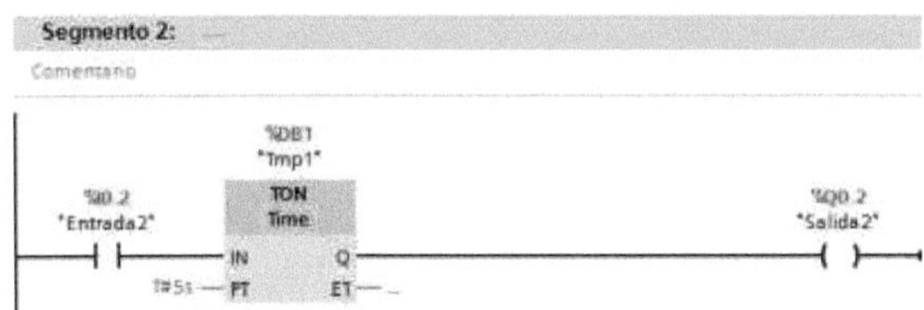


En los ejemplos anteriores se mostraban algunos ejemplos de código SCL utilizando el condicional IF-THEN. Si bien su uso es adecuado para controlar el valor de variables de buena parte de las aplicaciones de programación que se deben cumplir mediante el establecimiento de condiciones lógicas, no es la única forma de hacerlo. A continuación, se muestra cómo realizar operaciones similares en la programación de los S7-1200 sin recurrir a uso de IF-THEN.

Los ejemplos muestran el código SCL y el programa en KOP del circuito "eléctrico" equivalente.

**Ejemplo 5: Control de una salida a través de una entrada**.

Código SCL:

El valor de la salida es igual al valor lógico de la entrada.

```
//Ejemplos SCL (C) REEA 2013
//Modo interruptor
"Salida0":="Entrada0";
```

Equivalente en KOP:

%I0.0
"Entrada0"
%Q0.0
"Salida0"

**Ejemplo 6: Asociación serie (AND) de dos entradas**

Código SCL:

La salida solamente se activa si se cumple la condición AND en las entradas.

```
//Ejemplos SCL (C) REEA 2013
//Entradas en serie
"Salida1":= "Entrada1" AND "Entrada2";
```

Equivalente en KOP:

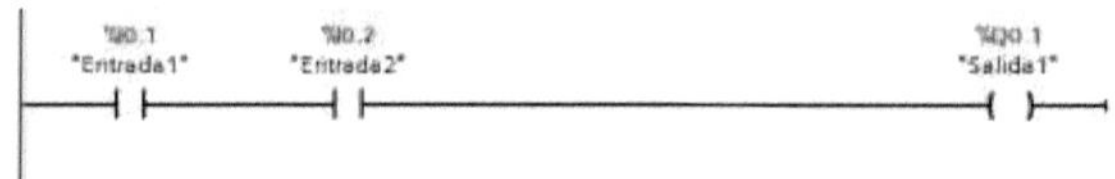


**Ejemplo 7: Asociación paralelo (OR) de dos entradas**

Código SCL:

La salida se activa mediante dos entradas conectadas en paralelo (OR)

```
//Ejemplos SCL (C) REEA 2013
//Entradas en paralelo
"Salida2":= "Entrada3" OR "Entrada4";
```

Equivalente en KOP:

%I0.3
"Entrada3"
%I0.4
"Entrada4"
%Q0.2
"Salida2"

**Ejemplo 8: Uso de negaciones.**

Código SCL:

El valor de la salida es el contrario al de la entrada.

```
//Ejemplos SCL (C) REEA 2013
//Negar el valor de una variable (contacto cerrado)
"Salida3":= NOT "Entrada5";
```

Equivalente en KOP:

%I0.3
"Entrada3"
NOT
%Q0.5
"Salida5"

**Ejemplo 9: Realimentación (Marcha-Paro).**

Código SCL:

La Entrada4 funciona como un pulsador de marcha. La Entrada7 como un pulsador de paro. Así cuando se acciona la Entrada4 la salida se pone a 1 y se mantiene mediante el contacto de realimentación conectado en paralelo con dicha estrada. Si estando en esta situación, se acciona la Entrada7, el valor de la salida es 0 y por tanto deja de realimentarse.

```
//Ejemplos SCL (C) REEA 2013
//Realimentación de una salida (Marcha-Paro)
"Salida4":= ("Entrada0" OR "Salida4" )AND NOT "Entrada7";
```

Equivalente en KOP:

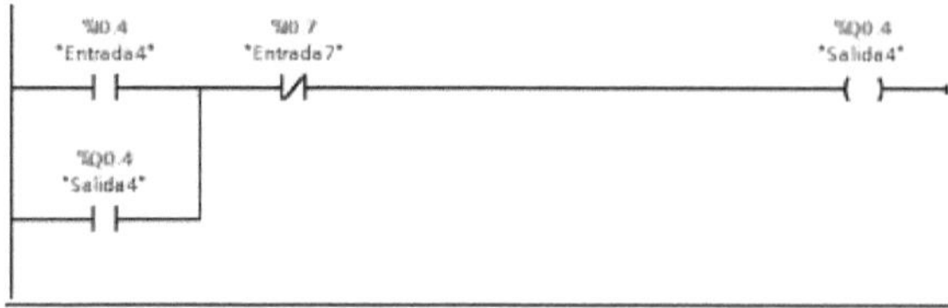


# 14. Catálogo de productos

Dependiendo de la versión del programa TIA Portal dispondremos de una serie de dispositivos hardware preinstalados. En cualquier momento puede que necesitemos configurar algún elemento que no tenemos disponible. En este caso debemos descargar los archivos HSP que se encuentran en la página web de Siemens.

Estos archivos vienen a sustituir a los archivos GSD de entorno de programación Simatic S7 usado para los PLCs S7-300 y S7-400.

## 14.1. Instalación de los HSPs

Se dispone de dos opciones para la instalación de los HSPs.

- **Instalación automática de los HSPs.** Si el ordenador de configuración está conectado a internet, se puede descargar los HSPs directamente desde la web usando el "TIA Software Updater" e instalándolos en el TIA Portal. Proceder de la siguiente manera para arrancar el "TIA Software Updater":

  1. Ir a "Inicio > Todos los programas > Siemens Automation > Totally Integrated Automation UPDATER".
  2. Seleccionar la pestaña "Support Packages" y pulsar en "Encontrar paquetes de soporte". Se mostrarán los HSPs disponibles.
  3. Marcar los paquetes necesarios y pulsar sobre el botón "Descargar e instalar los paquetes seleccionados".

- **Instalación manual de los HSPs.** Proceder de la siguiente forma para iniciar la instalación manual. Para esta opción debemos estar registrados en la página web de Siemens:

1. Abrir la página de descargas con los HSPs en la entrada con ID: https://support.industry.siemens.com/cs/document/72341852/paquetes-de-soporte-para-el-cat%C3%A1logo-de-hardware-en-tia-portal-(hsp)?dti=0&lc=es-WW, (Esta referencia puede cambiar. Se puede poner en el buscador el texto: “HSP TIA Portal”, por ejemplo)

2. Seleccionar el fichero de descarga correspondiente (por ejemplo, "TIA_Portal_V14_HSP.zip") y descargar el fichero *.zip.

3. Descomprimir el fichero *.zip en un directorio al que se pueda acceder en el TIA Portal.

4. Abrir el TIA Portal y cambiar a la **vista de proyecto**.

5. Usar la instrucción de menú "**Opciones > Paquetes de soporte**" para abrir el cuadro de diálogo "Información detallada". Por defecto se abrirá el cuadro de diálogo "Instalación de los paquetes de soporte" y se mostrarán todos los paquetes de soporte instalados.

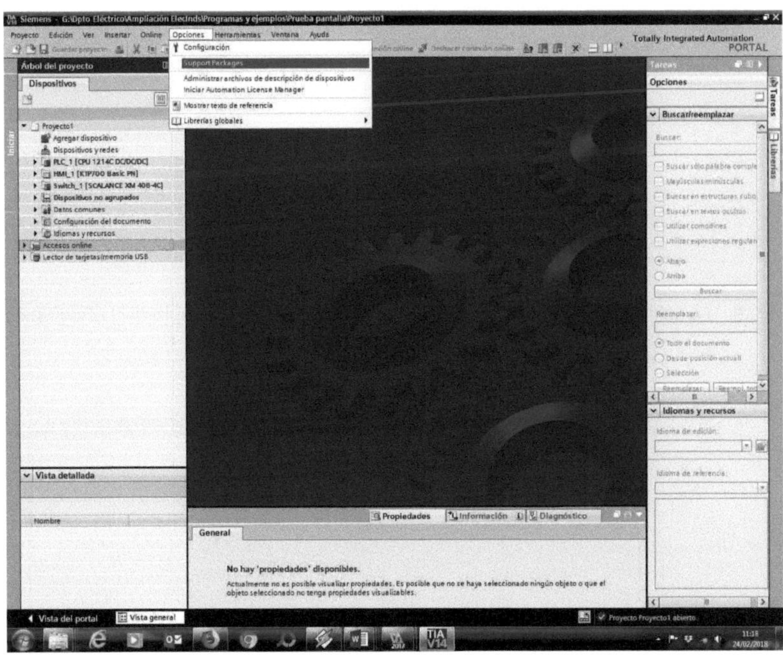

6. Pulsar sobre el botón "**Agregar del sistema de archivos**" en la parte inferior de la ventana y navegar hasta el directorio en el que se ha descomprimido el fichero *.zip.

7. Marcar el fichero *.isp necesario (por ejemplo, SP_V14_0205_001_ET200SP_IM_PNST_4.1.isp14") y pulsar en "Abrir".

8. En el cuadro de diálogo "Información detallada" ya se podrá ver el fichero HSP para la instalación. La columna "Instalado" indica si se ha instalado o no el HSP seleccionado. Seleccionar el fichero HSP tal y como se muestra en la figura y pulsar sobre el botón "Instalar".

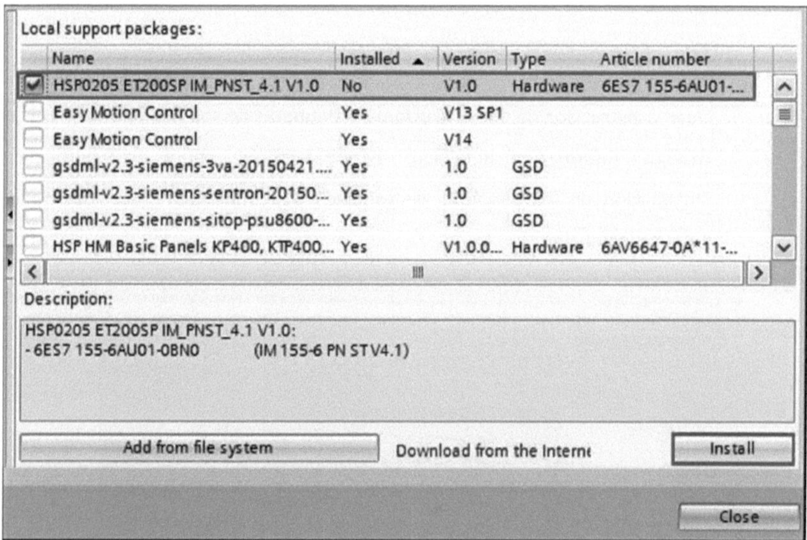


9. En TIA Portal se mostrará un mensaje solicitando que cierre todas las ventanas. Pulsar en "Aceptar".

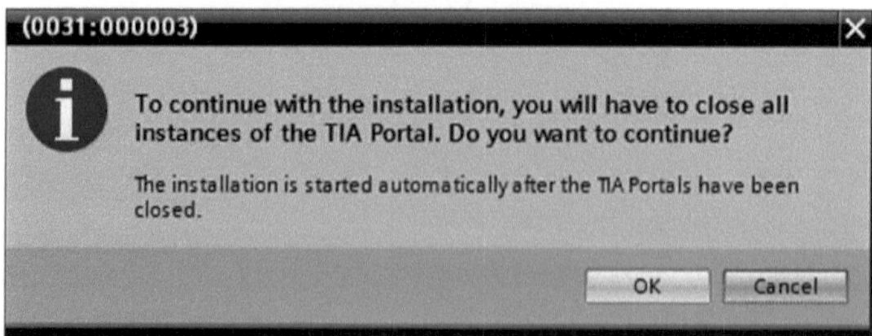

**Consideración**

La visualización del mensaje que aparece en la figura depende de la versión de TIA Portal y del HSP.

10. Cerrar todas las ventanas de TIA Portal salvo la del cuadro de diálogo de "Instalación del paquete de soporte". Entonces se habilitará el botón "Continuar".

11. Pulsar sobre "Continuar" para iniciar la instalación.

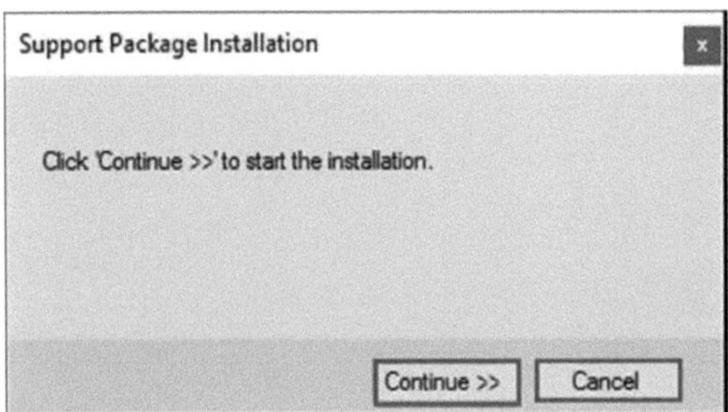


12. Al final de la instalación se mostrará un mensaje indicando que la instalación ha finalizado con éxito. Pulsar sobre el botón "Finalizar" y reiniciar el TIA Portal.

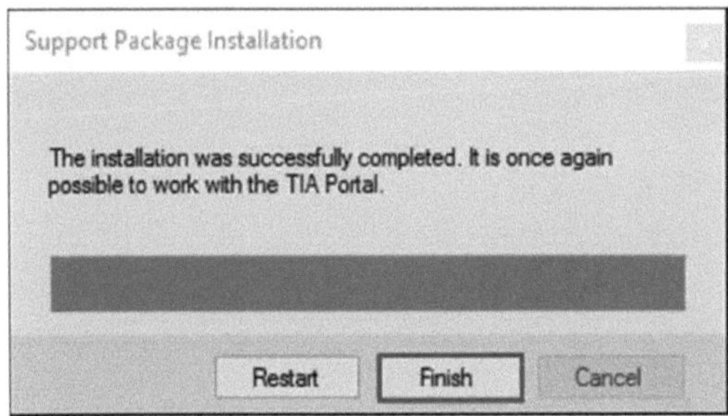


Ya se habrá actualizado su catálogo de hardware en el TIA Portal. Cuando vuelva a abrir el cuadro de diálogo de "Información detallada" en el TIA Portal, la columna "Instalado" ahora indicará "Sí" en la posición del fichero HSP. Ya no podrá eliminar los HSPs instalados con anterioridad en el TIA Portal.

# 15. Ejemplo para desarrollar: Control de Parking

En este ejemplo se va a proceder a la automatización de un parking en el que tendremos una capacidad máxima de 8 vehículos. Dispondrá de una barrera automática a la entrada y otra a la salida para contar el número de vehículos. Además, cada plaza dispondrá de un sensor de libre/ocupada con lo que desde la pantalla de control veremos dónde están las plazas libres.

- El programa principal deberá tener dos subprogramas: Control de barreras y control de plazas libres.
- Tendremos dos pantallas una con las plazas libres y otra con la visualización de las barreras.

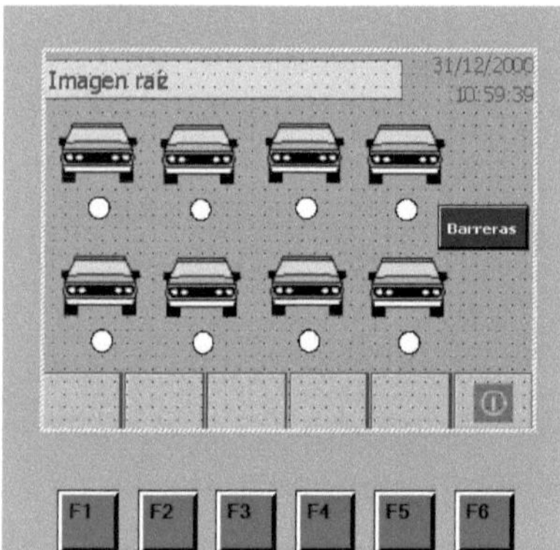


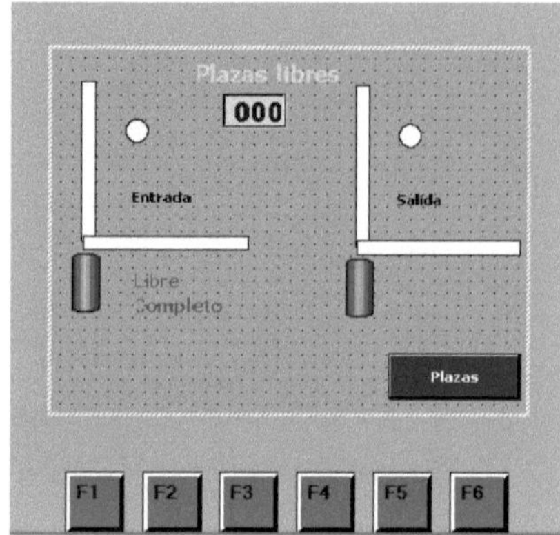

# TEMA 12: COMUNICACIÓN SERIE

## 1. Comunicación RS232

Esta norma fue diseñada para **comunicación punto a punto**, en donde se tiene un ordenador (en la norma RS232 se le denomina **DTE, Data Terminal Equipment**) que se encuentra trasmitiendo **hacia un equipo esclavo** (en la norma conocido como **DCE, Data CommunicationsEquipment**) ubicado a distancias no mayores a **15 metros** (aunque en la práctica alcanza distancias de hasta **50 metros**) y a una velocidad máxima de **19,200 bps**. Este tipo de trasmisión se le conoce como "**single ended**" porque usa en el cable un solo retorno (GND). Es un modo de trasmisión muy simple, pero también vulnerable al ruido aditivo en la línea y por esa razón es empleada para comunicación a distancias cortas.

En general, en la trasmisión RS232, las cadenas de datos son **caracteres ASCII**, los cuales incluyen los códigos de letras, números y signos de puntuación, además de caracteres especiales. Se trata de un estándar orientado a la trasmisión de texto.

El formato de trasmisión de datos en las señales TX y RX del estándar RS232, se muestra en la figura de abajo. Se trata de una señal serie bipolar, normalmente entre +10 y -10 voltios, con formato asíncrono (explicado más abajo). En el ejemplo se trasmite el código ASCII de la "A" (01000001). Observe que sigue una lógica negativa, con un nivel alto para el valor 0 lógico y un nivel bajo para el 1.

El bit de inicio (Start bit) tiene como función proporcionar, mediante el flanco ascendente, la señal de sincronía para que el circuito receptor pueda muestrear el resto de los 8 bits de datos. La velocidad de trasmisión define el período de cada uno de los bits. Por ejemplo, una velocidad de 1200 bps opera con una duración de 833 us por cada bit. A 9600 bps, se tendrían 104 us por bit.

Al final de la trama de 8 bits, se generan los llamados bits de paro (Stop bits) cuya función es regresar la señal al estado bajo para preparar el siguiente flanco ascendente del bit de inicio. La trasmisión se conoce como a*síncrona*, dado que no se requiere una señal separada para sincronía, sino que cada carácter incluye tanto los 8 bits de datos como los bits de inicio y de paro para establecerla.

En la línea de tiempo, que va de izquierda a derecha, el bit menos significativo LSB se trasmite primero y el bit más significativo MSB, al último.

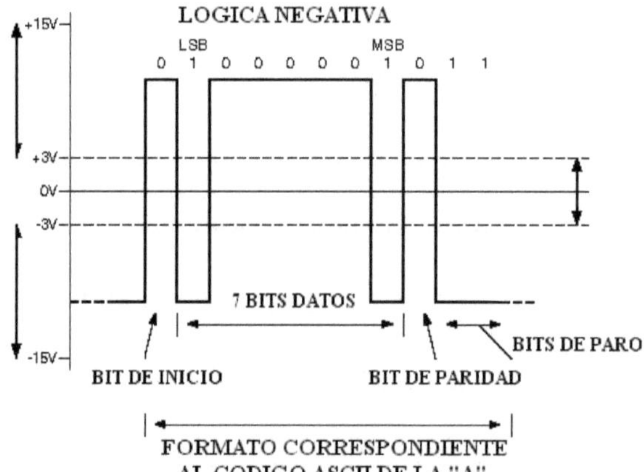


Originalmente la norma RS232 fue diseñada para comunicar un ordenador (DTE) con su módem para línea telefónica (DCE), pero actualmente se usa también para comunicación entre dos ordenadores, o bien un ordenador con un dispositivo periférico.

Para la conexión se utiliza un cable con conectores DB9, con nueve señales, como el mostrado en la figura. Adicionalmente a la señales de datos trasmitidos y recibidos TX, RX, la norma original RS232 incluye definiciones para señales de control (en inglés "handshakesignals") que se usan para varias funciones auxiliares en el protocolo de envío y recepción de datos, así como para el diagnóstico de fallos.

Actualmente, el estándar se ha simplificado a las señales de trasmisión TX, recepción RX y tierra GND, dejando sin utilizarse el resto de las señales. A continuación se muestra una foto del conector DB9 y la asignación de señales.

Los ordenadores personales ya no tienen conectores DB9 en sus salidas, utilizándose los cables adaptadores USB-Serial para su conexión con dispositivos RS232, por ejemplo módems GSM, lectores RFID, lectores de códigos de barras, etc.

El estándar serial DB9 es también usado en la actualidad para conectar sistemas microcontroladores con los siguientes dispositivos:

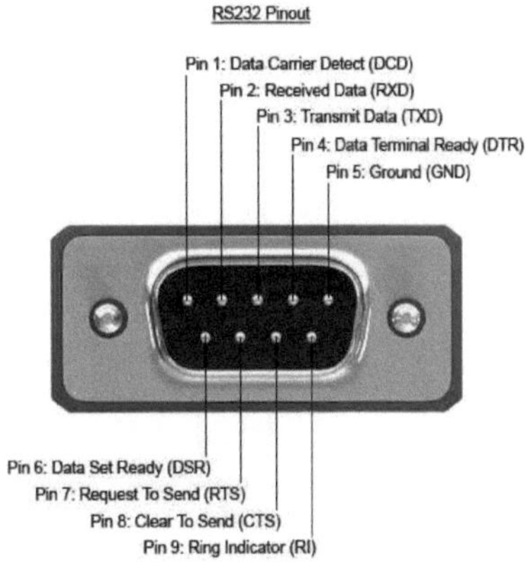

- módems de radioenlace
- módems GSM
- dispositivos Bluetooth
- sensores infrarrojos
- sistemas RFID



## 2. Comunicación RS422/485

Cuando se requieren mayores distancias y velocidades de trasmisión, entonces deben de emplearse las normas RS422 y RS485. Además, estas normas permiten también la **trasmisión multipunto**, es decir un ordenador central conectado con varias UTR. Dado que el ordenador central típicamente tiene como salida la interfaz RS232, se hace necesaria la conexión de un módulo convertidor RS232 a RS422/485, para implementar una red.

La trasmisión diferencial (RS422/RS485) permite velocidades de hasta **10 Mbps**, sobre distancias de hasta **1,3 km**. Se usan **dos señales para trasmitir y dos para recibir**, además de la tierra, la cual es normalmente conectada al blindaje del cable. En cada par, viajan la señal de trasmisión y su complemento. En el receptor, la señal original se obtiene restando una de la otra. Esta técnica reduce grandemente el ruido generado en la línea, ya que éste se induce por igual en ambas líneas del par y es al final cancelado. Este tipo de trasmisión debe de hacerse siempre sobre cable del tipo "par trenzado" (twistedpairs).

## 3. Comunicación RS422

RS422 usa 4 señales y puede emplearse para comunicación punto a punto o multipunto. En su aplicación más simple, un ordenador central se comunica con una UTR empleando un protocolo master-slave, full dúplex. Una conexión típica se muestra abajo. El ordenador central se comunica con un convertidor (K422) usando 5 de las señales de la norma RS232. El convertidor se conecta al dispositivo remoto 422 usando 4 señales y la tierra.

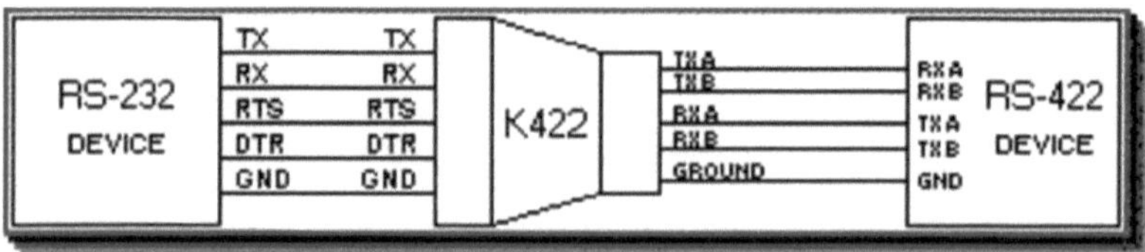


En algunas aplicaciones, la norma RS422 puede emplearse en redes "mulipunto", es decir, un ordenador central comunicándose con varias UTR. En este caso, pueden usarse dos tipos de protocolos de comunicaciones:

1. El llamado protocolo "interrogación-respuesta" o "polling" en el cual el ordenador envía mensajes que incluyen la dirección de la UTR a la cual se envía el mensaje y solamente la UTR que reconoce su dirección responderá.

2. El protocolo del tipo "reporte espontáneo" en al cual, la UTR inicia la comunicación y envía su bloque de datos, únicamente cuando ocurra un evento. Por ejemplo, en el caso de un sistema de control de acceso, el evento ocurre cuando se efectúa el ingreso de una persona identificada.

En el modo multipunto, todas las UTR deben de poseer drivers del tipo "tristate" en sus líneas RXA y RXB que permitan su virtual desconexión de las líneas cuando no se encuentran trasmitiendo, para permitir el libre flujo de la información sin interferencias.

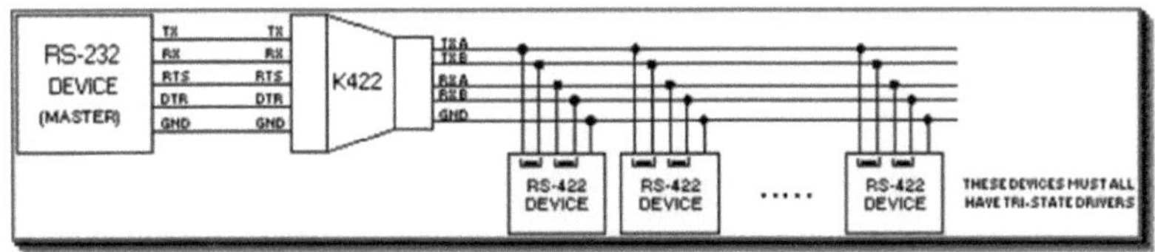


## 4. Comunicación RS485

La diferencia principal entre RS422 y RS485 es el número de señales usadas en el cable de trasmisión. RS422 usa 4 señales y su tierra, RS485 usa solo 2 señales y su tierra. RS485 requiere de un protocolo "half dúplex" para operar, dado que las mismas líneas son usadas tanto para trasmisión como recepción.

Todos los dispositivos RS485 poseen drivers "tristate" que permiten a las UTR desconectarse de la línea una vez que trasmitieron su información. Normalmente, para este fin se usa un circuito temporizador automático habilitado por el flanco ascendente de la señal de trasmisión. El temporizador habilita el circuito trasmisor durante el tiempo que dura el mensaje y lo deshabilita al terminar éste.

Entre las aplicaciones típicas de la norma RS485, se encuentran los sistemas de control de acceso, los sistemas distribuidos de control industrial y los sistemas de seguridad casera. En todos estos casos, varias UTR reportan su información hacia un ordenador central o bien reciben comandos de la misma.

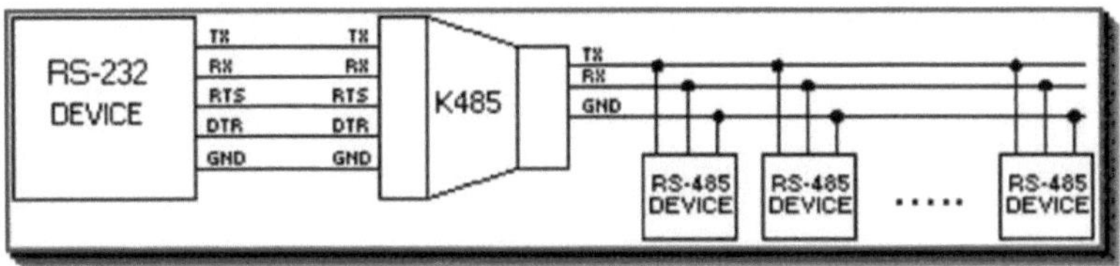


## 5. Ejemplo comunicación RS 232 con S7-1200

Vamos a desarrollar un ejemplo para comunicar dos PLCs S7-1200 mediante un módulo de comunicaciones RS 232 del tipo CM 1241. Para ello necesitaremos dos PLC S7-1200 y dos módulos de comunicaciones del tipo CM 1241. Se realizará siguiendo la siguiente explicación:

El primer PLC será el emisor de los mensajes. Abrimos el TIA Portal y procedemos de la siguiente forma:

- Nuevo proyecto, con el nombre que queramos al que añadimos el PLC CPU 1214C con la referencia acostumbrada y el módulo CM 1241 RS232. Este módulo se sitúa a la izquierda del PLC:

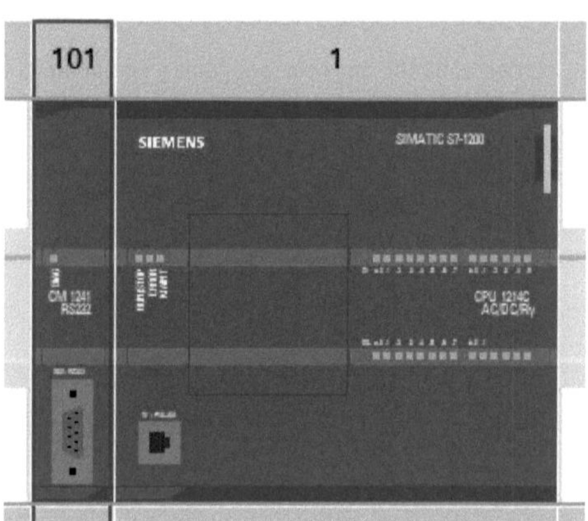


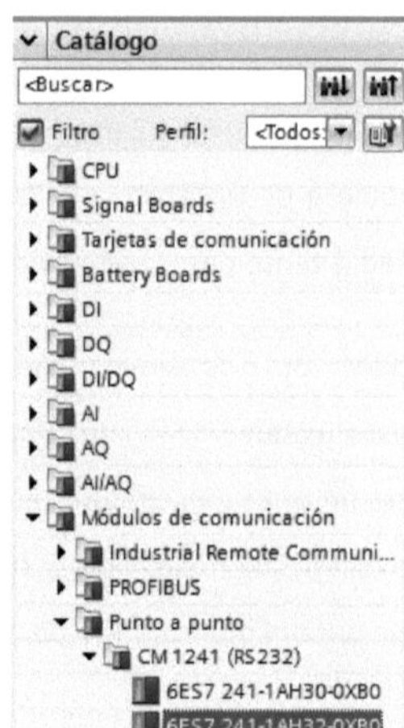


- En la "Configuración de dispositivo" del PLC vamos a propiedades y activamos las marcas de ciclo y de sistema. La marca de sistema la utilizaremos para iniciar el bloque de transmisión y de recepción. En este caso usaremos la marca M1.0 (FirstScan), éste es un bit que se activa en el primer ciclo y después pasa a cero. La marca de ciclo la usaremos como reloj para enviar datos y recibirlos en el otro PLC.

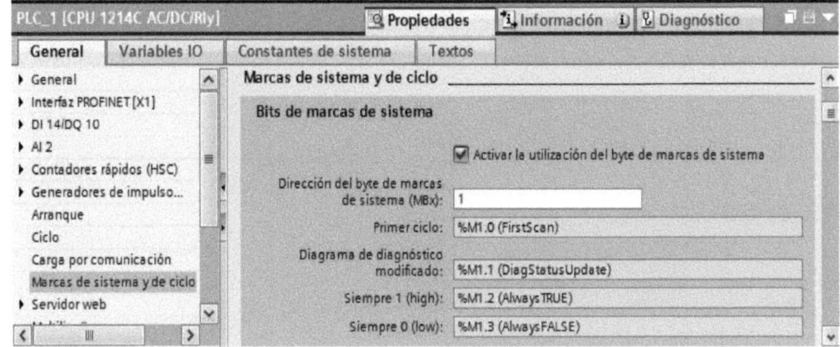


- Iniciamos el programa en OB1. En el primer segmento indicamos lo que queremos enviar, en este ejemplo enviamos la variable IW0, correspondiente a las entradas del PLC, pasándola a la marca MW100:

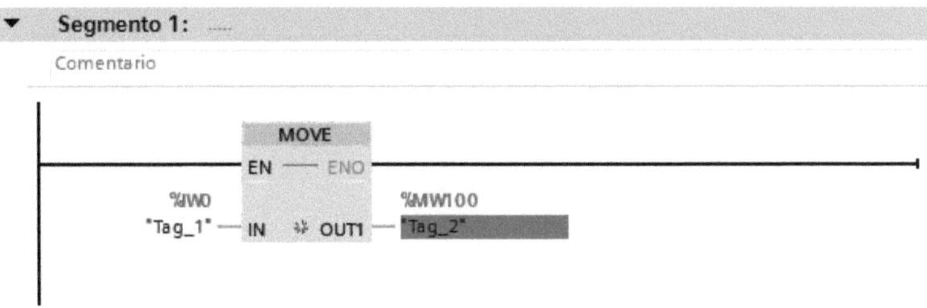


- Añadimos la instrucción de configuración de la transmisión. Dentro de la pestaña de **comunicación** desplegamos el menú de **Punto a punto** y elegimos la instrucción **PORT_CFG**:

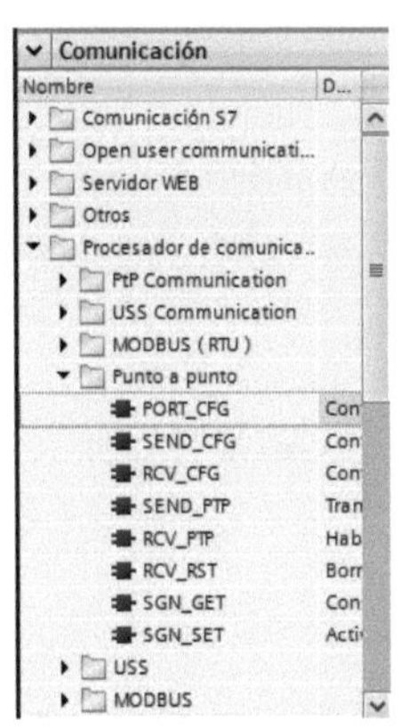


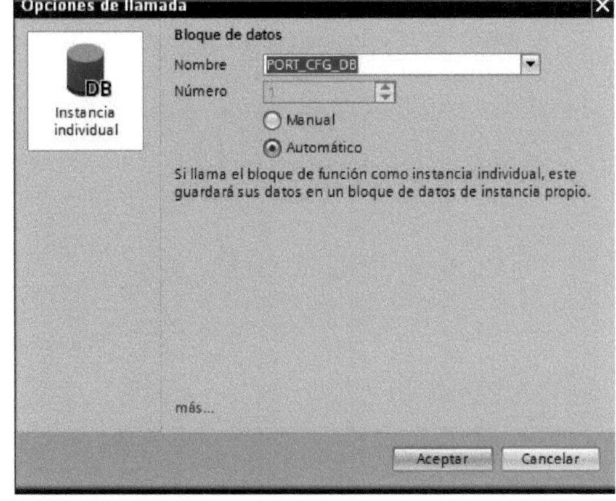

- En **REQ** ponemos la marca de ciclo M1.0:

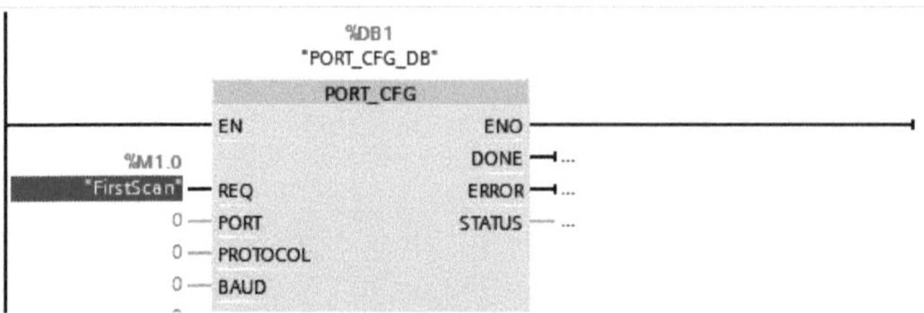


- En **PORT** indicamos el puerto de comunicación:

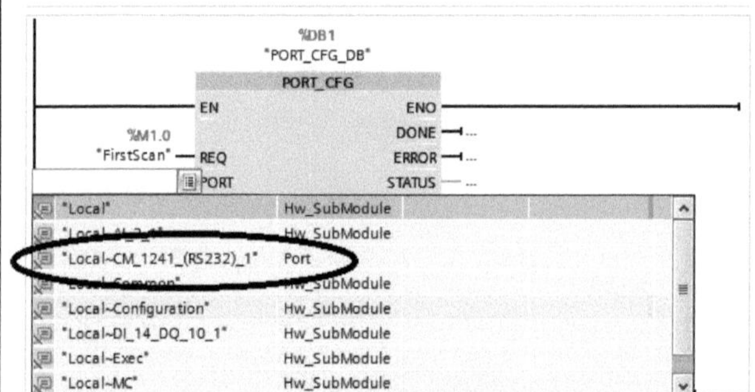


- **PROTOCOL**: Lo dejamos en 0 que hace referencia a "Punto a punto".

| PROTOCOL | Input | UINT | I, Q, M, D, L o constante | Protocolo de transmisión:<br>• 0: protocolo de comunicación punto a punto<br>• 1..n: definición futura para protocolos de transmisión específicos |
|---|---|---|---|---|

- **BAUD**: Es la velocidad de transmisión que será, según las especificaciones de la instrucción:

| BAUD | Input | UINT | I, Q, M, D, L o constante | Velocidad de transferencia del puerto:<br>• 1: 300 baudios<br>• 2: 600 baudios<br>• 3: 1200 baudios<br>• 4: 2400 baudios<br>• 5: 4800 baudios<br>• 6: 9600 baudios (ajuste estándar)<br>• 7: 19200 baudios<br>• 8: 38400 baudios<br>• 9: 57600 baudios<br>• 10: 76800 baudios<br>• 11: 115200 baudios |
|---|---|---|---|---|

Vamos a poner 6 (9600 baudios) en los dos PLCs.

- El resto de los parámetros los dejamos en 1:

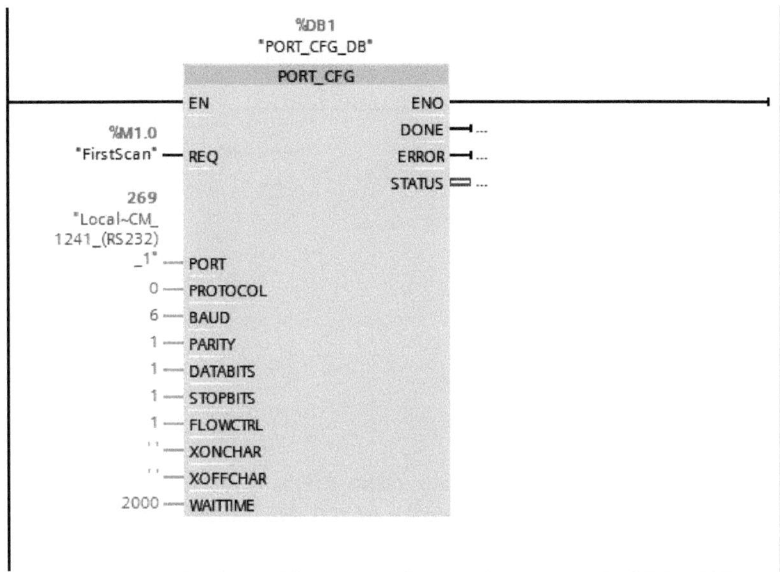


| | | | | |
|---|---|---|---|---|
| PARITY | Input | UINT | I, Q, M, D, L o constante | Paridad del puerto:<br>• 1: Sin paridad (ajuste estándar)<br>• 2: Paridad par<br>• 3: Paridad impar<br>• 4: Selección de paridad<br>• 5: Espacio de paridad |
| DATABITS | Input | UINT | I, Q, M, D, L o constante | Bits por carácter:<br>• 1: 8 bits por carácter (ajuste estándar)<br>• 2: 7 bits por carácter |
| STOPBITS | Input | UINT | I, Q, M, D, L o constante | Número de bits de parada:<br>• 1: 1 bit de parada (ajuste estándar)<br>• 2: 2 bits de parada |
| FLOWCTRL | Input | UINT | I, Q, M, D, L o constante | Control de flujo de datos:<br>• 1: Ninguno (ajuste estándar)<br>• 2: XON/XOFF<br>• 3: Control de flujo por hardware (RTS activado permanentemente)<br>• 4: Control de flujo por hardware (RTS desactivable durante la transferencia) |

- Este va a ser el emisor, por lo que a continuación añadimos la instrucción de configuración del envío **SEND_CFG**, los parámetros son similares al anterior:

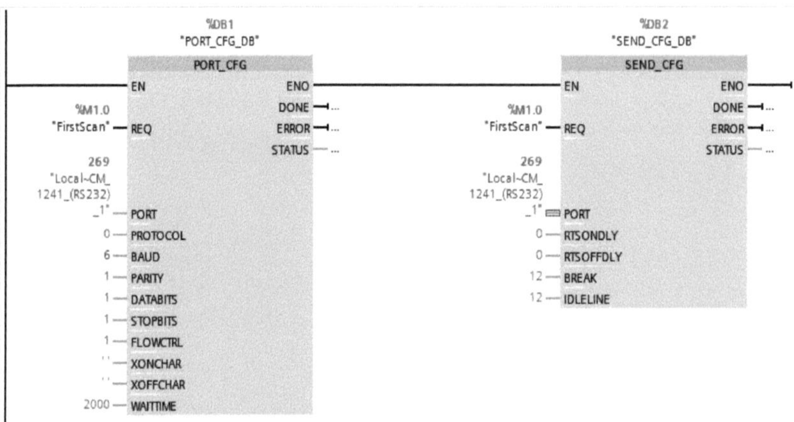


- La instrucción para enviar los datos (**SEND_PTP**) la añadimos en el siguiente segmento, en esta instrucción la señal en **REQ** será uno de los relojes de las marcas de ciclo, por ejemplo, la marca M0.1 (5 Hz) y el **BUFFER** la marca MW100 que es lo que enviamos:

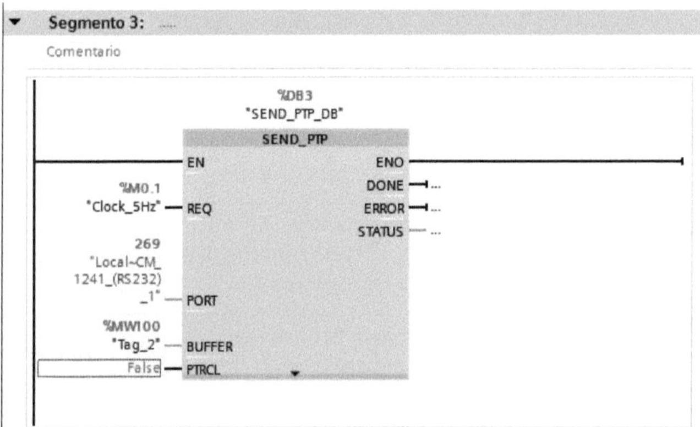


- Ahora repetimos la configuración en el otro PLC que será el que reciba los datos. La configuración es muy similar, comenzamos configurando el puerto de comunicaciones (**PORT_CFG**) y el bloque para recibir los datos (**RCV_PTP**):

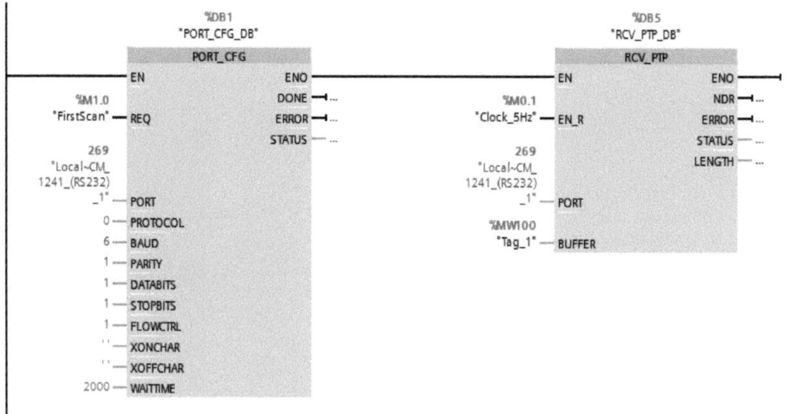


- Por último, indicamos dónde vamos a enviar los datos que hemos recibido (MW100) que los pasaremos a las salidas QW0:

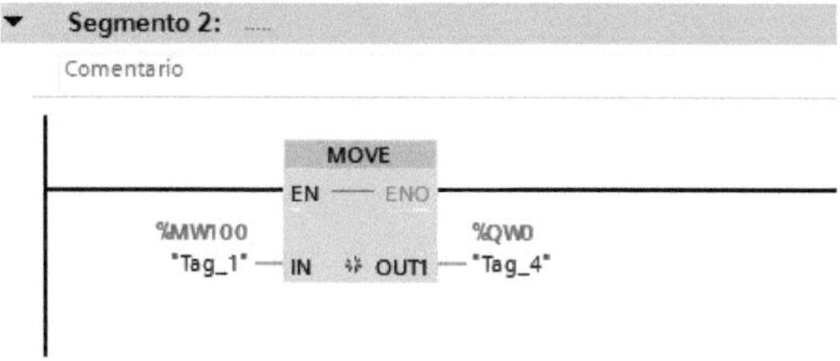


El funcionamiento lo podemos ver en las siguientes imágenes:

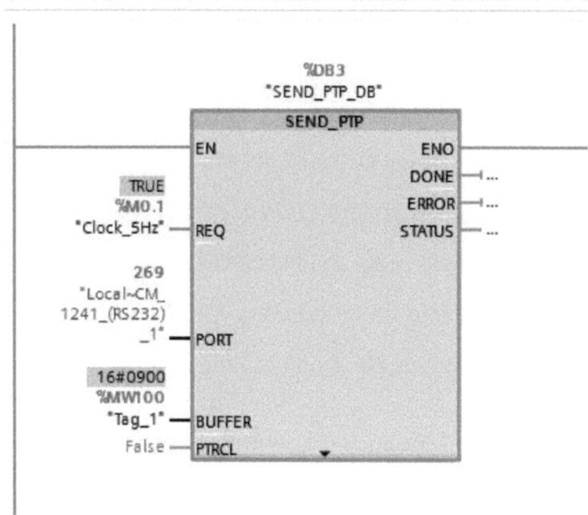

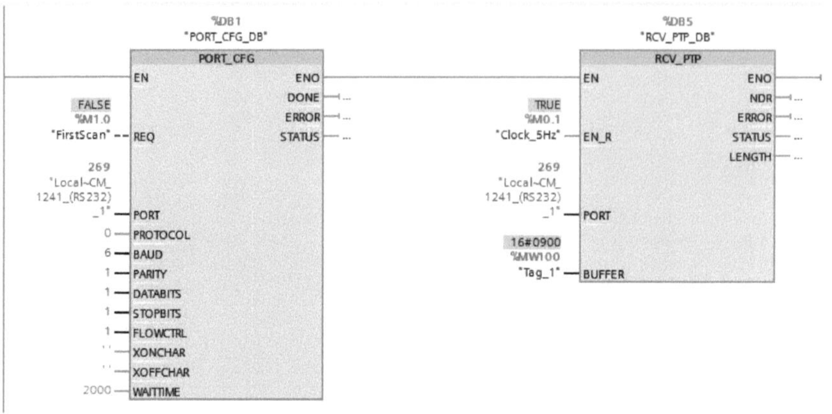

**Los datos enviados en el emisor IW0 se reciben en el receptor QW0**

## 6. Modbus

Modbus es un protocolo de comunicaciones situado en el nivel 7 del Modelo OSI, basado en la arquitectura maestro/esclavo (RTU) o cliente/servidor (TCP/IP), diseñado en 1979 por Modicon para su gama de controladores lógicos programables (PLCs). Convertido en un protocolo de comunicaciones estándar de facto en la industria, es el que goza de mayor disponibilidad para la conexión de dispositivos electrónicos industriales.

Las principales razones por las cuales el uso de Modbus en el entorno industrial se ha impuesto a otros protocolos de comunicaciones son:

- Se diseñó teniendo en cuenta su uso para aplicaciones industriales

- Es público y gratuito
- Es fácil de implementar y requiere poco desarrollo
- Maneja bloques de datos sin suponer restricciones

Modbus permite el control de una red de dispositivos, por ejemplo un sistema de medida de temperatura y humedad, y comunicar los resultados a un ordenador. Modbus también se usa para la conexión de un ordenador de supervisión con una unidad remota (RTU) en sistemas de supervisión adquisición de datos (SCADA). Existen versiones del protocolo Modbus para puerto serie y Ethernet (Modbus/TCP).

Cada dispositivo de la red Modbus posee una dirección única. Cualquier dispositivo puede enviar órdenes Modbus, aunque lo habitual es permitirlo sólo a un dispositivo maestro. Cada comando Modbus contiene la dirección del dispositivo destinatario de la orden. Todos los dispositivos reciben la trama pero sólo el destinatario la ejecuta (salvo un modo especial denominado "Broadcast"). Cada uno de los mensajes incluye información redundante que asegura su integridad en la recepción. Los comandos básicos Modbus permiten controlar un dispositivo RTU para modificar el valor de alguno de sus registros o bien solicitar el contenido de dichos registros.

Existe gran cantidad de módems que aceptan el protocolo Modbus. Algunos están específicamente diseñados para funcionar con este protocolo. Existen implementaciones para conexión por cable, wireless, SMS o GPRS. La mayoría de problemas presentados hacen referencia a la latencia y a la sincronización.

## 6.1. Versiones del protocolo

Hay muchas variantes de protocolos Modbus, existen versiones del protocolo Modbus para el puerto serie, para Ethernet, y otros protocolos que soportan el conjunto de protocolos TCP/IP de Internet:

**Modbus RTU** — Es la implementación más común disponible para Modbus. Se utiliza en la comunicación serie y hace uso de una representación binaria compacta de los datos para el protocolo de comunicación. El formato RTU sigue a los comandos/datos con una suma de comprobación de redundancia cíclica (CRC) como un mecanismo de comprobación de errores para garantizar la fiabilidad de los datos. Un mensaje Modbus

RTU debe transmitirse continuamente sin vacilaciones entre caracteres. Los mensajes Modbus son entramados (separados) por períodos inactivos (silenciosos).

**Modbus ASCII** — Se utiliza en la comunicación serie y hace uso de caracteres ASCII para el protocolo de comunicación. El formato ASCII utiliza un checksum de control de redundancia longitudinal (LRC). Los mensajes Modbus ASCII están entramados por los dos puntos principales (":") y la nueva línea (CR/LF).

**Modbus TCP/IP o Modbus TCP** — Se trata de una variante Modbus utilizada para comunicaciones a través de redes TCP/IP, conectándose a través del puerto 502. No requiere un cálculo de suma de verificación (checksum), ya que las capas inferiores ya proporcionan protección de checksum.

**Modbus sobre TCP/IP o Modbus sobre TCP o Modbus RTU/IP** — Esta es una variante de Modbus que difiere del Modbus TCP en que se incluye una suma de comprobación en la carga útil como en Modbus RTU.

**Modbus sobre UDP** — Algunos han experimentado con el uso de Modbus sobre UDP en redes IP, lo que elimina los gastos generales necesarios para TCP.

**Modbus Plus (Modbus+, MB+ o MBP)** — Es una versión extendida del protocolo y privativa de Schneider Electric y a diferencia de las otras variantes, soporta comunicaciones peer-to-peer entre múltiples masters. Requiere un coprocesador dedicado para manejar HDLC. Utiliza par trenzado a 1 Mbit/s y sus especificaciones son muy semejantes al estándar EIA/RS-485 aunque no guarda compatibilidad con este, e incluye transformador de aislamiento en cada nodo. Se requiere hardware especial para conectar Modbus Plus a un ordenador, normalmente una tarjeta diseñada para bus ISA, PCI o PCMCIA.

**Pemex Modbus** — Esta es una extensión de Modbus estándar con soporte para datos históricos y de flujo. Fue diseñado para la compañía petrolera Pemex para su uso en el control de procesos y nunca alcanzó un uso generalizado.

**Enron Modbus** — Esta es otra extensión del estándar Modbus desarrollada por Enron Corporation con soporte para variables enteras de 32 bits y de punto flotante y datos históricos y de flujo. Los tipos de datos se asignan utilizando direcciones estándar. Los datos históricos cumplen con un estándar de la industria del American Petroleum Institute (API, por sus siglas en inglés) según la forma en que deben almacenarse los datos.

El modelo de datos y las llamadas de función son idénticas para las primeras 4 variantes de protocolos; Sólo la encapsulación es diferente. Sin embargo, las variantes no son interoperables, ni sus formatos de trama tampoco.

## 6.2. Modelo de Datos Modbus

El modelo de datos en Modbus distingue entre entradas digitales (discrete input), salidas digitales (coils), registros de entrada (input register) y registros de retención (holding registers). Las entradas y salidas digitales ocupan, evidentemente, un bit; mientras que los registros, tanto de entrada como de retención, ocupan dos Bytes

La siguiente es una tabla de tipos de objetos proporcionados por un dispositivo esclavo Modbus a un dispositivo maestro Modbus:

| **Tipo de objeto** | **Acceso** | **Tamaño** |
|---|---|---|
| Discrete input | Solo leer | 1 bit |
| Coil | Leer/escribir | 1 bit |
| Input register | Solo leer | 16 bits |
| Holding register | Leer/escribir | 16 bits |

## 6.3. Formato de la trama

Una trama Modbus está compuesta por una Unidad de Datos de Aplicación (ADU), que incluye una Unidad de Datos de Protocolo (PDU):

ADU = Dirección + PDU + Comprobación de errores,

PDU = Código de función + Datos.

Todas las variantes de Modbus usan uno de los siguientes formatos de trama.

| Formato de trama Modbus RTU (utilizado principalmente en líneas asíncronas de 8 bits como RS-485) | | |
|---|---|---|
| **Nombre** | **Longitud (bits)** | **Función** |

| Inicio | 28 | Al menos 3 ½ Tiempos de silencio |
|---|---|---|
| **Dirección** | 8 | Stationaddress |
| **Función** | 8 | Indica el código de función; Por ejemplo, leer los registros de bobinas/retención |
| **Datos** | $n \times 8$ | Datos + La longitud se rellenará dependiendo del tipo de mensaje |
| **CRC** | 16 | Verificación de redundancia cíclica(CRC) |
| **Fin** | 28 | Al menos 3 ½ Tiempos de silencio entre tramas |

| Formato de trama ModbusASCII (utilizado principalmente en líneas serie asíncronas de 7 u 8 bits) | | |
|---|---|---|
| **Nombre** | **Longitud (Bytes)** | **Función** |
| **Inicio** | 1 | Comienza con dos puntos : (El valor hex ASCII es 3A) |
| **Dirección** | 2 | Dirección de la estación |
| **Función** | 2 | Indica los códigos de función como leer bobinas / entradas |
| **Datos** | $n \times 2$ | Datos + La longitud se rellenará dependiendo del tipo de mensaje |
| **LRC** | 2 | Verificación de redundancia longitudinal (LCR) |
| **Fin** | 2 | Par retorno de carro/avance de línea (CR/LF) (Valores ASCII de 0D, 0A) |

| Formato de trama ModbusTCP (utilizado principalmente en redes Ethernet) | | |
|---|---|---|
| **Nombre** | **Longitud (Bytes)** | **Función** |
| **Identificador de la transacción** | 2 | Para la sincronización entre mensajes de servidor y cliente |
| **Identificador del protocolo** | 2 | 0 para Modbus/TCP |
| **Campo de longitud** | 2 | Número de bytes en esta trama |
| **Identificador de unidad** | 1 | Dirección del esclavo (255 si no se usa) |
| **Código de función** | 1 | Códigos de función como en otras variantes |
| **Bytes de datos** | $n$ | Datos como respuesta o comandos |

El identificador de unidad se utiliza con dispositivos Modbus/TCP que son compuestos de varios dispositivos Modbus, p. En las pasarelas Modbus/TCP a Modbus RTU. En tal caso, el identificador de unidad indica la dirección de esclavo del dispositivo detrás de la pasarela. Normalmente, los dispositivos compatibles con Modbus/TCP ignoran el identificador de unidad.

El orden de bytes para valores en tramas de datos Modbus es big-endian (MSB, byte más significativo de un valor recibido primero).

## 6.4. Limitaciones

Dado que Modbus fue diseñado a **finales de los setenta** para comunicarse con controladores lógicos programables, el número de tipos de datos se limita a aquellos entendidos por **los PLC en ese momento**. Los **objetos binarios grandes no son compatibles**

No existe una forma estándar para que un nodo encuentre la descripción de un objeto de datos, por ejemplo, para determinar si un valor de registro representa una temperatura entre 30 y 175 grados.

Dado que Modbus es un protocolo maestro / esclavo, no es posible que un dispositivo de campo "informe por excepción" (excepto a través de Ethernet TCP / IP, llamado open-mbus) - el nodo maestro debe rutinariamente preguntar a cada dispositivo de campo y buscar cambios en los datos. Esto consume ancho de banda y tiempo de red en aplicaciones en las que el ancho de banda puede ser costoso, como por ejemplo un enlace de radio de baja velocidad binaria.

Modbus está restringido al direccionamiento de 254 dispositivos en un enlace de datos, lo que limita el número de dispositivos de campo que pueden conectarse a una estación maestra (una vez más, Ethernet TCP/IP es una excepción).

Las transmisiones Modbus deben ser contiguas, lo que limita los tipos de dispositivos de comunicaciones remotas a aquellos que pueden almacenar datos para evitar lagunas en la Comunicación.

El protocolo Modbus no ofrece seguridad contra órdenes no autorizadas o interceptación de datos.

## 7. Comunicación MODBUS-RTU entre dos autómatas S7-1200

El ejemplo muestra cómo realizar la comunicación MODBUS-RTU entre dos autómatas Siemens S7-1200 utilizando los módulos de comunicación CM 1241 RS485 y CM 1241 RS232. Existe la posibilidad de añadir hasta tres módulos de comunicación por cada S7-1200.

Para la comunicación se utiliza la librería de MODBUS existente en TIA PORTAL que permite definir cada uno de los módulos de comunicación como un maestro o esclavo de MODBUS. La opción de maestro MODBUS, permite comunicar:

- Con sólo un esclavo usando el CM 1241 RS232 (limitación física).
- Con hasta 32 esclavos, uno detrás de otro, usando el CM 1241 RS485.

En el ejemplo se muestra una comunicación MODBUS entre un maestro y un esclavo. Se produce una escritura alternativa en el registro de participación del esclavo (código de función 16) y una lectura desde el registro de participación del esclavo (código de función 03). Puesto que el RS485 dispone de una interfaz de dos hilos (half-duplex), la escritura y la lectura se han de producir de forma consecutiva. Por el mismo principio, la dirección del esclavo a direccionar se puede modificar entre dos acciones (en este caso escritura y lectura), en consecuencia, haciendo posible el intercambio de datos con múltiples esclavos.

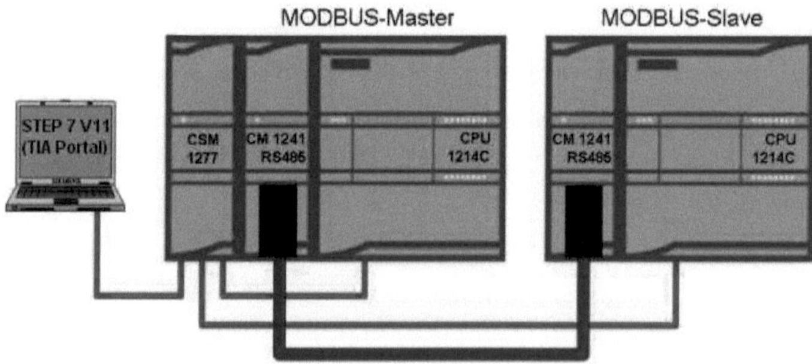


Los módulos de comunicación CM 1241 RS485 se pueden conectan entre sí usando un cable PROFIBUS pudiendo dar continuidad al cable de PROFIBUS para conectar el maestro con hasta 31 esclavos de MODBUS adicionales. La configuración se realiza en TIPA PORTAL y el código de programa se transfiere a los controladores con el switch CSM 1277.

**MB_COMM_LOAD**

El bloque de configuración MB_COMM_LOAD se llama en ambos lados (maestro y esclavo) para la comunicación MODBUS.

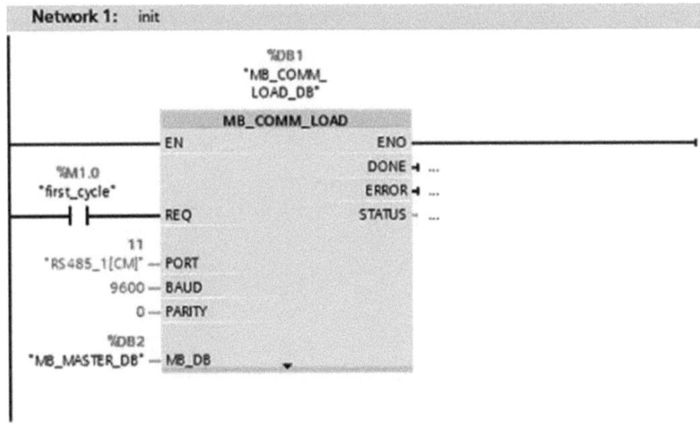


El bloque MB_COMM_LOAD se usa para seleccionar el módulo de comunicación, ajustar los parámetros de la comunicación y parametrizar el enlace con los parámetros del maestro o el esclavo. El bloque MB_COMM_LOAD se debe llamar en el primer ciclo de programa (mediante la activación de la marca de sistema M1.0 en los ajustes de hardware o mediante una llamada en el OB 100 de arranque). Después de insertar el módulo de comunicación en la configuración de hardware se puede seleccionar el nombre simbólico del módulo de comunicación en el parámetro PORT. Los parámetros de comunicación BAUD (velocidad de transmisión) y PARITY (paridad) deben ser idénticos para todos los nodos. La configuración del puerto de la interfaz RS485 en la vista de equipo del STEP 7 (TIA Portal) es irrelevante en este caso. El bloque de datos de instancia del bloque maestro o del bloque esclavo se transfiere en el parámetro MB_DB y, por consiguiente, define el módulo de comunicación (parámetro PORT) como maestro o esclavo MODBUS.

**MB_MASTER**

Se usa el bloque MB_MASTER para definir el módulo de comunicación seleccionado con el bloque de configuración MB_COMM_LOAD como maestro MODBUS.

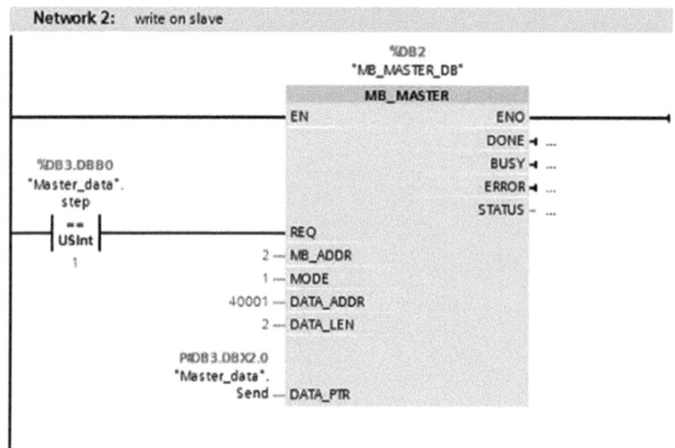


El bloque MB_MASTER se usa para seleccionar el esclavo MODBUS a direccionar, seleccionar el código de función y definir la zona de almacenamiento de datos local. La tabla dada más abajo explica los parámetros.

| Parámetro | Descripción |
|---|---|
| REQ | Habilita la comunicación. |
| MB_ADDR | Dirección estación MODBUS-RTU. |
| MODE | Seleccionar la dirección de la transmisión ("0" = lectura, "1" = escritura o funciones de diagnóstico adicionales). |
| DATA_ADDR | Especifica la dirección de inicio MODBUS. |
| DATA_LEN | Especifica la longitud de datos MODBUS. |
| DATA_PTR | Define las zonas de datos de envío y recepción locales del maestro. El parámetro DATA_PTR debe hacer referencia a un bloque de datos global creado con la opción "Sólo acceso simbólico" deshabilitada. |

El "MB_MASTER" se tiene que llamar en el primer ciclo de programamediante la activación de la marca de sistema M1.0 en los ajustes de hardware o mediante una llamada en el OB 100 de arranque.

## MB_SLAVE

Se usa el bloque MB_SLAVE para definir el módulo de comunicación seleccionado con el bloque de configuración MB_COMM_LOAD como esclavo MODBUS.

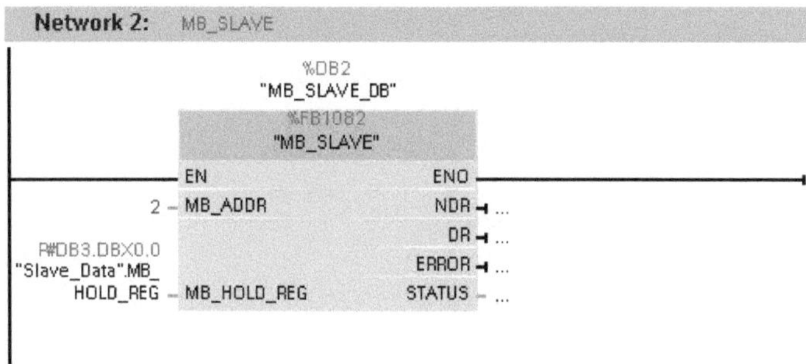


| Parámetro | Descripción |
|---|---|
| MB_ADDR | Transfiere la dirección estación MODBUS-RTU. |
| MB_HOLD_REG | Registro de participación del esclavo. El parámetro MB_HOLD_REG debe hacer referencia a un bloque de datos global creado con la opción "Sólo acceso simbólico" deshabilitada. |

El bloque MB_SLAVE se usa para definir la dirección de estación MODBUS-RTU y especificar la zona de almacenamiento de datos local para la transferencia de datos con el registro de participación.

Cuando se tienen que transferir múltiples registros (palabras), con el parámetro "MB_HOLD_REG" se tiene que transferir el nombre simbólico de un array o estructura que cubra el volumen de datos especificado del maestro (DATA_ADDR y DATA_PTR). La primera palabra de este array o estructura se corresponde con la dirección de inicio 40001 del registro de participación de MODBUS.

Los parámetros se pueden conmutar con las entradas y salidas de los bloques o mediante el acceso al correspondiente bloque de datos de instancia.

## 8. Proyecto ejemplo

En el proyecto del maestro, la escritura / lectura alternativas del registro de participación del esclavo se realiza usando un secuenciador.

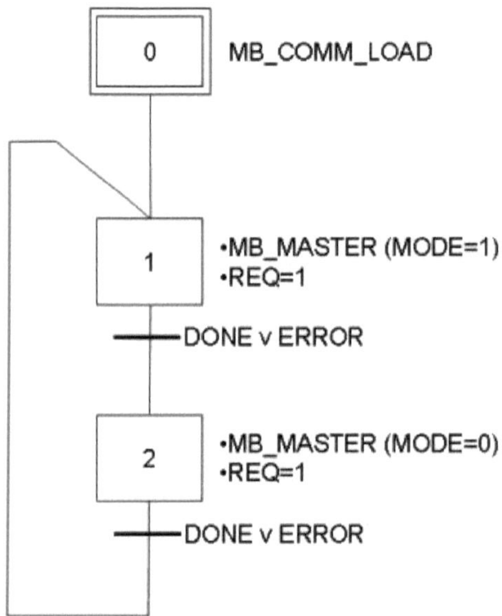


El bloque de configuración MB_COMM_LOAD se llama en el paso de inicialización 0.

En el paso 1 se llama al MB_Master con los parámetros de comunicación para la escritura en el esclavo (MODE = 1) y se ejecuta (REQ = 1).

La transición al paso 2 se realiza con la confirmación positiva (DONE) o negativa (ERROR) del MB_MASTER.

La transición pone a cero la ejecución del MB_MASTER (REQ = 0).

En el paso 2 se escriben los parámetros de comunicación para la lectura del esclavo (MODE = 0) usando el MB_MASTER en el mismo bloque de datos de instancia que en el paso 1 (parámetro MB_DB del bloque MB_COMM_LOAD).

La ejecución y la transición son las mismas que en el paso 1.

La siguiente figura muestra un paso (segmentos 6 y 7) con transición (segmento 8).

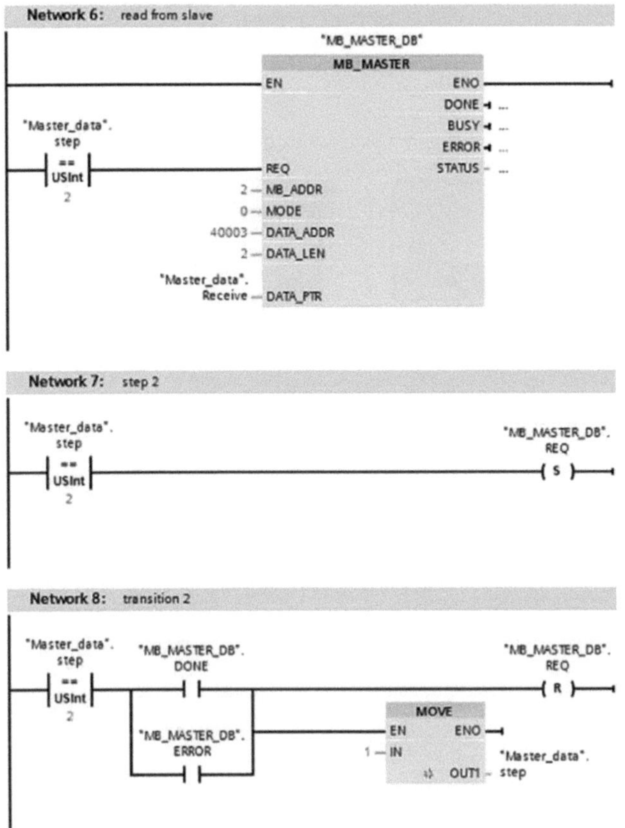


El parámetro MB_ADDR (véase el segmento 6) también se puede usar, en consecuencia, para cambiar el esclavo a direccionar en cada paso, lo que permite que se puedan intercambiar datos con hasta 32 esclavos.

## 9. Polarizar y terminar un conector de red RS485

Siemens ofrece un conector de red RS485 que permite conectar fácilmente varios aparatos a una red RS485. El conector posee dos juegos de terminales para fijar los cables de entrada y salida. También incluye interruptores para polarizar y terminar selectivamente la red.

Solo se terminan y polarizan los dos extremos de la red RS485. Los dispositivos que están entre los dos dispositivos terminadores no se terminan ni polarizan. Pantalla de protección pelada: aprox. 12 mm (1/2 pulg.) deben hacer contacto con la guía de metal en todos los puntos.

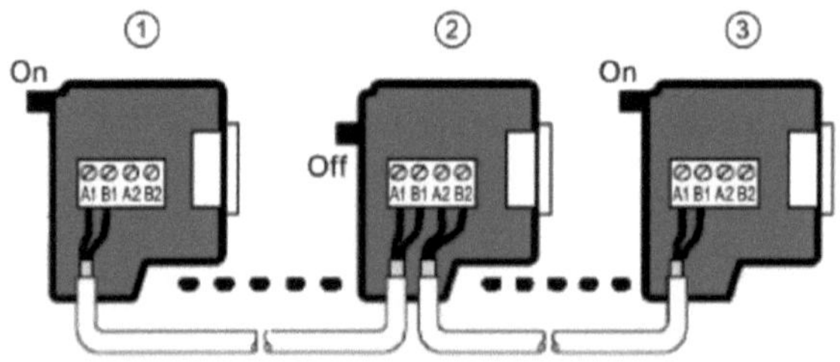


① Selector en posición ON: terminado y polarizado
② Selector en posición OFF: no terminado ni polarizado
③ Selector en posición ON: terminado y polarizado

Terminación y polarización para el conector RS485:

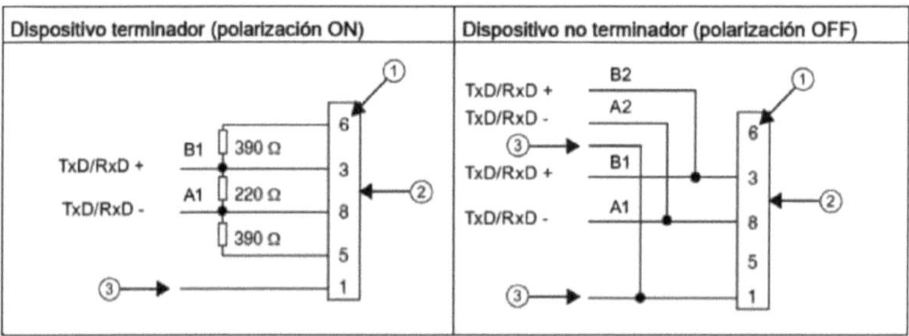


① Número de pin
② Conector de bus
③ Pantalla de cable

El CB 1241 ofrece resistencias internas para terminar y polarizar la red. Para terminar y polarizar la conexión, conecte TRA con TA y TRB con TB con el fin de incluir las resistencias internas en el circuito. El CB 1241 no tiene ningún conector de 9 pines. La tabla siguiente muestra las conexiones con un conector de 9 pines del interlocutor.

Terminación y polarización para el CB 1241

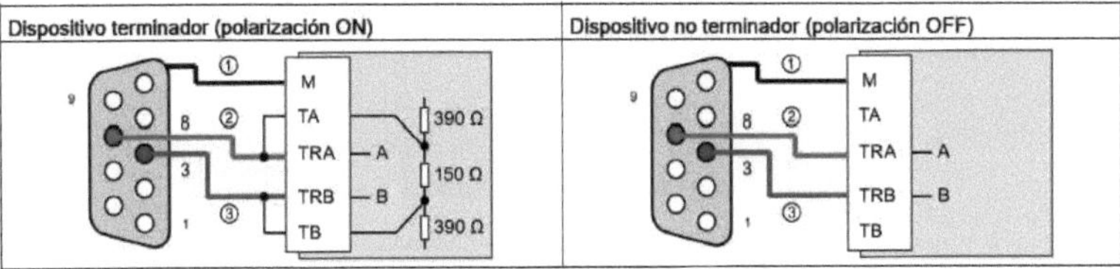


① Conecte M a la pantalla de protección

② A = TxD/RxD - (cable verde / pin 8)

③ B = TxD/RxD + (cable rojo / pin 3)

# 10. Comunicación MODBUS TCP

## 10.1. Servidor Modbus TCP S7-1200

Vamos a partir de un nuevo proyecto, donde lo primero que vamos a configurar es la dirección IP y agregarlo a una red, en este caso está en la misma subred. Suponemos que el cliente tiene la IP 192.168.0.241 y la IP nuestra es la 192.168.0.1:

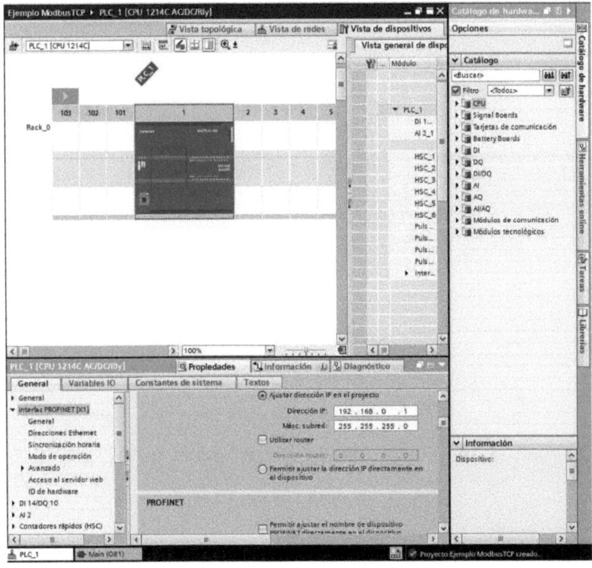


En el menú de Instrucciones de la derecha buscamos el menú de comunicación Modbus TCP, insertamos en nuestro OB1 el MB_SERVER, automáticamente nos pide asociarle un DB, por defecto asignamos el que nos aparece.

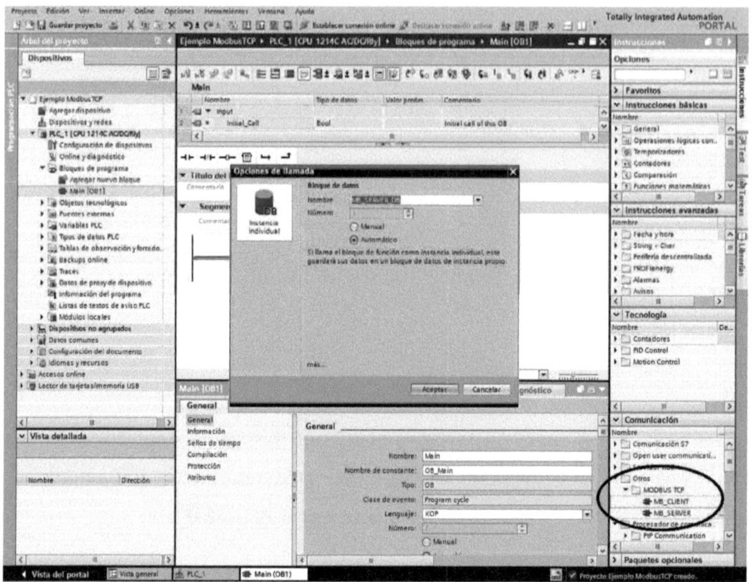

A continuación agregamos un nuevo bloque de datos que llamaremos DATOS, por ejemplo:

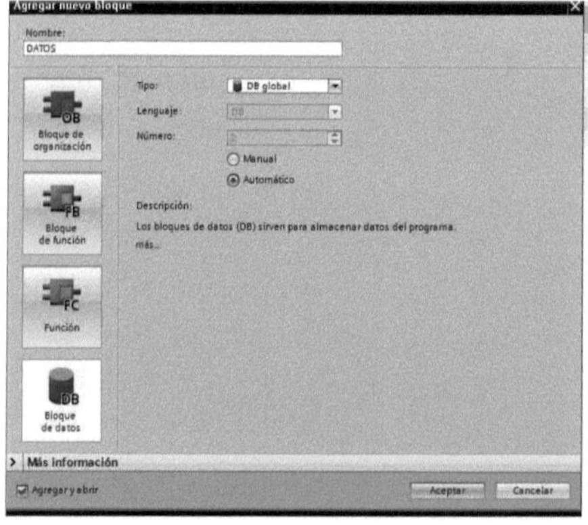


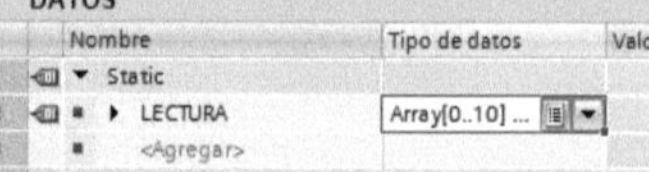


En este bloque definimos una sola variable de tipo matriz (array) con 10 elementos en los que van a a depositar los datos leídos por el módulo SERVER (ver figuras).

Definimos un nuevo bloque de datos que vamos a llamar MB_Config. Definimos una variable que vamos a llamar CONECTA y definimos el tipo como: TCON_IP_V4, escribiéndolo directamente en la casilla de definición de variables:

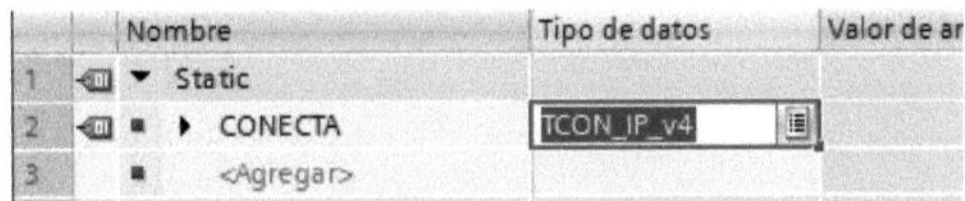

| | Nombre | Tipo de datos | Valor de ar |
|---|---|---|---|
| 1 | Static | | |
| 2 | CONECTA | TCON_IP_v4 | |
| 3 | <Agregar> | | |

Completamos la definición de variables:

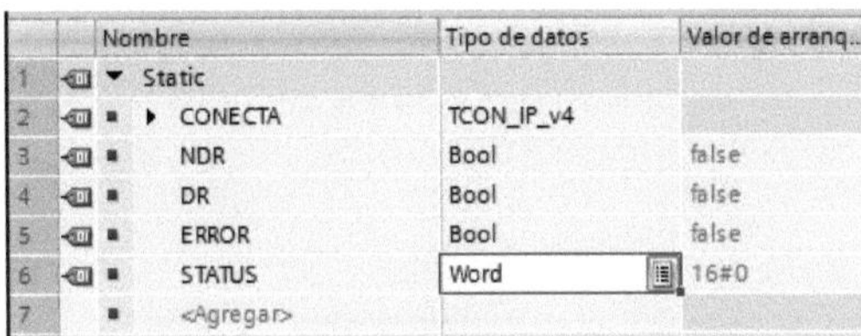

| | Nombre | Tipo de datos | Valor de arranq... |
|---|---|---|---|
| 1 | Static | | |
| 2 | CONECTA | TCON_IP_v4 | |
| 3 | NDR | Bool | false |
| 4 | DR | Bool | false |
| 5 | ERROR | Bool | false |
| 6 | STATUS | Word | 16#0 |
| 7 | <Agregar> | | |

Desplegamos la variable CONECTA y completamos los campos necesarios para definir la dirección IP:

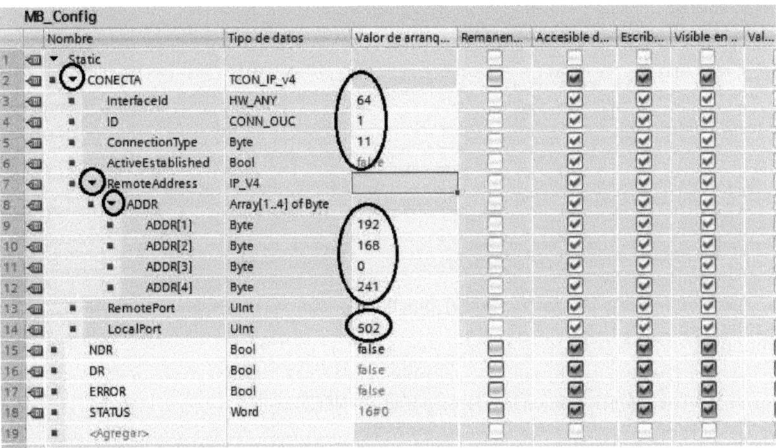

MB_Config

| | Nombre | Tipo de datos | Valor de arranq... | Remanen... | Accesible d... | Escrib... | Visible en .. | Val... |
|---|---|---|---|---|---|---|---|---|
| 1 | Static | | | | | | | |
| 2 | CONECTA | TCON_IP_v4 | | | | | | |
| 3 | InterfaceId | HW_ANY | 64 | | | | | |
| 4 | ID | CONN_OUC | 1 | | | | | |
| 5 | ConnectionType | Byte | 11 | | | | | |
| 6 | ActiveEstablished | Bool | false | | | | | |
| 7 | RemoteAddress | IP_V4 | | | | | | |
| 8 | ADDR | Array[1..4] of Byte | | | | | | |
| 9 | ADDR[1] | Byte | 192 | | | | | |
| 10 | ADDR[2] | Byte | 168 | | | | | |
| 11 | ADDR[3] | Byte | 0 | | | | | |
| 12 | ADDR[4] | Byte | 241 | | | | | |
| 13 | RemotePort | UInt | | | | | | |
| 14 | LocalPort | UInt | 502 | | | | | |
| 15 | NDR | Bool | false | | | | | |
| 16 | DR | Bool | false | | | | | |
| 17 | ERROR | Bool | false | | | | | |
| 18 | STATUS | Word | 16#0 | | | | | |
| 19 | <Agregar> | | | | | | | |

Guardamos el proyecto.

A continuación con el botón derecho del ratón pinchamos sobre la definición de los bloques de datos y elegimos la opción "Propiedades". Desactivamos la casilla "Acceso optimizado al bloque" en ambos bloques de datos:

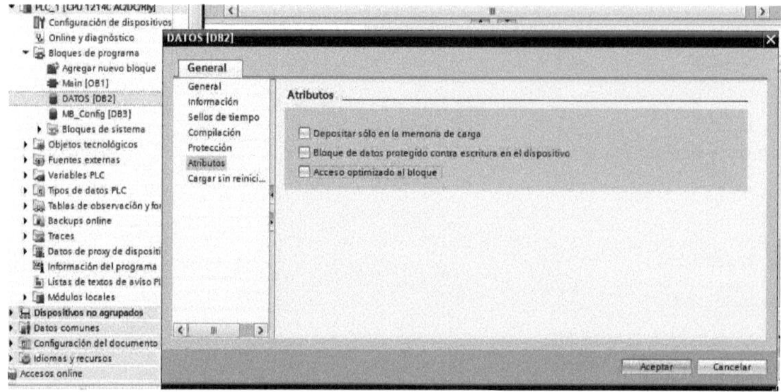


Volvemos al OB1. En la entrada MB_HOLD_REG pinchamos con el ratón y elegimos la variable DATOS y LECTURA:

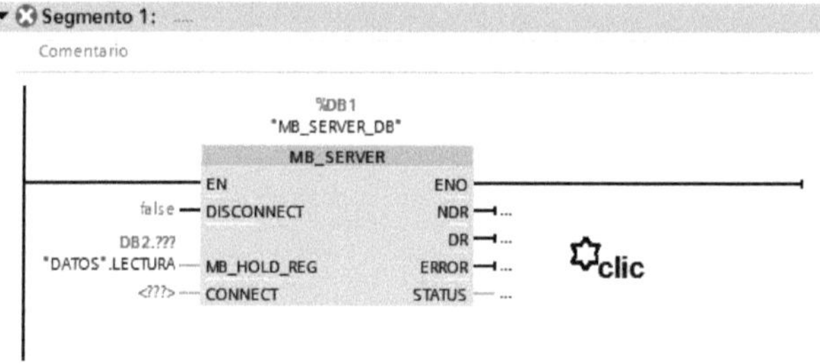


Para seleccionar toda la matriz (array) pinchamos con el ratón a la derecha de la instrucción.

De forma similar seleccionamos los datos para CONNECT:

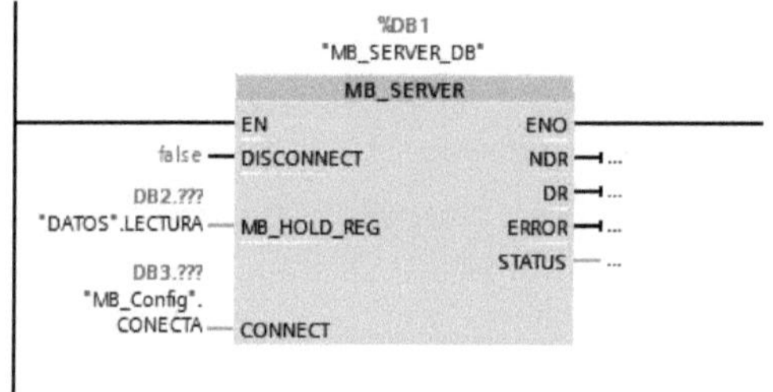


Completamos la configuración con las variables restantes:

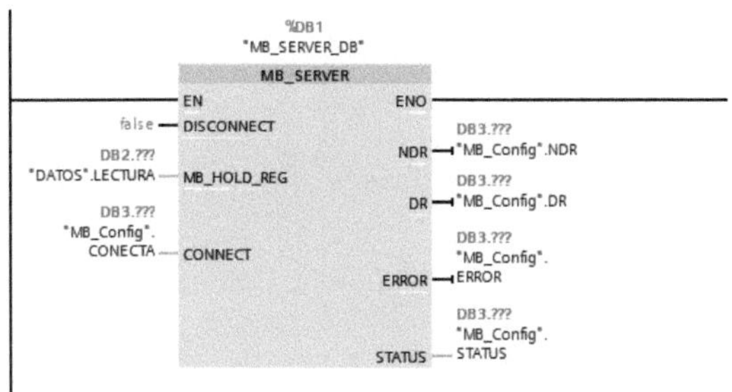


A continuación cargaremos el proyecto en el PLC.

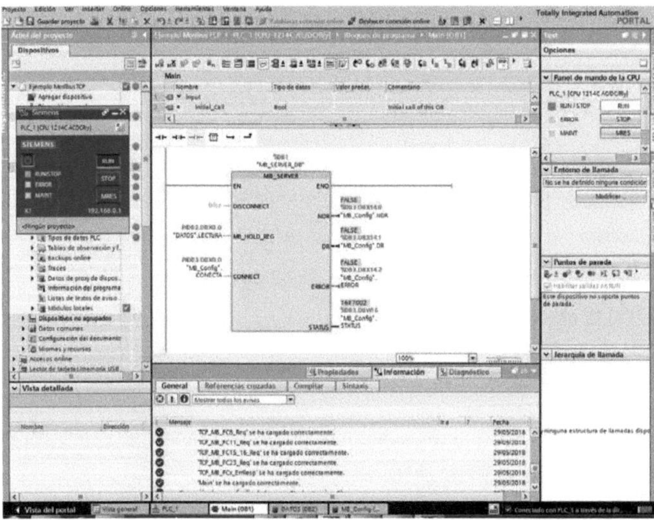

Desde el cliente, forzamos una petición de datos y ya se puede observar cómo en el DB10.DBW 0 corresponde el valor de MW100 y así correlativamente una longitud de 10 Registros.

## 10.2. Simatic 1200 Cliente ModbusTCP

La siguiente parte será crear el cliente Modbus en el otro equipo 1200, para ello creamos un nuevo proyecto en el TIA Portal y lo primero que configuramos es la dirección IP del PLC

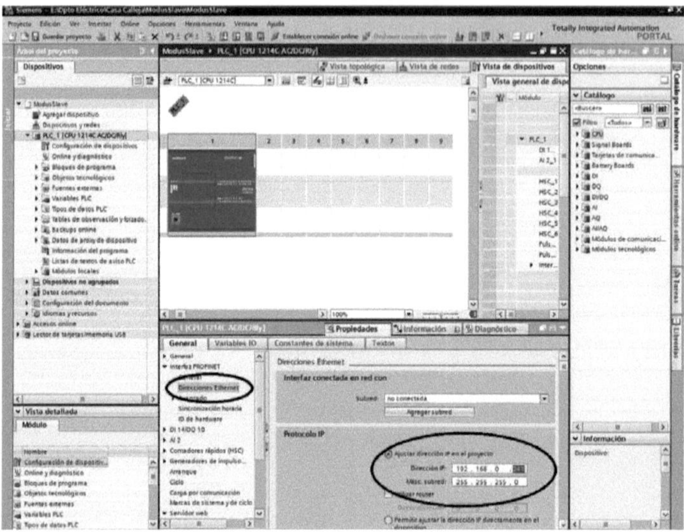

Seguidamente vamos a habilitar la marca de reloj, la cual cada bit del byte que hayamos configurado parpadeara a una frecuencia específica para cada bit. También habilitaremos el byte de sistema, en el cual tenemos un bit que siempre es TRUE y un bit que siempre es FALSE entre otros.

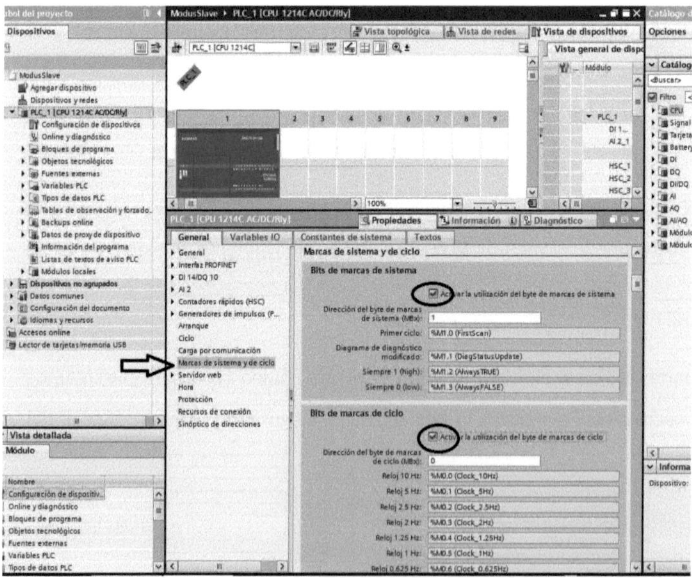

Una vez realizado esos pasos, que son opcionales, el motivo de ello es que usaremos un bit del reloj, para hacer la petición al Servidor. Abrimos nuestro OB1 y dentro de las instrucciones nos dirigimos a Comunicación, dentro de este directorio a Modbus TCP e insertamos el MB_CLIENT, al insertarlo automáticamente nos pide que le asociemos un DB y por defecto seleccionamos el que nos muestra.

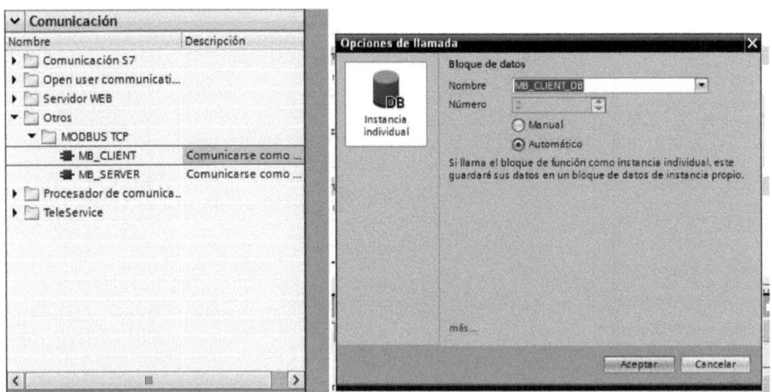


En la parametrización del Bloque vamos a ir configurando, REQ, cada vez que cambie este bit, hará una petición al Servidor, aquí es donde hemos usado el bit de reloj, que previamente habíamos habilitado. DISCONNECT lo dejamos en 0, FALSE porque vamos a utilizar la dirección IP y puerto que hayamos configurado para establecer la comunicación. DONNECT_ID tiene que ser un identificador único e irrepetible, seguidamente tenemos que especificar la dirección IP en sus cuatro octetos IP_OCTET, el IP_PORT como ya hemos comentado, por defecto es el puerto 502. MB_MODE 0 nos sirve para acceder a los *holdings registers*, *inputs registers*, *inputs bits* y *outputs bit*, con lo cual como nosotros queremos acceder a los *holdings registers* es el modo que nos interesa, seguido de MB_DATA_ADDR que es la dirección de inicio de los registros que nos interese y en MB_DATA_LEN la longitud de datos, en este caso 10, significa que leeremos del registro 40001-40010. Los datos que leamos los vamos a guardar en la siguiente área de memoria configurada en MB_DATA_PTR, lo configuramos en formato puntero, apuntando a la primera dirección y la longitud de datos. El bit de DONE lo tendremos a TRUE cuando se haya leído correctamente, al igual que BUSY lo tendremos a true cuando este una operación en progreso, el bit de ERROR nos indicara que hay un error y en STATUS obtendremos el código de error:

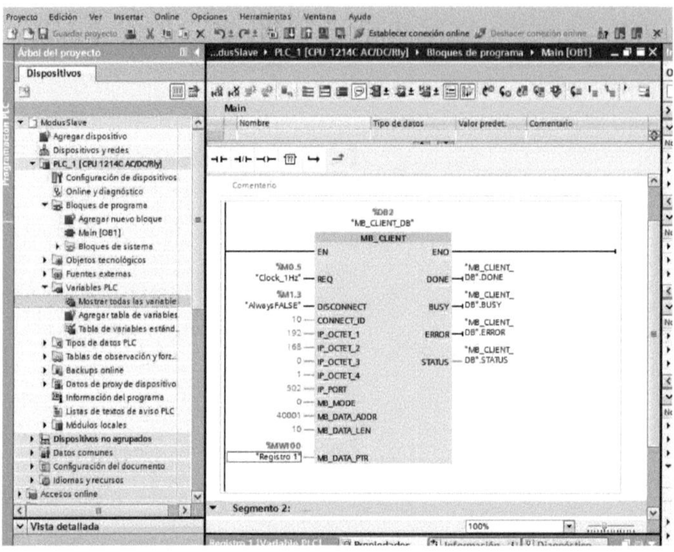


Ahora vamos a crear las variables donde guardaremos los datos leídos del Servidor Modbus, y como hemos especificado será en el Word MW100 y seguido de 9 registros más.

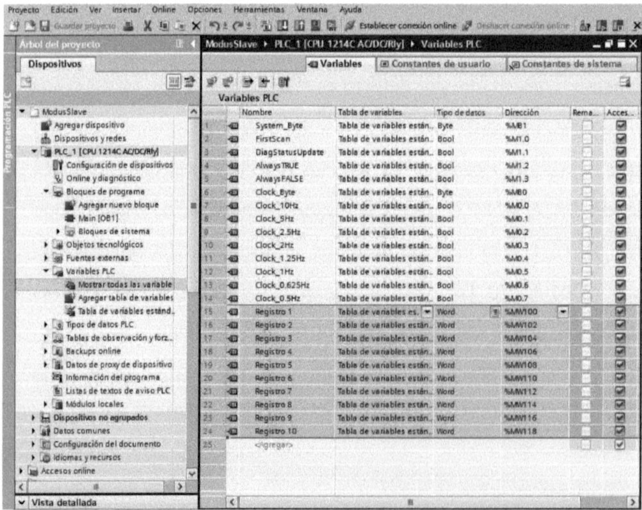

Una vez realizados estos pasos ya podemos transferir a nuestro PLC, pero previamente hemos iniciado el simulador, se puede observar que no hay ningún cliente conectado, ya podemos transferir.

Una vez transferido el proyecto y puesta la CPU en RUN, nos conectamos Online para visualizar el funcionamiento, y ya podemos observar que tenemos un cliente conectado al simulador.

Ahora ya podemos visualizar los *tags* y observar que hemos registrado los valores, si vamos cambiando los valores en el simulador observaremos que se van actualizando los valores en los registros.

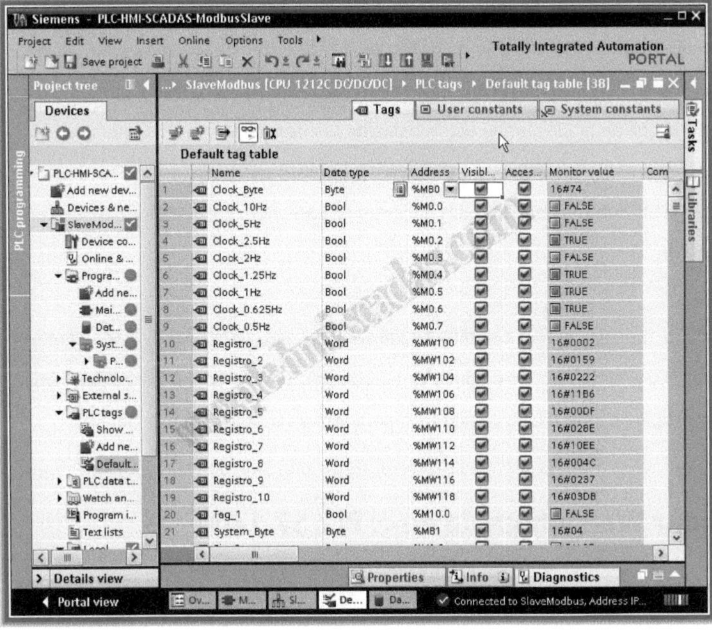

# TEMA 13: SERVIDOR WEB Y HTML

## Uso del Servidor Web Integrado en el PLC S7-1200 para Supervisión y Control Básico

## 1. Introducción

La empresa Siemens ofrece en su última serie de PLCs S7 un servidor web integrado que ofrece acceso a datos de la CPU y de proceso, permitiendo así utilizarlo como un sistema SCADA básico, sobre todo porque permite que el usuario cree su propia página web utilizando el software de diseño HTML de su preferencia acompañado de los comandos "AWP" (Automation Web Programming) predefinidos por Siemens para acceder a los datos de la CPU, así el usuario decide la información del PLC que necesita supervisar y controlar y diseña una HMI (interfaz hombre máquina) con HTML puro o con técnicas HTML como JavaScript para hacer un diseño amigable y cómodo de utilizar por el operador.

En este tema se muestra el funcionamiento del servidor web para visualizar y controlar variables del PLC a través de las páginas web estándar, además del desarrollo de una página web propia usando HTML y JavaScript para leer y escribir variables del PLC.

## 2. Servidor Web Integrado en el PLC S7-1200

El PLC S7-1200 posee un servidor web integrado que permite la lectura y escritura de información de la CPU vía web, incluye páginas web estándar a las que se accede desde el navegador y donde podemos ver información general sobre la CPU, información sobre los módulos en el rack local, búfer de diagnóstico, variables de la CPU accesibles con la dirección o el nombre de variable en el PLC, archivos de registro almacenados internamente en la CPU o en una tarjeta de memoria, y actualizar el firmware de la CPU.

El servidor web de S7-1200 también ofrece medios para que el usuario cree sus propias páginas HTML para la aplicación que necesite y con las variables específicas que le interese leer o escribir en el PLC, las páginas se crean utilizando un editor de HTML cualquiera, el código creado debe incluir comandos AWP (Automation Web Programming) que son un conjunto fijo de comandos que suministra Siemens para acceder a la información de la CPU, una vez finalizado debe cargarse en el PLC, con esto las páginas serán accesibles desde el menú de la página web estándar.

Cabe aclarar que el servidor web no ha sido diseñado por Siemens como un sustituto de su software SCADA WINCC, por lo que es posible encontrarse barreras para realizar algunas acciones que si sean fácilmente accesible con WINCC, sin contar que tareas que utilizando el software SCADA se llevan unos cuantos pasos, utilizando el servidor web implicarían una gran cantidad de código que luego debe ser descargado a la CPU del PLC que tiene un límite de memoria, aunque es posible expandirla, ejecutar demasiados tareas afectarían el rendimiento de la CPU, por lo que no se recomienda su uso si se requiere aplicaciones SCADA complejas, pero si es una alternativa viable cuando las aplicaciones SCADA son sencillas.

# 3. Activación, Configuración y Funcionamiento del Servidor Web integrado en el PLC S7-1200

Después de crear un proyecto en TIA Portal con el PLC S7-1200 a utilizar, se procederá a colocarle una dirección IP, para ello se debe de dar clic derecho sobre la carpeta de este en el árbol del proyecto, del menú desplegable seleccionar "propiedades...", de la ventana que se abre seleccionar la opción "Interfaz PROFINET" y colocar la dirección IP deseada (Ver Fig.1).

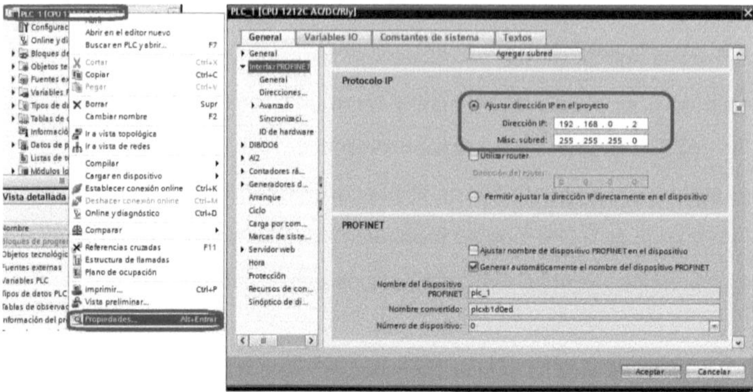


Fig.1. Ajustar dirección IP de PLC.

En esa misma ventana se debe seleccionar la opción "Servidor web", chequear la opción "Activar servidor web en el módulo" (aparecerá una advertencia sobre protección de accesos, dar clic en "Aceptar"). (Ver Fig. 2).

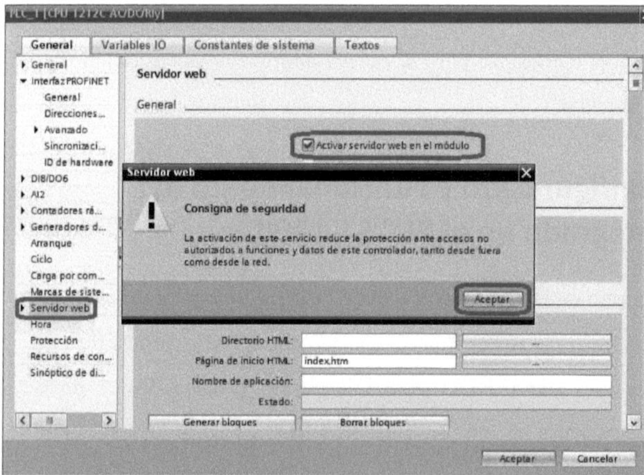


Fig. 2. Activación del servidor web integrado en el PLC.

También desactivamos la pestaña "Permitir el acceso sólo vía HTTPS" para poder acceder desde un acceso http sin la "s" de seguridad.

En esa ventana seleccionar la opción "Hora" y la zona horaria que tendrá el servidor web, finalmente presionar "Aceptar" para guardar los cambios y cerrar la ventana de propiedades (Ver Fig. 3). No es imprescindible, pero sí recomendable.

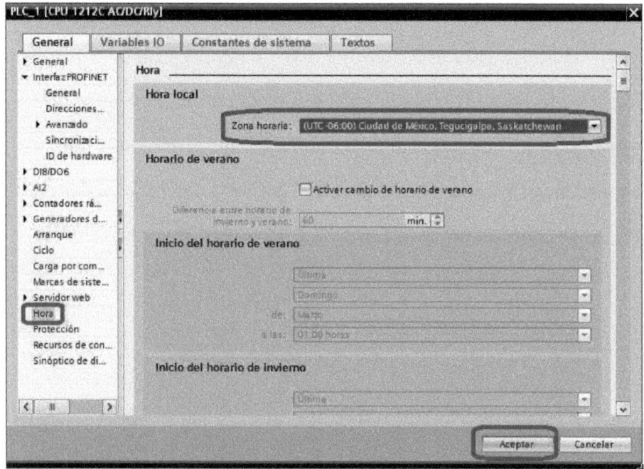


Fig. 3. Ajuste de hora del servidor web del PLC.

Para colocar la hora correcta en la CPU, se debe conectar el PLC a la PC, en el árbol del proyecto se debe dar doble clic en la opción "Online y diagnóstico", en la ventana que se abre seleccionar "Funciones", después en "Ajustar hora" y luego dar clic en el botón "Establecer conexión online". Al conectarse con el PLC deberá aparecer la fecha y hora del módulo; si es correcta simplemente de clic en "Deshacer conexión online", sino quitar el cheque de la opción "Adoptar de PG/PC", colocar la fecha y hora correctas y presionar "Aplicar" (Automáticamente se volverá a marcar en Adoptar de PG/PC), finalmente de clic en "Deshacer conexión online".

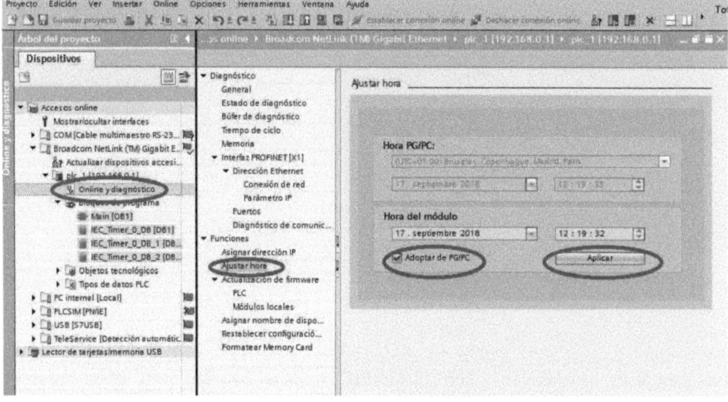


Fig. 4. Ajustar hora del PLC.

Para probar la visualización y control del PLC desde el servidor web, se crea un programa que funciona de la siguiente forma: en cuanto arranca el PLC se almacena en la marca MW2 el valor de 5, esto será un límite para accionar una alarma (Q0.2). Con la entrada I0.0 o con la marca 6.0 se activa la salida Q0.0, además se cuenta con un contador que registra el número de veces que se ha activado Q0.0, la cuenta se almacena en la marca MW4, si la cuenta ha superado el valor indicado por MW2 se activa la salida Q0.2 dando la alarma, es posible resetear la cuenta con la entrada I0.2. El código del programa se muestra en la Fig. 5.

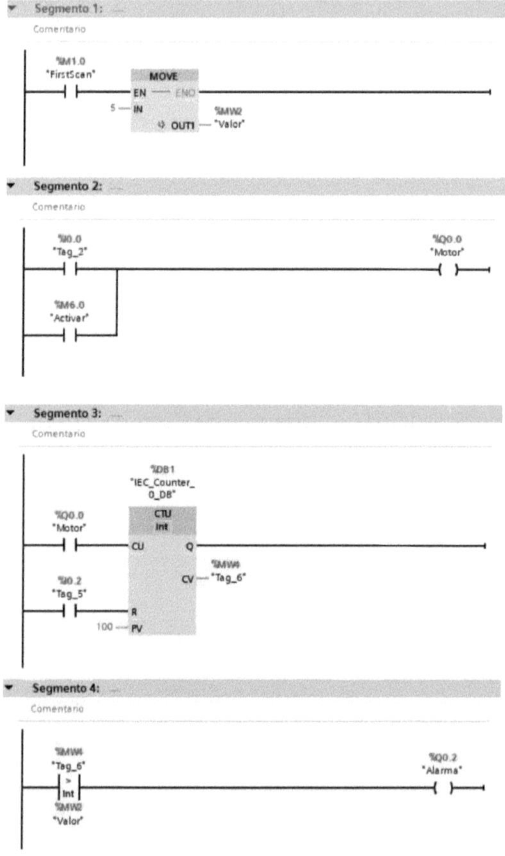


Fig. 5. Programa para probar la visualización y control del PLC desde el servidor web. (Para tener disponible la marca First Scan -que solo se activa en el primer ciclo de reloj-, se debe activar dando clic

derecho sobre la carpeta del PLC en el árbol de proyecto, después en propiedades, Marcas de sistema y de ciclo y activándolo.

Algunas de las variables que se utilizan en el programa tiene un nombre concreto que se creó en la tabla de variables. Es necesario respetar estos nombres pues los usaremos al crear la página web:

**Tabla de variables estándar**

| | Nombre | Tipo de datos | Dirección ▲ | Rema... | Acces... | Escrib... | Visibl... |
|---|---|---|---|---|---|---|---|
| 1 | Tag_2 | Bool | %I0.0 | ☐ | ☑ | ☑ | ☑ |
| 2 | Tag_5 | Bool | %I0.2 | ☐ | ☑ | ☑ | ☑ |
| 3 | Motor | Bool | %Q0.0 | ☐ | ☑ | ☑ | ☑ |
| 4 | Alarma | Bool | %Q0.2 | ☐ | ☑ | ☑ | ☑ |
| 5 | System_Byte | Byte | %MB1 | ☐ | ☑ | ☑ | ☑ |
| 6 | FirstScan | Bool | %M1.0 | ☐ | ☑ | ☑ | ☑ |
| 7 | DiagStatusUpdate | Bool | %M1.1 | ☐ | ☑ | ☑ | ☑ |
| 8 | AlwaysTRUE | Bool | %M1.2 | ☐ | ☑ | ☑ | ☑ |
| 9 | AlwaysFALSE | Bool | %M1.3 | ☐ | ☑ | ☑ | ☑ |
| 10 | Valor | Int | %MW2 | ☐ | ☑ | ☑ | ☑ |
| 11 | Tag_6 | Int | %MW4 | ☐ | ☑ | ☑ | ☑ |
| 12 | Activar | Bool | %M6.0 | ☐ | ☑ | ☑ | ☑ |
| 13 | Tag_9 | Int | %MW100 | ☐ | ☑ | ☑ | ☑ |
| 14 | <Agregar> | | | ☐ | ☑ | ☑ | ☑ |

Fig. 6. Tabla de variables estándar.

Se debe conectar el PC al PLC y descargar la configuración y el programa dando un clic izquierdo sobre la carpeta de este en el árbol del proyecto para seleccionarla y luego en el icono de "Cargar en dispositivo" o seleccionando esta opción del menú "Online".

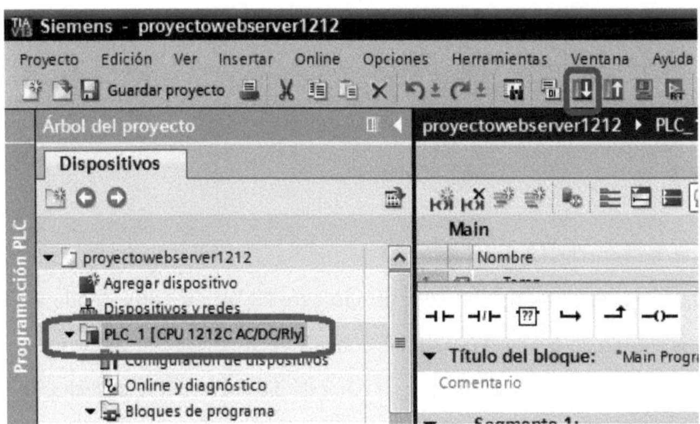


Fig. 7. Cargar configuración y programa al PLC.

El PLC y el PC deben encontrarse dentro de una red Ethernet común o estar interconectados directamente con un cable Ethernet. Después de descargada la configuración y programa, se debe entrar a un navegador web y colocar como URL la dirección del PLC y presionar "Enter" (al cargar, el sistema añade otra información a la URL), se cargará la página estándar principal del servidor web, ahí se debe dar clic en el enlace que dice "Enter" (ver Fig. 8).

*Nota1: Es muy probable que el navegador le muestre una advertencia sobre seguridad cuando intente introducir a la URL, esta advertencia aparece, aunque se le coloque un acceso seguro al PLC (habilitando la casilla de verificación "Permit access only with HTTPS" (Permitir acceso sólo con HTTPS) en la misma ventana de la Fig. 2). El manual indica que al conectar al S7-1200 con https://, el sitio web cifra la sesión con un certificado digital, pero al parecer algunos navegadores no lo reconocen, así que cuando aparezca la advertencia hay que indicar que se quiere entrar de todas formas o colocar el sitio en excepciones y la advertencia no volverá a aparecer.*

Fig. 8. Página principal del servidor web del PLC S7-1200 utilizado.

Al hacer clic en el enlace "ENTER" se muestra la página estándar de inicio con información del PLC como nombre, tipo, modo y estado. (Ver Fig 9), pero accediendo a los enlaces en el menú de la izquierda también pueden verse la identificación del dispositivo, es decir tipo de hardware y firmware, el búfer de diagnóstico con las fechas, horas y eventos ocurridos en el PLC, estado de ciertas variables, datos registrados, etc.

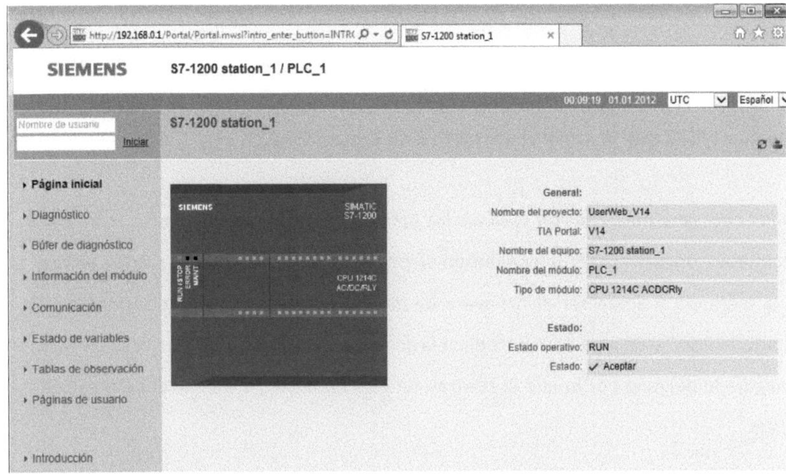


Fig. 9. Página de inicio del servidor web.

Desde la opción "Estado de variables" se puede acceder a cualquier dato de memoria o entrada/salida del PLC, en este primer ejemplo serán Q0.0, Q0.2, I0.0, MW2, MW4 y M6.0. Para introducir las variables se debe escribir la dirección o nombre de la variable en el campo "Address" así puede introducir por ejemplo Q0.2 o el nombre de esta en la tabla de variables Tag_7, en "Display Format" se elige el formato en que quiere verse la variable y después se presiona “Enter” o el botón "Monitor Value" para introducir otra variable. (ver Fig. 10).

SIEMENS S7-1200 station_1 / PLC_1

Estado de variables

Indique aquí la dirección de la variable que desea observar

| Dirección / Formato de visualización | Valor / Valor | Valor |
|---|---|---|
| Activar BIN | 2#0 1 | Ir |
| Nueva variable BIN | | |

Valor — Aplicar

Fig. 10. Ver estado de variables.

Si en el PLC se cambia el estado de Q0.0 (modificando la entrada I0.0 como se programó) se verá que con cierta latencia el valor de Q0.0 se actualiza, lo mismo con MW4 que lleva la cuenta o Q0.2 que se activa al activar más de 5 veces Q0.0.

No fue necesario iniciar sesión para ver los datos en la página web estándar, pero para ejecutar acciones como cambiar el modo de operación del controlador, escribir valores en la memoria o actualizar el firmware de la CPU es necesario iniciar sesión con el usuario "admin" y en *password* introducir la contraseña de la CPU, en este caso no se ha configurado ninguna por lo que la contraseña está en blanco y solo se debe presionar "Log in".

*Nota2: Puede ser que si no le apareció la advertencia de seguridad cuando entro en la URL le aparezca ahora que ha ingresado como admin, de igual forma como se indicó en la Nota1 debe indicar que se quiere entrar de todas formas o colocar el sitio en excepciones y la advertencia no volverá a aparecer.*

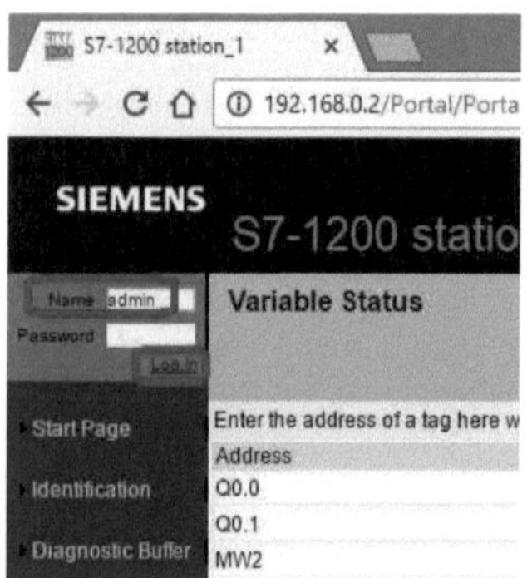


Fig. 11. Se debe introducir como administrador para escribir el estado de las variables.

Ahora si se permitirá modificar el estado, pero solamente de algunas variables, por ejemplo si se trata de cambiar el estado de Q0.0, Q0.2 o MW4 no será posible debido a que su activación o cambio se programó de cierta manera en el código y esto tiene prioridad, en cambio si se intenta cambiar MW2 que aunque en el primer segmento dependía de la marca "First Scan" como esta solo está activada el primer ciclo de reloj y luego no más, no existe conflicto y por lo tanto MW2 puede modificarse de manera externa, igual se probó con una salida que no se estuviese utilizando como por ejemplo Q0.4 y pudo modificarse sin problemas. Las que no se pueden modificar se estén o no utilizando son las entradas del PLC.

Finalmente, si probamos con la marca M6.0 que está en uso en el programa, como un contacto y cumple la misma función que la entrada I0.0 (como están en OR se puede activar la salida Q0.0 con cualquiera de las dos) es posible modificarla sin ningún problema, así que para controlar activación/desactivación desde el servidor web es necesario colocar marcas en OR con las entradas físicas del PLC a la hora de programarlo.

▼ Segmento 2:
Comentario
%I0.0
"Tag_2"
%Q0.0
"Motor"
%M6.0
"Activar"

Fig 12. Modificación de variables del PLC desde el servidor web.

Si volvemos a la página de inicio, dando clic en el enlace "Start Page" ahora es posible colocar al PLC en modo RUN o STOP desde aquí, antes no fue posible porque no se había entrado como administrador

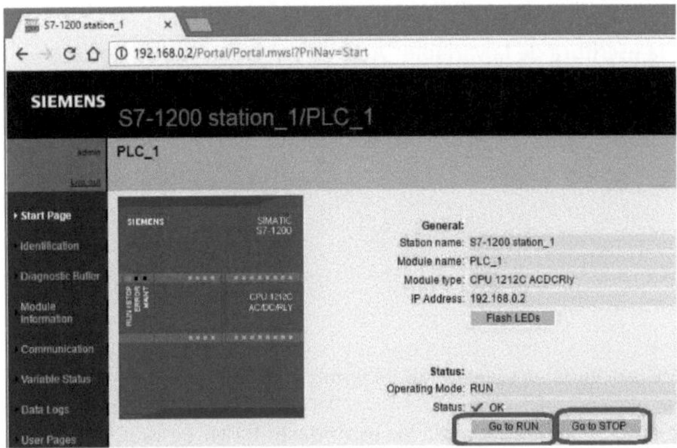


Fig. 13. Modificación del estado de operación del PLC.

Si ahora se intenta volver a "Variable Status" las variables que se definieron ya no aparecerán y será necesario volverlas a introducir para visualizarlas o modificarlas, esto será cada vez que pasemos a otra página o la cerremos.

# 4. Visualización y Control del PLC a través de una Página Web Propia

Para crear una página web propia para visualizar y controlar el PLC a través del servidor web integrado, además de crear el código que necesitamos en HTML, se deben agregar los comandos AWP para acceder a la información de la CPU.

Para leer una variable del PLC se debe colocar ya sea su dirección o su nombre de la siguiente forma:

:="Tag_7":

:="Bomba":

:=Q0.0:

:=I0.0:

Fig. 14. Ejemplos del comando AWP para leer variables del PLC.

Para escribir es necesario colocar un comentario HTML especial con el nombre de la variable y luego con algún código HTML enviar un valor ya sea con campos de entrada de texto o desde un botón. Para escribir es necesario colocar el nombre de la variable no se puede directamente con la dirección como si se podía en la lectura, en la Fig. 15. Se muestra un ejemplo de la escritura de la variable "Activar", al presionar un botón se le envía el valor de 1.

```
<!-- AWP_In_Variable Name='"Activar"' -->

<center> Cambiar estado del motor
<form align="center">
<input type="submit" value="Activar Motor">
<input type="hidden" name='"Activar"' value="1">
</center>
</form>
<br>
```

Fig. 15. Ejemplo de código HTML para enviar desde una caja de texto con un botón el valor de 1 a la variable llamada "Activar" del PLC.

Hay que asegurarse de que el código HTML cumpla los estándares HTML de W3C (World Wide Web Consortium). STEP 7 no realiza verificación alguna de la sintaxis HTML.

En el código HTML se debe incluir la siguiente línea:

<meta http-equiv="content-type" content="text/html; charset=utf-8">

Que sirve para configurar la fuente para la página a UTF-8, también debe asegurarse de guardar el archivo desde el editor con codificación de caracteres UTF-8.

Finalmente hay que tener en cuenta que las páginas web definidas por el usuario **no** se actualizan automáticamente, por lo que será decisión de este si desea programar o no en el HTML la actualización automática de la página o cada cuanto lo va a hacer, una forma sencilla es utilizando la siguiente línea en el encabezado:

<meta http-equiv="Refresh" content="5">

Esto hará que la página se actualice según se indica en content, en este caso cada 5 segundos. Esta función también se puede realizar desde la configuración del TIA Portal

Teniendo todo esto en cuenta se crea el siguiente código html para ver el estado de las salidas Q0.0 y Q0.2, los valores MW2 (valor máximo de cuenta) y MW4 (cuenta) y para activar/desactivar M6.0 que nos sirve para activar/desactivar Q0.0, y finalmente modificar el máximo valor de la cuenta (MW2).

Para la realización del código HTML se ha utilizado el editor gratuito Notepad++:

https://notepad-plus-plus.org/download/v7.5.9.html

```
<!-- AWP_In_Variable Name='"Valor"' -->
<!-- AWP_In_Variable Name='"Activar"' -->
<!-- AWP_In_Variable Name='"Motor"' -->
<!-- AWP_In_Variable Name='"Alarma"' -->

<!DOCTYPE HTML>
<html>
 <head>
 <meta http-equiv="Content-Language" content="es" >
 <meta http-equiv="Content-Type" content="text/html; charset=utf-8" >
        <title> PRUEBA LECTURA ESCRITURA DE DATOS </title>
        </head>

        <body>
```

```
<div align="center">
<center>
<h1> PRUEBA LECTURA/ESCRITURA DE DATOS </h1>
</center>
</div>
<br>

<center> Valor de la señal Q0.0: </center>
<div align="center">:="Motor":</div>
<br>

<center> Valor de la señal Q0.2: </center>
<div align="center">:="Alarma":</div>
<br>

<center> Cambiar estado del motor
<form align="center">
<input type="submit" value="Activar Motor">
<input type="hidden" name='"Activar"' value="1">
</center>
</form>
<br>

<center>
<form align="center">
<input type="submit" value="Parar Motor">
<input type="hidden" name='"Activar"' value="0">
</center>
</form>
<br>

<center> Cambiar valor de la alarma
<form method="post" align="center">
<input name='"Valor"' type="number" min="1" max="10"/>
<input type="submit" value="Valor de la alarma" >
</center>
</form>
<br>
</body>
</html>
```

Fig. 16. Código HTML para visualizar y controlar el programa de la Fig. 5.

Como puede observarse se agregaron los comentarios indicando las variables a ser escritas, esto puede no parecer importante ya que los comentarios se suelen colocar como una ayuda para entender el código por parte del programador y no tienen relevancia en el funcionamiento del código, pero este tipo de comentarios que inicien con --AWP el compilador del S7 sí los toma en cuenta y sino están presentes aunque abajo escribamos datos a las variables el proceso no se lleva a cabo.

Luego está la línea para la codificación UTF-8 que se indica en el manual del PLC [1] y la de refresco cada 5 segundos, luego se coloca el título de la ventana, el color de fondo que será un tipo de gris, se coloca una imagen del logo de la institución, después de esto se hace la lectura de las variables del PLC deseadas (Q0.0, Q0.2, MW4 y MW2) y finalmente la escritura de las variables deseadas, para escribir en M6.0 se hará con dos botones llamados "Activar" y "Desactivar" que le enviarán un 1 y 0 respectivamente, mientras que para cambiar el valor de cuenta máximo (MW2) se hará desde una caja de texto donde el usuario escribirá el valor deseado y luego presionará un botón para enviar el dato.

El archivo se guarda con el nombre "index.htm" con codificación UTF-8 y se almacena en una carpeta donde solo está ese archivo. Por ejemplo, en la carpeta donde tenemos el programa TIA Portal creamos una carpeta nueva que llamaremos “html”, como vemos en la figura 17:

| Nombre | Fecha de modifica... | Tipo | Tamaño |
|---|---|---|---|
| AdditionalFiles | 31/10/2018 18:08 | Carpeta de archivos | |
| html | 01/11/2018 10:49 | Carpeta de archivos | |
| IM | 31/10/2018 18:08 | Carpeta de archivos | |
| Logs | 24/10/2018 16:47 | Carpeta de archivos | |
| System | 01/11/2018 11:04 | Carpeta de archivos | |
| TMP | 24/10/2018 16:47 | Carpeta de archivos | |
| UserFiles | 24/10/2018 16:47 | Carpeta de archivos | |
| XRef | 31/10/2018 18:08 | Carpeta de archivos | |
| PruebaWeb | 29/10/2018 16:14 | Siemens TIA Porta... | 8 KB |

Fig. 17. En el directorio deben estar solamente los archivos que serán parte de nuestra aplicación ya que el compilador del S7 carga todos los archivos htm, html o js que estén dentro de la carpeta.

Ahora desde el TIA PORTAL, dando clic derecho en la carpeta del PLC, luego en "Propiedades", "Servidor web" y luego en el apartado "Páginas web definidas por el usuario", se selecciona el directorio donde están los archivos HTML, se indica cual será la página de inicio HTML. Para facilitar la ruta del directorio se puede simplificar escribiendo: *".\html"* (sin las comillas) y el nombre de la aplicación web, en nuestro caso "index.htm", por último se presiona el botón "Generar bloques".

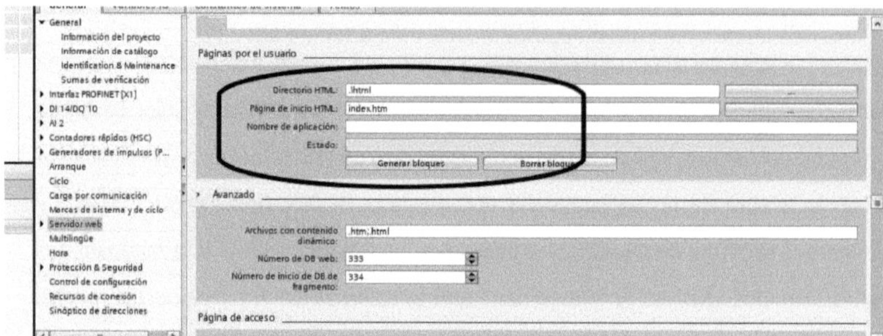

Fig. 18. Generación de bloques de datos web y de inicio de fragmento.

Cuando se hace clic en el botón "Generar bloques", STEP 7 genera bloques de datos a partir de las páginas HTML del directorio fuente HTML especificado y un bloque de datos de control para operar las páginas web. STEP 7 genera también un conjunto de bloques de datos de fragmentos para garantizar la representación de todas las páginas HTML. Tras generar los bloques de datos, las páginas web definidas por el usuario forman parte del programa de STEP 7.

Los bloques que pertenecen a estas páginas aparecen en una carpeta del servidor web, que se encuentra en los bloques de programa del árbol de navegación del proyecto, en la carpeta de bloques de programa (Ver Fig. 19).

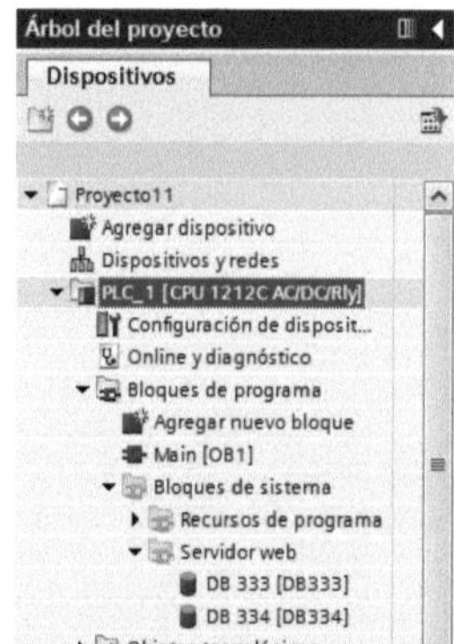

Fig. 19. Bloques de datos generados.

Una vez que los bloques han sido generados se presiona "Aceptar", después es necesario agregar al código una instrucción WWW para que las páginas web definidas por el usuario sean accesibles desde las páginas web estándar, el parámetro de entrada de la instrucción será el bloque de datos de control en este caso DB333, este especifica el contenido de las páginas, además hay que colocar una variable para almacenar un valor de retorno de la función que devuelve ciertos números indicando errores o si todo funciona correctamente, para guardar este valor colocamos una marca cualquiera que no se esté utilizando como MW10.

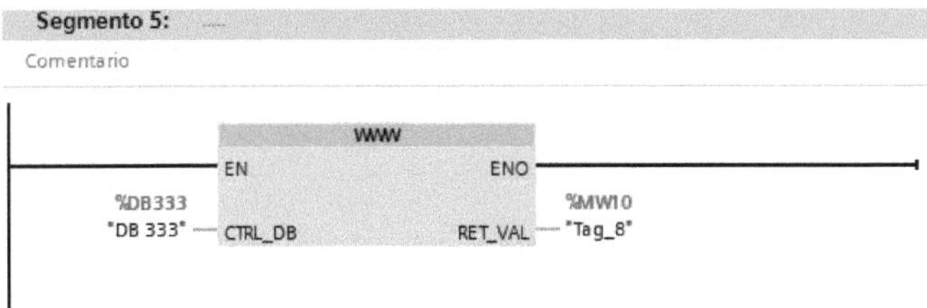


Fig. 20. Instrucción WWW.

Se descarga de nuevo la información en el PLC (ver Fig. 7). Una vez finalizada ya se puede acceder al servidor web, tal como se describió anteriormente se entra a la página principal del servidor, se entra como "admin" (pues se escribirán variables), después en el menú de la izquierda se selecciona la opción "User Pages" y ahora debe aparecer un enlace que indica Homepage of the application... y el nombre que se le colocó a la aplicación que en este caso fue miniscada.

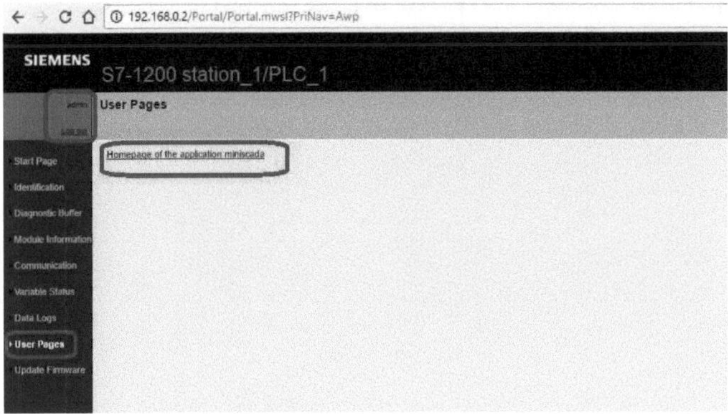


Fig. 21. Acceso a página de usuario.

Al dar clic en ese enlace aparece la página que se creó, desde aquí podemos ver el estado de las variables que se programaron, desactivar o activar la salida a través de una marca y modificar el valor de la variable de cuenta máxima.

**PRUEBA LECTURA/ESCRITURA DE DATOS**

Valor de la señal Q0.0:
0

Valor de la señal Q0.2:
1

Cambiar estado del motor
Activar Motor

Cambiar valor de la alarma
Valor de la alarma

Fig. 22. Página web creada para visualizar y controlar variables del PLC.

Todos los elementos funcionaron, se leyeron correctamente los valores del PLC y de igual forma lograron escribirse. Al darle clic a los botones de "Activar", "Desactivar" o "Enviar" la página se recargaba totalmente y también lo hacía de manera automática cada 5 segundos mostrando la información actualizada del PLC; sin embargo esto también resultó ser un inconveniente puesto que en lo que la página recarga se queda unas fracciones de segundo en blanco, además si se digitaba el dato a enviar y justo en ese momento se recargaba la página automáticamente sin permitir darle clic al botón enviar, al recargar el valor desaparecía de la caja de texto, por lo que para enviar los valores de cuenta máxima el usuario debe tener la precaución de hacerlo antes de que se recargue lo cual obviamente no es algo deseable, pues las HMI deben ser amigables y fáciles de utilizar.

# CONCEPTOS BÁSICOS DEL CÓDIGO HTML

## 1. Las partes de la página web

Toda página web se divide en dos partes principales: la **cabecera** y el **cuerpo** (head y body).

La cabecera es la parte "no visible" de la página web. Esto significa que todo lo que se indique ahí no aparecerá en la página como tal, pero sin embargo es una parte importantísima: ahí se incluyen las **etiquetas meta** que se usan para describir la página (imprescindibles para los motores de búsqueda, como el Google) el **título** de la página, el **idioma**, información relacionada con **hojas de estilo**, etc.

En el *body* se introducen todas las etiquetas que nos permiten **dar formato al documento**.

## 2. Esquema mínimo de un documento HTML

Un documento HTML comienza siempre con la etiqueta **<HTML>**, que indica que el documento en cuestión está construido con dicho lenguaje.

La mayoría de las etiquetas son pareadas, es decir, **<...>** corresponde al principio de la acción y **</...>** indica el fin de dicha acción.

Por tanto, una página web estará siempre contenida entre las etiquetas <HTML> y </HTML>.

La cabecera (head) contiene básicamente información destinada al navegador, que queda oculta al usuario. Su etiqueta (pareada) es <HEAD>.

El cuerpo (body) es el documento que ve el usuario. Su etiqueta (pareada) es <BODY>.

De esta forma, una página web tendrá, por lo menos, las siguientes etiquetas:

```
<HTML>
  <HEAD>
  </HEAD>
```

```
  <BODY>
  </BODY>
</HTML>
```

El resultado no variaría de haber colocado las etiquetas de cualquier otra manera:

```
<HTML><HEAD></HEAD><BODY></BODY></HTML>
```

# 3. Etiquetas HTML básicas

```
<!DOCTYPE html>
<html>
    <head>
        <title>Example<title>
        <link rel="stylesheet" href="styl
    </head>
    <body>
        <h1>
            <a href="/">Header</a>
        </h1>
        <nav>
            <a href="one/">One</a>
            <a href="two/">Two</a>
            <a href="three/">Three</a>
        </nav>
```

Un ejemplo de código HTML con coloreado de sintaxis

- **<html>:** define el inicio del documento HTML, le indica al navegador que lo que viene a continuación debe ser interpretado como código HTML. Esto es así de facto, ya que en teoría lo que define el tipo de documento es el *DOCTYPE*.

- **<head>:** define la cabecera del documento HTML. Dentro de la cabecera es posible encontrar diversos metacomandos.

- **<body>:** define el contenido principal o cuerpo del documento. Esta es la parte del documento html que se muestra en el navegador; dentro de esta etiqueta pueden definirse propiedades comunes a toda la página, como color de fondo y márgenes. Dentro del cuerpo <body> es posible encontrar numerosas etiquetas. A continuación, se indican algunas a modo de ejemplo:

- **<article>:** Representa una composición autocontenida en un documento, página, una aplicación o en el sitio, que se destina a distribuir de forma independiente o reutilizable.

- **<h1> a <h6>:** encabezados o títulos del documento con diferente relevancia. (Ejemplo en el apartado siguiente)

- **<table>:** define una tabla.

  - **<tr>:** fila de una tabla.
  - **<td>:** celda de una tabla (debe estar dentro de una fila).
  - **<footer>:** representa el pie de un documento o sección. La información que se suele añadir en este bloque es el autor del documento, enlaces a contenido relacionado, información de copyright, avisos legales, etc.

- **<a>:** hipervínculo o enlace, dentro o fuera del sitio web. Debe definirse el parámetro de pasada por medio del atributo *href*. Por ejemplo:

```
<a href="http://www.example.com"
title="Ejemplo" target="_blank" tabindex="1">Ejemplo
</a>
```

- **<div>:** división de la página. Se recomienda en vez de <table> cuando se desea alinear contenido.

- **<img>:** imagen. Requiere del atributo *src*, que indica la ruta en la que se encuentra la imagen. Por ejemplo: `<img src="./imágenes/mifoto.jpg" />`. Es conveniente, por accesibilidad, poner un atributo `alt="texto alternativo"`.

- **<li><ol><ul>:** etiquetas para listas.

- **<b>:** texto en negrita (*etiqueta desaprobada. Se recomienda usar la etiqueta* ***<strong>***).

- **<i>:** texto en cursiva (*etiqueta desaprobada. Se recomienda usar la etiqueta* ***<em>***).

- **<s>:** texto tachado (*etiqueta desaprobada. Se recomienda usar la etiqueta* ***<del>***).

- **<u>:** Antes texto subrayado. A partir de HTML 5 define porciones de texto diferenciadas o destacadas del resto, para indicar correcciones por ejemplo (etiqueta desaprobada en HTML 4.01 y redefinida en HTML 5).
- **<main>:** división estructural de la página que engloba el contenido principal de la misma. Dentro de esta etiqueta, por ejemplo, encontramos los <article>.
- **<span>:** Sirve para diferenciar un texto de otro.

La mayoría de etiquetas deben cerrarse como se abren, pero con una barra («/») tal como se muestra en los siguientes ejemplos:

- <table><tr><td>Contenido de una celda</td></tr></table>.
- <script>Código de un script integrado en la página</script>.
- <header> División estructural en la parte del contenido.

# 4. Los títulos

Las etiquetas que definen los títulos se pueden utilizar para marcar el **título** y/o los diferentes **apartados** que forman el documento, o simplemente para **resaltar** cualquier texto. Existen **seis tipos** de títulos, que van de la etiqueta número 1 (la más grande) a la 6 (la más pequeña). Esto también es muy importante para el posicionamiento en buscadores, ya que les estás indicando que lo que está entre estas etiquetas es importante y característico de tu web.

```
<!DOCTYPE HTML>
<html>
  <head>
    <meta http-equiv="Content-Language" content="es" >
    <meta http-equiv="Content-Type" content="text/html; charset=utf-8" >
    <title> PRUEBA DE TÍTULOS </title>
  </head>

  <body>
    <div align="center">
    <center>
    <h1> TÍTULO GRANDE </h1>
    <h2> TÍTULO MEDIANO </h2>
    <h3> TÍTULO PEQUEÑO </h3>
    </center>
    </div>
  </body>
</html>
```

# TÍTULO GRANDE

## TÍTULO MEDIANO

### TÍTULO PEQUEÑO

## 5. Los párrafos

Los párrafos se delimitan con las etiquetas **<p>...</p>**. Un párrafo es un bloque de texto que se muestra separado del resto por un salto de línea. Si dentro del párrafo queremos hacer un salto, pero que se siga considerando un único párrafo (dar un intro en word) escribiríamos la etiqueta **<br>**.

Sin embargo, si quieres escribir de manera **libre** y que te detecte los saltos de línea, solo tienes que escribir dentro de la etiqueta <pre>...</pre>. El único inconveniente de esto es que si copias el texto de otro documento y tiene además listas, títulos, negritas... es posible que no te lo detecte todo.

```
<html>
    <head>
        <meta charset="utf-8"/>
        <title>Esto es un ejemplo</title>
    </head>
    <body>
        <h1>Este es el título</h1>
        <p>Lorem ipsum dolor sit amet, consectetuer adipiscing elit.
        Aenean commodo ligula eget dolor. Aenean massa. Cum sociis
        natoque penatibus et magnis dis parturient montes, nascetur
        ridiculus mus. Donec quam felis, ultricies nec, pellentesque
        eu, pretium quis, sem.</p>
        <p>Quisque rutrum. Aenean imperdiet. Etiam ultricies nisi
        vel augue. Curabitur ullamcorper ultricies nisi. Nam eget dui
        . Etiam rhoncus. Maecenas tempus, tellus eget condimentum
        rhoncus, sem quam semper libero, sit amet adipiscing sem
        neque sed ipsum.</p>
    </body>
```

## Este es el título

Lorem ipsum dolor sit amet, consectetuer adipiscing elit. Aenean commodo ligula eget dolor. Aeneai massa. Cum sociis natoque penatibus et magnis dis parturient montes, nascetur ridiculus mus. Donec quam felis, ultricies nec, pellentesque eu, pretium quis, sem.

Quisque rutrum. Aenean imperdiet. Etiam ultricies nisi vel augue. Curabitur ullamcorper ultricies nis Nam eget dui. Etiam rhoncus. Maecenas tempus, tellus eget condimentum rhoncus, sem quam sempe libero, sit amet adipiscing sem neque sed ipsum.

# 6. Las listas

Existen tres tipos de listas, las **ordenadas**, las **no ordenadas** y las **listas de definiciones**. Para las listas ordenadas usamos las etiquetas **<ol>…</ol>** para delimitar la lista, y para las listas no ordenadas, las etiquetas **<ul>…</ul>**. Para insertar cada elemento de la lista se introducen las etiquetas **<li>…</li>**.

En las listas de definiciones, insertamos las etiquetas **<dl>…</dl>** para delimitar la lista, y **<dt>…</dt>** y **<dd>…</dd>** para el título y definición respectivamente.

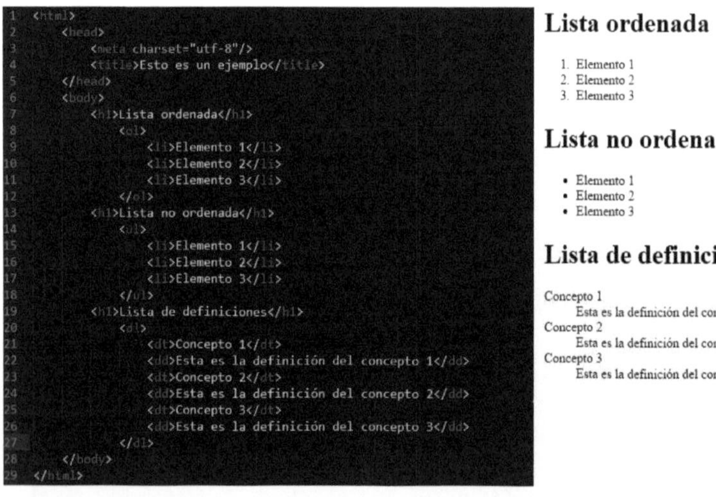


# 7. Las tablas

Para realizar una tabla debemos tener en cuenta que se está realizando **de izquierda a derecha** y de arriba abajo. Es decir, empezamos desarrollando la primera fila, dentro de ella, las determinadas columnas que haya, y a continuación, la siguiente fila.

La tabla debe ir entre la etiqueta <table>, especificando el borde que deseamos. Los comandos que nos delimitan las filas son **<tr>...</tr>**, y para las columnas **<td>...</td>**. Para combinar varias columnas o filas utilizamos los atributos **colspan** o **rowspan** respectivamente. Si quieres destacar una fila o columna para que se comporte como título utilizamos **<th>...</th>**. Te muestro un ejemplo.

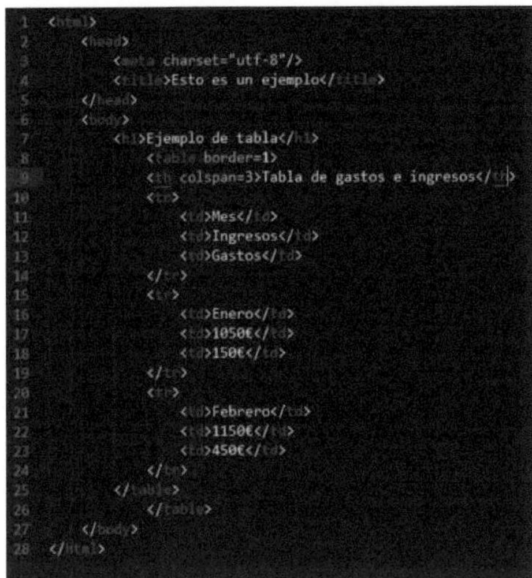

```
<html>
    <head>
        <meta charset="utf-8"/>
        <title>Esto es un ejemplo</title>
    </head>
    <body>
        <h1>Ejemplo de tabla</h1>
            <table border=1>
            <th colspan=3>Tabla de gastos e ingresos</th>
            <tr>
                <td>Mes</td>
                <td>Ingresos</td>
                <td>Gastos</td>
            </tr>
            <tr>
                <td>Enero</td>
                <td>1050€</td>
                <td>150€</td>
            </tr>
            <tr>
                <td>Febrero</td>
                <td>1150€</td>
                <td>450€</td>
            </tr>
        </table>
            </table>
    </body>
</html>
```

# Ejemplo de tabla

| Tabla de gastos e ingresos | | |
|---|---|---|
| Mes | Ingresos | Gastos |
| Enero | 1050€ | 150€ |
| Febrero | 1150€ | 450€ |

## 8. Los enlaces

Los enlaces nos permiten acceder a otras páginas, sitios web, ficheros (de música, vídeos, programas, imágenes, etc.), permiten descargar archivos de la red y acceder a otras partes o secciones dentro de un documento. Se realizan con la etiqueta **<a href**="http://www.enlace.com">...**</a>**. Aquí debo mencionar un atributo muy importante: **target="_blank"**, para que el enlace se abra en una pestaña nueva del navegador.

## 9. Atributos y estilos

Por último, vamos a ver una selección de los **atributos y estilos** más usados en html. Éstos se colocan siempre dentro de una etiqueta, por ejemplo de la siguiente manera: <body bgcolor="blue">...</body>

- **background=*"nombre-del-fichero"***: Imagen de fondo
- **bgcolor=*"color"***: Color del fondo
- **border=*"número"***: Tamaño del borde de una imagen o tabla
- **bordercolor=*"color"***: Color del borde
- **width=*"px o %"***: Ancho de una imagen, tabla o bloque. Se puede especificar en píxeles o en porcentaje, siendo 100% el tamaño completo de la pantalla
- **height=*"px o %"***: Altura de una imagen, tabla o bloque
- **align=*"top, middle, bottom, left, right"***: Alineación de una imagen, texto, título, tabla... arriba, en medio, abajo, izquierda o derecha, respectivamente

Se adjunta una lista de los **colores** que reconoce html por el nombre. Para el resto de colores, se deberá introducir el código en concreto, en formato **hexadecimal**.

| Color | HTML / CSS Name | Hex Code #RRGGBB | Decimal Code (R,G,B) |
|---|---|---|---|
| | Black | #000000 | (0,0,0) |
| | White | #FFFFFF | (255,255,255) |
| | Red | #FF0000 | (255,0,0) |
| | Lime | #00FF00 | (0,255,0) |
| | Blue | #0000FF | (0,0,255) |
| | Yellow | #FFFF00 | (255,255,0) |
| | Cyan / Aqua | #00FFFF | (0,255,255) |
| | Magenta / Fuchsia | #FF00FF | (255,0,255) |
| | Silver | #C0C0C0 | (192,192,192) |
| | Gray | #808080 | (128,128,128) |
| | Maroon | #800000 | (128,0,0) |
| | Olive | #808000 | (128,128,0) |
| | Green | #008000 | (0,128,0) |
| | Purple | #800080 | (128,0,128) |
| | Teal | #008080 | (0,128,128) |
| | Navy | #000080 | (0,0,128) |

Finalmente, se muestra una pequeña lista de estilos más, que en este caso son etiquetas entre las que irá el texto al cuál se quiere aplicar dicho estilo:

- **Negrita**: <b>...</b> o <strong>...</strong>

- **Cursiva**: <i>...</i>, <em>...</em>, <cite>...</cite> o <dfn>...</dfn>
- **Subrayado**: <u>...</u>
- **Tachado**: <s>...</s>
- **Subíndice**: <sub>...</sub>
- **Superíndice**: <sup>...</sup>
- **Letra pequeña**: <small>...</small>
- **Letra grande**: <big>...</big>

# 10. Formularios y variables

En un documento HTML el elemento "form" permite crear formularios. En ellos, los usuarios pueden introducir datos (información) para ser enviados y procesados en un servidor.

**Formulario básico - Elementos "form" e "input"**

**EJEMPLO** Para crear un formulario sencillo:

```
<!DOCTYPE html>
<html lang="es-ES">
  <head>
    <meta charset="utf-8">
    <title>Ejemplo de formulario básico</title>
  </head>
  <body>
    <form>
      Nombre:
      <br>
      <input type="text">
      <br>
      Edad:
      <br>
      <input type="number">
      <br><br>
      <input type="submit" value="Enviar datos">
    </form>
  </body>
</html>
```

Como se puede observar, las etiquetas <form> y </form> delimitan el formulario, el cual contiene en este ejemplo tres elementos "input" para que el usuario pueda:

Introducir su nombre (dato de tipo texto, type="text").

Introducir su edad (dato de tipo número, type="number").

Enviar dichos datos, type="submit".

Por otra parte, véase que al atributo value se le ha asignado el texto que se muestra en el botón de envío, "Enviar datos".

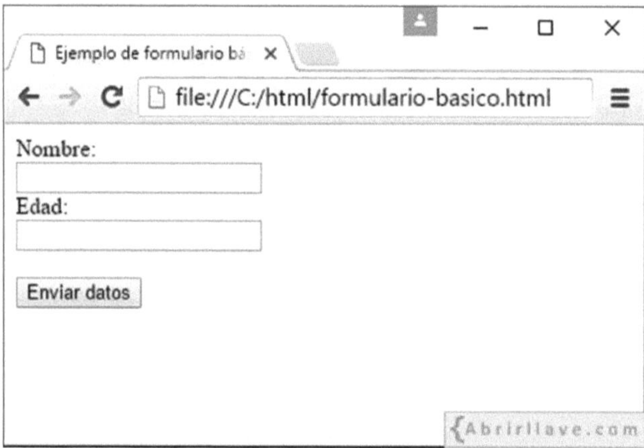


## 10.1. Variables de la CPU en HTML

Para definir las viables que queremos ver de la CPU en la página Web utilizaremos el atributo: <!-- AWP_In_Variable Name ='"<Name>"' -->, en la cabecera HTML (Figura 15 del capítulo 13). La variable que queramos visualizar irá entre comillas dobles (") y todo, a su vez, entre comillas simples (').

Para visualizar las variables en HTML se utilizará el formato siguiente:

```
<center> Valor de la señal Q0.0: </center>
      <div align="center">:="Motor":</div><br>
```

La variable irá entre comillas dobles precedida del signo igual y entre dos puntos. En el ejemplo anterior se verá el valor de Q0.0 que es la variable "Motor", lógicamente definida en el TIA Portal.

Dentro de un formulario para enviar datos añadiremos el nombre de la variable y el valor de ésta: `name='"Activar"' value="1",` de forma que para que la variable "Activar" pase a "1", podremos:

```
 <center> Cambiar estado del motor
<form align="center">
      <input type="submit" value="Activar Motor">
      <input type="hidden" name='"Activar"' value="1">
</center>
</form>
<br>
```

Un valor analógico se pasará al PLC con el atributo *type="number"*, si lo queremos delimitar entre un valor máximo y mínimo lo indicaremos en este momento:

```
<center> Cambiar valor de la alarma
<form method="post" align="center">
      <input name='"Valor"' type="number" min="1" max="10"/>
      <input type="submit" value="Valor de la alarma" >
</center>
</form>
<br>
```

# 11. Listado de comandos básicos HTML

| Detalle del comando | Abre | Cierra |
|---|---|---|
| Principio de Documento | ..<html>... | </html> |
| Encabezado y Título | <head><title>**....(titulo del archivo)....** | </title></head> |
| Color de Fondo de Página | <body bgcolor="#RRVVAA"> | ---- |
| Imagen de Fondo | <body background="XXX.gif (o jpg)"> | ---- |
| Imagen Individual | <img src="YYY.gif (o jpg)"> | ---- |
| Imágen (Ancho y Alto) | <img src=".." width="n" height="n"> | ----- |
| Espacio "libre" | <img src=".." hspace="n"> | ----- |
| Color del Texto (parcial) | <font color="#RRVVAA"> | </font> |
| Tamaño del Texto (parcial) | <font size="n"> | </font> |
| Punto y a Parte | <br> | ----- |
| Linea (s) en blanco | <p> | ----- |
| "As you See" | <pre> | </pre> |
| Línea Embebida | <hr="n"> | ----- |
| Negrita*Cursiva*Subray | <b> * <I> * <U> | </b> * </I> * </U> |
| Subíndice * Superíndice | <sub> * <sup> | </sub> * </sup> |
| Centrado*Izquierda*Derecha | <center>*<left>*<right> | </center>*</left>*</right> |
| Enlace "lejano" | <a href="http://..."> | ....</a> |
| Enlace "ab.html" en tu PC | <a href="ab.html"> | ....</a> |
| Enlace misma página | <a href="#pepe"> | ....</a> |
| Localiz.anterior | <a name="pepe"> | ....</a> |
| Enlace Correo | <a herf="mailto: dir.mail..."> | ...</a> |

| Arch.de Sonido | <bgsound src="xx.wav"> (o .mid) | ----- |
|---|---|---|
| Desplazam. Marquesina | <marquee>(texto) | </marquee> |

## ESTRUCTURAS HTML BÁSICAS

<!-- ........ -->
Para escribir comentarios, los cuales son ignorados por el Navegador.

<HTML> ... </HTML>
Indica que es un documento HTML, debe encerrar todo el Documento.

<!DOCTYPE HTML PUBLIC "-//W3C//DTD HTML 3.2//EN">
Encabezado de todo documento de la versión HTML 3.2.

<HEAD> ... </HEAD>
Encabezados del Documento. Los siguientes son los parámetros del Comando head.

<title> ... </title>
Indica el Titulo del Documento. Aparece en la ventana del Navegador.

<Base href="http://servidor.tipo/nombre.html">
Especifica la dirección del Documento por defecto en Uso. Útil cuando se hace referencia a otra página dentro del Documento.

<Base href="http://servidor.tipo/nombre.html" Target="...">
Indica el "Frame" por defecto de la página actual.

<Meta attributo1, attributo2>
Este comando describe algunas características del documento. Por ejemplo:

<Meta http-Equiv="Refresh" Content=ss>
Actualiza la página cada ss segundos.

<Meta http-Equiv="Refresh" Content=ss url="http://servidor.tipo/nombre.html">
Llama una página diferente a los ss segundos.

<Meta http-Equiv="Expires" Content="Sun, 10 Sep 1998 06:23:00 GMT>
Expira el documento a la fecha indicada y debe ser actualizada.

<Meta http-Equiv="Keywords" Content="Clave1, Clave2,..">
Especifica palabras claves para los buscadores de la Red.

<Meta http-Equiv="Description" Content="Describa su página aquí ..">
Especifica una descripción general de su página.

<BODY attributo1=".." attributo2=".."> ... </BODY>
Contiene el cuerpo del Documento, o el contenido de la Página.

## Referencias:


**Libros:**

Cembranos Nistal, F. Jesús, Automatismos Eléctricos, Neumáticos e Hidráulicos, Paraninfo, 5ª Ed., 2008

Cembranos Nistal, F. Jesús, Informática Industrial, Paraninfo, 1999

José Roldán Viloria, Neumática, Hidráulica y Electricidad aplicada, Paraninfo, 1989

**Páginas Web:**

**SCHNIEDER-ELECTRIC**. Página Web:

http://www.schneider-electric.com/download/es/es/results/314455809-Cuadernos-tecnicos/0/0/1555685/?showAsIframe=false

**NEUMÁTICA. NORGREN ESPAÑA.** Página Web:

http://www.norgren.com/es/

**AUTÓMATAS SIEMENS**. Páginas Web:

https://www.swe.siemens.com/SPAIN/WEB/ES/INDUSTRY/AUTOMATIZACION/SIMATIC/Pages/Default.aspx

support.industry.siemens.com/cs/document/81318674/programming-guidelines-and-programming-styleguide-for-simatic-s7-1200-and-s7-1500?dti=0&lc=en-HN

https://programacionsiemens.com/curso-de-tia-portal-cpu-1200/

http://www.infoplc.net/files/documentacion/automatas/infoPLC_net_1_Intro_Automatas.pdf

Printed by Books on Demand GmbH, Norderstedt / Germany